工程项目环境管理

洪竞科　主编
李小冬　蔡伟光　副主编

中国建筑工业出版社

图书在版编目（CIP）数据

工程项目环境管理 / 洪竞科主编 ；李小冬，蔡伟光副主编. — 北京 ：中国建筑工业出版社，2022.2（2022.8重印）

ISBN 978-7-112-27067-5

Ⅰ. ①工… Ⅱ. ①洪… ②李… ③蔡… Ⅲ. ①工程项目管理-环境管理-教材 Ⅳ. ①X322

中国版本图书馆 CIP 数据核字（2021）第 272097 号

本书针对目前国内建设领域可持续发展和环境管理教材的不足，以环境管理学和环境经济学为理论基础，结合工程项目管理实践，详细地阐释了工程项目环境管理的基本内容、技术手段、法律标准、国际标准和知识体系，以期给读者带来一些收获和启示。本书共分 9 章，分别为工程项目环境概述，工程项目环境费用、成本与效益，工程项目全生命周期环境影响评价与管理，工程项目环境经济评价，工程项目绿色施工管理，工程项目环境保护管理法律制度，工程项目环境管理计划与执行，工程项目环境管理前沿，以及环境管理政策与经济手段。

本书可作为工程管理类专业本科生和管理科学与工程研究生学习用书，也可作为其他相关专业教学参考用书，对于从事工程项目建设、环境管理、环境保护等部门的工作人员也有一定的参考价值。

责任编辑：徐仲莉　曹丹丹
责任校对：李美娜

工程项目环境管理
洪竞科　主编
李小冬　蔡伟光　副主编
*
中国建筑工业出版社出版、发行（北京海淀三里河路 9 号）
各地新华书店、建筑书店经销
北京鸿文瀚海文化传媒有限公司制版
北京建筑工业印刷厂印刷
*
开本：787 毫米×1092 毫米　1/16　印张：14¼　字数：356 千字
2021 年 12 月第一版　2022 年 8 月第二次印刷
定价：**58.00** 元（赠教师课件）
ISBN 978-7-112-27067-5
（38699）

目　录

第 6 章 工程项目环境保护管理法律制度 / 112

第 7 章 工程项目环境管理计划与执行 / 135

第 8 章 工程项目环境管理前沿 / 161

第 9 章 环境管理政策与经济手段 / 190

参考文献 / 220

第 1 章　工程项目环境概述

工程项目是指根据工程总体设计进行建造的基本建设工程。按照工程项目的性质可分为新建、改建、扩建、拆建和恢复项目。按照它的规模可分为大、中、小型项目。环境是指围绕着人类生存的各种外部条件或要素的全部总体，包括非生物的要素和除人类之外的所有生物体。工程项目对环境的影响是持续性的，这种对环境的影响既包括施工过程中的水污染、噪声问题、空气污染、高能耗问题、固体废弃物问题等，还包括工程项目建成后对周围环境的各种影响。为了确保经济与自然的协调发展，实现可持续发展，应积极倡导绿色管理理念，保证经济发展与环境保护的协调统一，防止环境污染和生态破坏，避免或减缓工程项目对环境的影响。

1.1　我国工程项目建设情况

建筑业作为我国国民经济的支柱产业，对我国的就业起着关键作用，同时也对我国经济和社会的可持续发展具有深远的影响。工程项目是经济发展的基础，占用的资源非常庞大（包括土地、能源、原材料、资金以及人力资源），导致环境问题日益突出。有必要对我国建筑业建设现状和规划现状进行研究，这将有利于对工程项目进行环境管理。

1.1.1　我国工程项目建设现状

建筑业是国民经济中从事建筑安装工程的勘察、设计、施工以及对原有建筑物进行维修活动的物质生产部门，其中包含工程项目的规划、勘察、设计、施工以及建筑环境的运营和管理等，担负着建设基础设施、生产和生活设施的神圣使命，其产品涉及各种工厂、铁路、矿井、港口、道路、桥梁、住宅以及公共设施的建筑物、构筑物和设施。21 世纪初期，随着我国 20 多年来大规模的经济建设，中国建筑业得到迅速发展，总产值不断增长。图 1-1 显示，我国建筑业总产值由 2000 年的 1.25 万亿元增长到 2019 年的 24.84 万亿元，年平均增长率达到 99.3%。2019 年，建筑业的总产值占国内生产总值（GDP）的 7.2%，建筑业在推动社会和经济发展中发挥着至关重要的作用。

根据国家统计局的划分标准，建筑业可以分为房屋建筑业、土木工程建筑业、建筑安装业、建筑装饰装修以及其他建筑业五类，其中房屋建筑业的总产值约占建筑业总产值的 60%。2000 年底，我国房屋施工面积为 16.01 亿 m^2；2019 年底，我国房屋施工面积已达 144.15 亿 m^2，约为 2000 年的 9 倍，人均房屋施工面积从 2000 年的 1.26m^2/人增长至 2019 年的 10.30m^2/人。我国历年房屋施工面积及人均房屋施工面积详见图 1-2、图 1-3。

1.1.2　我国工程项目规划现状

改革开放以来，我国经济快速增长，建筑行业得以快速发展，创造了巨大的经济价

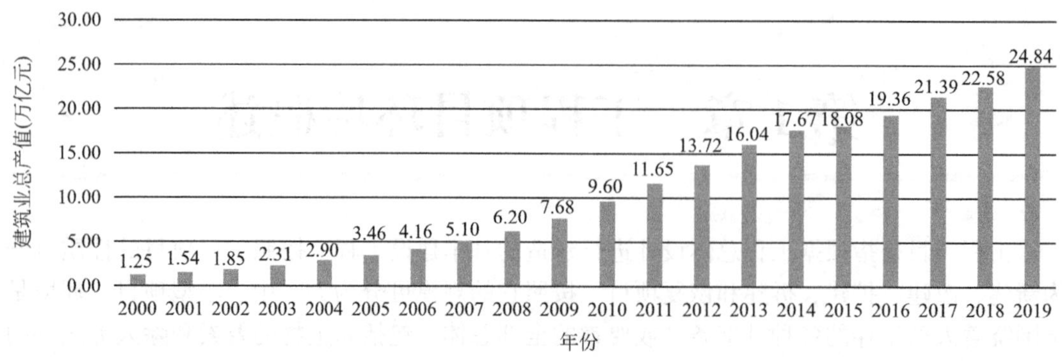

图 1-1　建筑业总产值

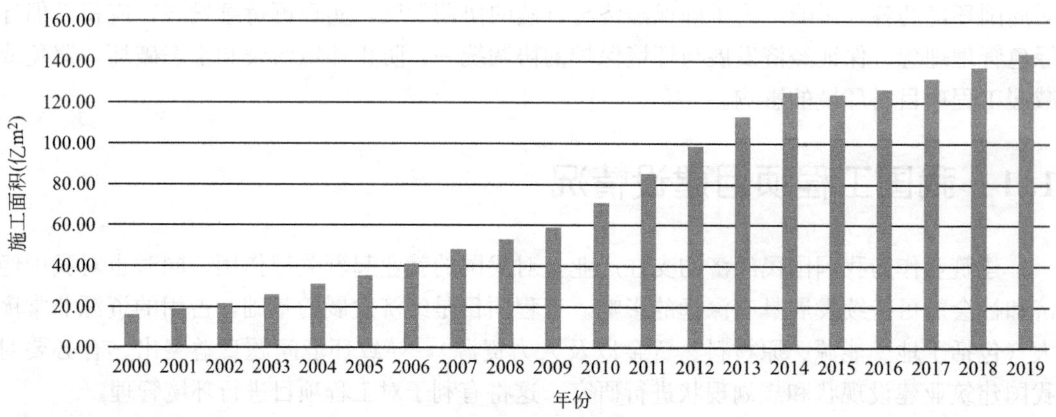

图 1-2　房屋施工面积

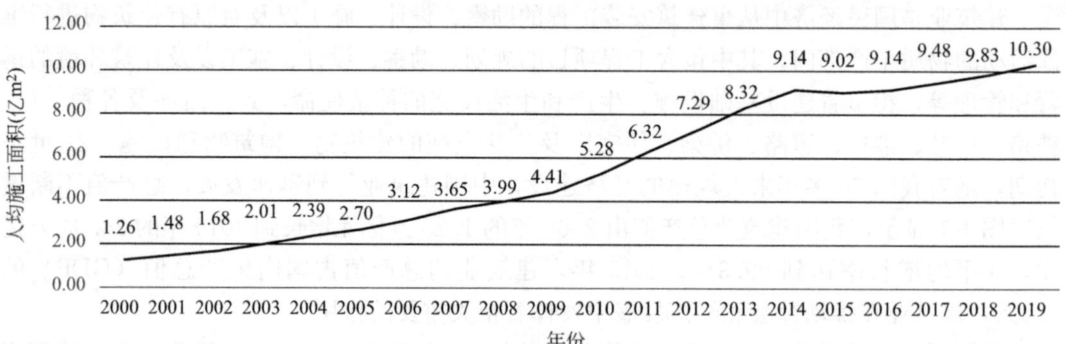

图 1-3　人均房屋施工面积

值。与此同时，以现代化的大工业生产为主的城市经济和以典型的小农经济为主的农村经济矛盾日益加剧。这种矛盾也限制了各项经济及社会事业的发展。因此，我国主要通过推行城镇化以调整城乡经济结构。2019 年我国常住人口城镇化率为 60.6%，户籍人口城镇化率仅为 44.38%，远低于发达国家 80%的平均水平，我国城镇化建设仍有较大的发展空间，城市基础设施、公共服务设施和住宅建设等仍将具有巨大需求。

当前我国对于城市住宅需求仍然巨大。除了既有的新增城市人口需求之外，随着城市更新成为新的趋势，还存在居民住宅更新换代的需求。未来，住宅建设市场除了在新开发的土地上进行开发建设外，对于老旧住宅区施行的拆迁重建仍将继续增加，住宅建设市场仍具有很大的开发建设潜力。

基础设施建设发展如火如荼。自 2018 年 12 月中央经济工作会议重新定义了基础设施建设，把 5G、人工智能、工业互联网、物联网定义为“新型基础设施建设（以下简称新基建）”。此后，在国家大力发展新基建的浪潮下，我国经济社会正在加快数字化转型，数据中心等算力基础设施建设成为重中之重。新基建既是基建同时又是新兴产业，是建立在科技端上的新型基础设施。与原有基建的重资产特点相比，新基建具有轻资产、高科技、高附加值的发展模式等特点。2020 年 4 月，国家发展改革委表示新基建的内容包括信息基础设施、融合基础设施和创新基础设施三方面，其本质上是信息数字化的基础设施，它主要包括特高压、大数据中心、新能源汽车充电桩、人工智能、5G 基站建设、工业互联网、城际高速铁路和城际轨道交通七大领域。

1.2　我国工程项目环境影响总述

工程项目与环境紧密相关，会对自然环境、社会环境产生诸多影响。本节首先阐述了环境的含义、分类及功能，其次对环境问题进行概述，最后论述工程项目环境问题。

1.2.1　环境的含义

在环境科学中人类是主体，环境的含义是以人为中心的客观存在，这个客观存在主要是指人类已经认识到的、直接或间接影响人类生存与发展的周围事物。它既包括未经人类改造过的自然界众多要素，例如阳光、陆地、野生生物、天然森林和草原、水体、空气、土壤等，又包括经过人类社会加工改造过的自然界，例如城市、水库、港口、铁路、公路、村落、园林等，即环境指的是围绕人类生存的包括非生物要素和人类以外的所有生物体的各种外部条件或要素的总体。准确理解环境概念，对于协调人类与环境的关系，解决实际或潜在的环境问题，保护人类的生存环境，保障经济社会的可持续发展具有重要的基础性意义。

1.2.2　环境的分类

为了科学、系统、全面地对环境进行分析，本小节结合环境的概念、含义和内容特点，按照不同的角度、不同的分类方法对环境进行分类，以达到充分展示环境的内涵和外延，揭示环境的实质和内容，科学开展对环境的研究与应用。环境尚未有较为统一的分类，根据不同的目的和作用，环境分类类别有多种。

在环境科学中，一般以人类为主体进行环境分类，通常可以按照环境的范围、环境的属性等进行分类。

1. 按照环境范围分类

按照环境范围大小对环境进行分类比较简单，通常根据环境所处的特定范围将环境由大到小分为宇宙环境、全球环境、区域环境、城市环境、小区（村落）环境、院落环境、居室环境。

（1）宇宙环境。宇宙环境也称为空间环境、星际环境，是指大气层以外的环境。这是在人类活动进入大气层以外的空间时提出来的概念。

（2）全球环境。全球环境也称为地球环境，它是人类生活和生物栖息繁衍的场所，是向人类提供各种资源的场所，也是不断受到人类活动改造和冲击的空间。全球环境可分为地理环境、地质环境等。

① 地理环境。地理环境是指与人类生产和生活密切相关的，由直接影响人类生活的水、气、土、生物等环境要素组成，具有一定结构的地表自然系统。

② 地质环境。地质环境主要指自地表以下的地壳层。如果说地理环境为我们提供了大量的生活资料、可再生资源，那么地质环境则为我们提供了大量的、难以再生的矿产资源。

（3）区域环境。区域环境是指有一定地域的环境。区域的范围有大有小，不同区域内的环境结构、功能、特点也千差万别。区域环境主要是按社会经济条件、行政区划或地理气候条件等体系划分，例如行政区域环境、流域环境、经济区域环境等。

（4）城市环境。城市环境是人类开发利用自然资源创造出来的高度人工化的、供人类生存的生态环境，它以人口、建筑物的高度密集和资源、能源的大量消耗为基本特征。

（5）小区（村落）环境。主要指城镇居民（农业人口）聚居的基本环境单元。

（6）院落环境。功能不同的建筑物和周围场院组成的基本环境单元。

其中小区（村落）环境和院落环境也可以统称为生活区环境，即人类基础聚居场所的环境。

2. 按照环境属性分类

按照环境的自然属性和社会属性进行分类，环境可以分为自然环境和社会环境，自然环境是社会环境的基础，社会环境是自然环境的发展，如图 1-4 所示。

（1）自然环境。

自然环境是指围绕人们周围的各种自然因素的总和，例如大气、水、岩石矿物、动物、植物、土壤、太阳辐射等。它们是人类赖以生存的物质基础。人类是自然的产物，自然环境是人类赖以生存和发展的物质基础，自然环境影响和制约着人类活动，所以自然环境也可以指直接或间接地影响人类生存和发展的一切自然形成的物质和能量的总体。自然环境的分类比较多，根据其主要的环境组成要素可分为大气环境、水环境、土壤环境、声环境等。

① 大气环境。

大气环境是指受地球引力作用而围绕地球的大气层，又称为大气圈，是自然环境的组成要素之一，也是一切生物赖以生存的物质基础。大气是由多种气体、水汽、液体颗粒和悬浮固体杂质组成的混合物。大气中，除去水汽、液体颗粒和悬浮固体杂质的混合气体，称为干洁空气。干洁空气包括氮（体积约占 78%），氧（体积约占 21%）、氩（体积约占 0.9%），此外还有少量的其他成分，例如二氧化碳、氖、氦、氙、氢、臭氧等，这些气体体积约占空气总体积的 0.1%。

水汽：大气中的水汽含量比氮、氧等主要成分含量所占的比例要低得多，且随着时间、地域、气象条件的不同变化很大。在干燥地区可低至 0.02%，在湿润地区可高达 6%。大气中的水汽含量虽然不大，但对天气变化起着重要的作用，可以形成云、雨、雪

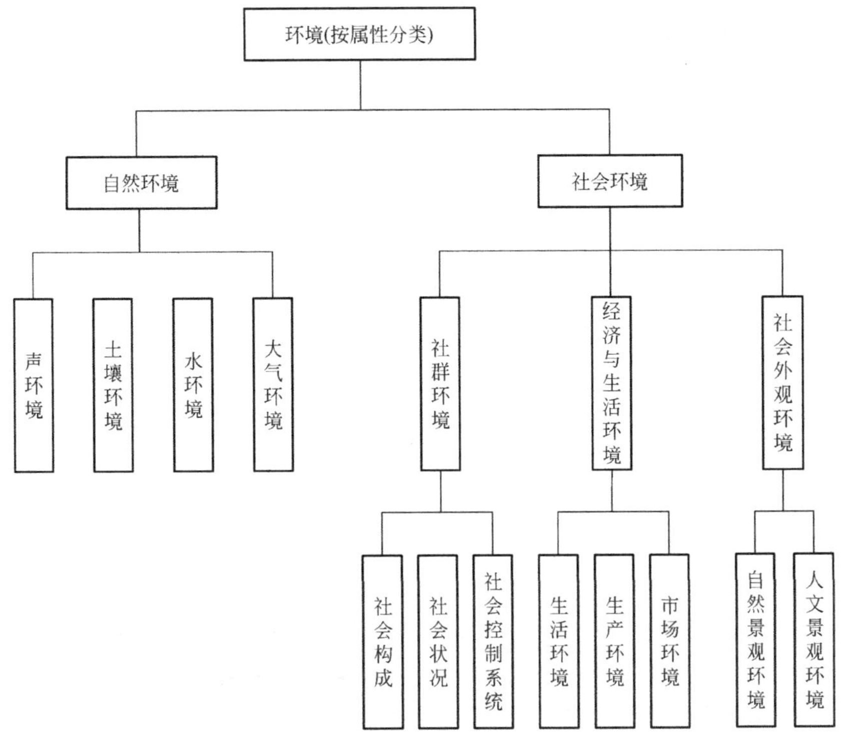

图 1-4　环境分类（按属性分类）

等天气现象。

大气颗粒物：指悬浮在大气中由于粒径较小导致沉降速率很小的固体、液体微粒。无论其含量、种类还是化学成分都是变化的。

② 水环境。

水是人类和生物生存所需的基本自然物质，是社会经济发展的重要基础资源。水环境是指地球的自然水形成、分布和转化所处空间的环境，一般指有相对稳定的、以陆地为边界的天然水域所处空间的环境。河流、沼泽、湖泊、湿地、冰川、水库、地下水、海洋等储水体中的水，以及水中物质、底质及生物是水环境的主要组成部分。

地球上的水由海洋水和陆地水两部分组成。海洋水约占地球上水总量的 97.3%，而陆地水的占比不到 3%。陆地水以淡水为主，人类生活生产活动所必需的淡水水量有限，可以比较容易地使用和开发的淡水量更少，而且这部分淡水在时空的分布很不均衡，所处空间的环境十分复杂。

③ 土壤环境。

土壤环境是指土壤系统的组成、结构和功能特性及所处的状态。土壤环境连续覆盖于地球陆地地表的土壤层，由有机质、水分、矿物质和空气等物质组成，是一个非常复杂的系统。土壤系统具有的独特结构和功能，不仅为人类、生物提供资源，而且对环境的自净能力和承载能力的发挥具有重大影响。

④ 声环境。

声音是充满自然界的一种物理现象。声是由物体的振动产生的，发声的物体被称为声源。声能通过固体、液体和气体三种介质向外界传播，从而被感受目标所接收。声学中把声源、介质、接收器称为声的三要素。

人类和生物的生存需要声音。对于人类来说，良好的声环境有利于人类正常的生活、工作和健康。但是不良的甚至恶劣的声环境则会直接影响人类活动，对人类产生危害。这些不需要的声音称为环境噪声。噪声污染的危害在于它直接对人体的生理和心理产生影响，从而诱发各种疾病，进而影响人类的生活和工作。

（2）社会环境。

社会环境是人类在利用和改造自然环境中创造出来的人工环境以及人类在生活和生产活动中形成的人与人之间关系的总体。社会环境是人类活动的必然产物，是人类在自然环境的基础上，通过长期有意识的社会劳动创造的物质生产体系、加工和改造的自然物质、积累的物质文化等形成的环境体系，是与自然环境相对的概念。社会环境包含的内容是非常广泛的，可以说除自然环境包含内容之外的东西均是社会环境包含的内容。社会环境包括宗教、风俗、文化、道德、政治、经济，以及人类建造的各种构筑物、建筑物、具备其他形态和作用的人工物品等要素。

对社会环境的上述解释，实质上是社会环境的广义概念。广义概念的社会环境包括自然条件的利用、旅游景观、土地使用、文化宗教、社会结构、经济发展、建设设施、医疗教育、文物古迹、生活条件、环境美学和环境经济等众多内容。

根据社会环境的广义概念，社会环境可以分为社群环境、经济与生活环境、社会外观环境三个方面的基本内容，反映了社会环境的结构、功能和外貌。

① 社群环境。

社群一般是指在某些边界线、地区或领域内的社会群体以及与其发生作用的一切社会关系。社群也可用来表示一些有特殊关系的社群，例如一个有相互关系的网络等。

社群环境主要包括社会构成、社会状况与社会控制系统，以此反映社会群体的特征和结构。社会构成包括年龄、性别、种族、民族、职业、家庭、宗教、社会团体和机构等。社会状况包括健康水平、文化程度、居住环境、社会关系、就业与失业、生活习惯、收入水平、娱乐、福利等。社会控制系统包括行政、法律、舆论、宗教、公安与军队等。

② 经济与生活环境。

产业划分通常按照联合国使用的分类方法分为三大产业。在我国，第一产业主要包括农业、牧业、林业和渔业等；第二产业主要包括采矿业、制造业、电力、热力、燃气及水生产和供应业、建筑业等；第三产业包括商业、金融、房地产、交通运输、教育、通信、服务业等。经济与生活环境主要是由第一产业、第二产业、第三产业反映出来的生产环境、生活环境和市场环境及其结构和功能组成。

以农业为主的第一产业和以工业为主的第二产业，其相应的技术、设施、条件、活动等，称为生产环境；以服务业为主的第三产业，其具体服务和有关设施与条件，称为生活环境；商品和服务的提供与买卖交换的设施、条件与活动，称为市场环境。

③ 社会外观环境。

社会外观主要指自然景观与人文景观，是人类感知的自然与人文的有形体与环境氛围配合的系统。

自然景观是指未受人类影响的地球自然景观，例如地质景观、地形景观、森林景观、气候景观、天文景观、生物景观等。实际上，自然环境的各种环境因子，例如空气、水、生物、土壤，都是自然景观，而所谓有价值的自然景观是由人为因素确定的，例如具有科学研究、观赏旅游价值的自然资源等。

人文景观是以人为因素为主的景观，是指可以作为景观的人类社会的各种文化集合。一般是指历史形成的、与人的社会活动有关的景物构成的现象，例如文物古迹、宗教名胜、民族风情、地方特色等，也包括当代人改造自然和社会建设产生的景观。人文景观是具有历史、文化价值的旅游资源。

1.2.3 环境要素

1. 环境要素的定义

环境要素，又称为环境基质，是指构成环境整体的各个独立的、性质不同而又服从总体演化规律的基本物质组分，主要包括水、大气、阳光、土壤、岩石和生物等。

环境要素组成环境的结构单元，环境的结构单元又组成环境整体或环境系统。例如空气、水蒸气等组成大气圈；河流、湖泊、海洋等地球上各种形态的水体组成水圈；土壤组成农田、草地和林地等；岩石和土壤构成岩石圈或称岩石-土壤圈；动物、植物、微生物组成生物群落，全部生物群落构成生物圈；阳光则提供辐射能并为上述要素所吸收。大气圈、水圈、岩石-土壤圈和生物圈4个圈层则构成人类的生存环境-地球环境系统。

2. 环境要素的性质

环境要素具有一些非常重要的性质，这些性质决定了各个环境要素间的联系和作用，是人类认识环境、改造环境、保护环境的基本依据。在这些性质中，最重要的是：

（1）整体大于诸要素之和。

环境诸要素之间相互联系、相互作用形成环境的总体效应，这种总体效应是在个体效应基础上的质的飞跃。某处环境表现出的性质，不等于组成该环境的各个要素性质之和，而要比这种“和”丰富得多、复杂得多。

（2）相互依赖性。

环境诸要素是相互联系、相互作用的。环境诸要素间的相互作用和制约，一方面通过能量流，即通过能量在各要素之间的传递，或以能量形式在各要素之间转换实现的；另一方面通过物质循环，即通过物质在环境要素之间的传递和转化，使环境要素相互联系在一起。

（3）最差限制律。

最差限制律是环境质量的一个重要特征，即整体环境的质量高低由处于环境诸多要素中最劣状态的那个环境要素控制，而不是由环境诸多要素的平均状态决定，也不能采用处于优良状态的环境要素代替和弥补。因此，环境诸要素之间是不能相互替代的。例如，一个区域的水体质量优良，空气质量较好，但有严重的噪声污染，则该区域的总体环境质量就由声环境质量决定。要改善该区域的整体环境质量，就要首先改善该区域的声环境质量。

（4）等值性。

只要各个环境要素无论是在规模上还是在数量上处于最劣状态，那么对于环境质量的限制作用就没有本质区别，就具有等值性。也就是说，各个环境要素，无论它们本身在规模上或者数量上如何不同，但只要是一个独立的要素，那么它们对环境质量的限制作用并无质的差别。如前所述，对一个区域来说，属于环境范畴的空气、水体、土地等均是独立的环境要素，无论哪个要素处于最劣状态，都制约着环境质量，使总体环境质量变差。

（5）变化之间的连锁反应。

环境诸要素具有相互联系、相互制约和相互作用的特点。虽然在地球演化史上，各个环境要素可能同时出现，但是每一个新的要素产生都会给环境整体带来很大影响，体现出环境要素之间的连锁反应。例如，有些环境的污染导致大气层污染，进而导致温室效应，使得大气升温冰川融化、海平面上升、海水表面积扩大，从而导致洪涝、泥石流、飓风、水土流失等一系列自然灾害。这些自然现象相互之间一环扣一环，只要其中一环发生改变，就可能引起一系列连锁反应。

1.2.4 环境功能

对人类而言，环境功能是环境要素及由其构成的环境状态对人类生产和生活承担的职能和作用，其功能非常广泛，主要内容如下：

1. 为人类提供生存的基本要素

人类、生物都是地球演化到一定阶段的产物，生命活动的基本特征是生命体与外界环境的物质交换和能量转换。空气、食物和水是人体获得物质和能量的主要来源。因此，清洁的空气、无污染的土壤和食物、洁净的水是人类健康和世代繁衍的基本环境要素。

2. 为人类提供从事生产的资源基础

环境是人类从事生产与社会经济发展的资源基础。自然资源可分为不可再生资源和可再生资源两大类。

不可再生资源即不可更新资源。它的再生过程非常缓慢，相对于人类而言几乎不可再生。它的持续开采过程也是资源的耗竭过程，当资源的蕴藏量为零时，就达到耗竭状态，例如矿石、煤炭、土壤、石油等资源。

可再生资源是指能够通过自然力以某一增长率保持、恢复或增加蕴藏量的自然资源，例如太阳能、森林、大气、农作物以及各种野生动植物等。多数可再生资源的可持续性是受人类利用方式的影响。在合理开发利用的情况下，资源可以恢复、更新、再生，甚至不断增长。而不合理的开发利用会阻止可再生过程的发生，使蕴藏量不断减少以致枯竭。例如，水土流失导致土壤肥力下降，使得农作物减产；过度捕捞造成渔业资源枯竭，由此降低鱼群的自然增长率。而有些可再生资源并不受人类活动的影响，当代人消费的数量不会使后代人消费的数量减少，例如太阳能、风能等。

3. 对废物具有消化和同化能力（环境自净能力）

人类在生产和消费活动中，会产生一些废物并排放到环境中。环境通过各种各样的物理（稀释、扩散、挥发、沉降等）、化学（氧化和还原、化合和分解等）、生物降解等途径消化、转化这些废物。只要这些污染物在环境中的含量不超出环境的自净能力，环境质量就不会受到损害。如果环境不具备这种自净能力，地球上的废物就会很快积累到危害环境和人体健康的水平。

环境自净能力与环境空间的大小、各环境要素的特性、污染物本身的物理和化学性质有关。环境空间越大，环境对污染物的自净能力就越大，环境容量也就越大。对物理和化学性质越不稳定的污染物而言，环境对它的自净能力也就越大。

4. 为人类提供舒适的生活环境

环境不但能为人类的生产和生活提供丰富的物质资源，还能满足人类对于舒适性的要求。清洁的空气和水不仅是工农业生产必需的要素，也是人类健康愉快生活的基本需求。优美的自然景观和文物古迹是宝贵的财富，可成为旅游资源。优美舒适的环境可使人心情愉快、精神愉悦、充满活力。随着物质和精神生活水平的提高，人类对环境舒适性的要求也会越来越高。

1.2.5　环境问题

1. 环境问题概述

人类在创造适合人类生存和改善发展环境的过程中，在形成更适合人类生存的新环境的同时，可能也恶化了人类的生存环境。当人类生产、生活活动中产生的各种污染物进入环境，并超过环境的自净能力时，就会使环境遭到污染和破坏，这些都属于人为造成的环境问题。当前人类面临不断发展的要求，也面临日益严重的环境问题。

（1）环境问题概念。

环境问题是指不利于人类生存和发展的环境状态、环境质量和环境结构及其变化过程。人类活动与自然活动带来的不利影响，使得环境质量下降或受到破坏，而这种变化反过来会对人类的生产和生活造成不利影响。环境问题有广义和狭义之分。

① 狭义环境问题。

狭义环境问题是指在人类活动的作用下，人类周围环境结构与状态发生不利于人类生存和发展的变化。具体是指由于人类活动作用于人类周围的环境所引起的环境质量变化，以及这种变化反过来对人类的生产、生活和健康产生的影响。

② 广义环境问题。

广义环境问题是指任何不利于人类生存和发展的环境状态、环境质量和环境结构及其变化过程。与狭义环境问题不同的是，广义环境问题产生的原因既包括人类活动方面的，也包括自然活动方面的，例如火山喷发造成的大气污染，地震造成的地质破坏和水体污染等。

（2）环境问题分类。

环境问题类型有很多，对环境问题进行分类是为了科学地分析环境问题，揭示环境问题的实质，以达到控制和解决环境问题的目的。

根据研究的需要，可以用多种标准对环境问题进行分类，按产生的原因可分为原生环境问题和次生环境问题两大类，见图 1-5。

① 原生环境问题。

原生环境问题也可称为第一类环境问题，它是指由自然活动引起的自然环境本身的变化，没有人为因素或极少有人为因素参与。原生环境问题主要受自然力的作用，由自然激发产生，而且人类对其缺乏控制能力，并使人类遭受一定损害的问题。由于人类自身知识和力量有限，对自然灾害还不能有效控制，例如地震、火山活动、台风、洪水、干旱、泥石流、滑坡等。对自然灾害导致的环境风险的防范以及对环境污染与破坏的防治是环境科学研究的一项内容，但原生环境问题不完全属于环境科学研究范畴，它们是灾害学的主要

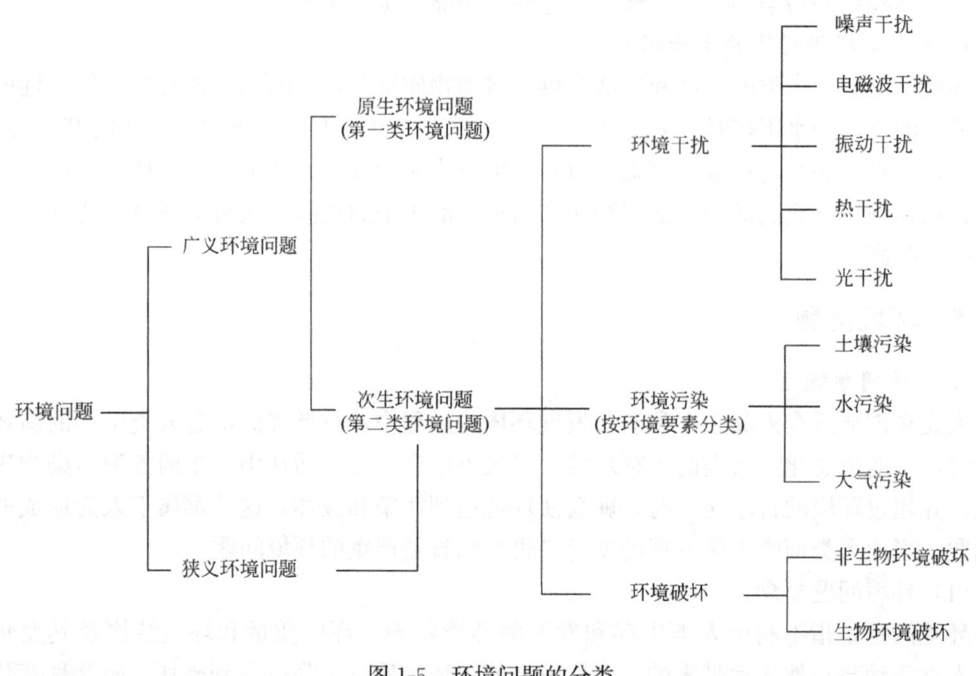

图 1-5　环境问题的分类

研究对象。

② 次生环境问题。

次生环境问题也称为第二类环境问题。它是由于人类活动作用于环境而引起的环境问题，也就是前述狭义环境问题概念。次生环境问题是环境科学研究的主要对象。次生环境问题又可分为以下三种类型：

A. 环境破坏。

环境破坏又称为生态破坏或资源破坏。环境破坏主要是由违背自然生态规律、盲目开发自然资源的人类活动引起的。环境破坏有多种表现形式，按对象性质可分为以下两类：

生物环境破坏。生物环境破坏主要指植物和动物的生长与生存环境遭到破坏。例如因过度放牧导致的草原退化；因过度砍伐导致的森林覆盖率锐减；因人类工程活动和滥肆捕杀等导致的生物多样性减少、动植物濒临灭绝或物种消失等。

非生物环境破坏。非生物环境破坏主要指人类活动造成的非生物因素或条件的破坏。例如毁林、开荒以及不合适的大规模建设等造成的水土流失和沙漠化；地下水及地下其他资源的过度开采造成的地面下沉；其他不合理开发利用造成资源破坏、地质结构破坏、地貌景观破坏等。

生物环境破坏与非生物环境破坏均是生态环境问题，是指由于生态平衡遭到破坏，导致生态系统的结构和功能严重失调，从而威胁到人类生存和发展的现象。人类活动是当今次生环境问题的主要原因，例如自然资源不合理开发利用造成的生态环境破坏，引起水土流失，草地和森林资源减少，土壤沙化、沼泽化、盐碱化，湖泊面积减少，湿地遭到破坏，矿产资源遭到破坏，生物多样性减少，水体污染，旱涝灾害频繁等。

生态系统由生物和非生物环境组成，生物适应并改变非生物环境，它们相互依赖、相互影响、相互适应。而环境破坏的危害很大，环境破坏后恢复相当困难，有些甚至很难恢复，例如被破坏的森林生态系统的恢复将需要数百年的时间，被破坏的土地的恢复将需要数千年的时间，而物种的灭绝则根本无法恢复。

B. 环境污染。

环境污染是由人类活动引起的有害物质或因素进入环境，并在环境中扩散、迁移和转化，从而导致环境系统的结构和功能发生变化，并对人类和其他生物的正常生存和发展产生不利影响的现象。

引起环境污染的物质或因素称为环境污染物，它们可以是人类活动、自然活动的结果，也可以是这两类活动共同作用的结果。通常所说的环境污染主要指由于人类活动产生的污染物排放，导致环境质量下降。在实际工作和生活中，根据环境质量标准为尺度判断环境是否被污染，以及被污染的程度。

环境污染的类型有多种，例如按污染物性质可分为物理污染、化学污染、生物污染；按环境要素可分为大气污染、土壤污染、水污染等。

C. 环境干扰。

环境干扰是指人类活动释放的各种能量进入环境，达到一定程度后对人类产生不良影响。环境干扰包括噪声干扰、电磁波干扰、振动干扰、热干扰、光干扰等。

环境干扰是由能量产生的，是一个物理问题，通常是局部性、区域性的。当环境干扰的干扰源停止作用时，干扰也将立即消失，并且在环境中不会有残余物质存在。因此，对环境干扰的治理很快，只要停止释放能量或阻隔控制能量，干扰就会立即消失或减少。一般把环境干扰的现象也称为环境污染，例如光污染、声污染等。

根据产生的原因进行分类是环境问题分类的主要方式，还有其他分类方法，例如按照环境介质划分，环境问题可以分为大气环境问题、水体环境问题、土壤环境问题。

按环境损害发生的范围可分为地方性问题、地区性问题和全球性问题。在一个行政区域内的水污染、汽车尾气污染等属于地方性问题；而跨多个行政区域的水土流失、酸雨等属于地区性问题；气候变化、生物多样性减少的影响范围涉及整个地球生态系统，属于全球性问题。

2. 环境问题的产生与发展

环境问题自古有之，随着人类社会的发展而产生，是人与环境对立统一关系的产物。人类社会经历了史前文明、农业文明、工业文明、后工业文明等阶段。人类社会的发展在很大程度上是人与自然相互作用的过程，人与自然的关系变迁很大程度上是自然环境作用力与人类社会生产力对比的变化、不断调整的历史。在不同时期，人与自然的关系表现不同，环境问题的性质和形式不同，因而人类对环境问题理解和认识也不同，见表 1-1。

环境问题的发展　　**表 1-1**

时期	时间区间	生产模式	经济发展特征	人与自然的关系
史前文明	公元前 200 万年～公元前 1 万年	从手到口，石器为生产工具代表	采食渔猎，满足人类食物需要	依附自然，对环境无破坏、干扰
农业文明	公元前 1 万年～18 世纪	简单技术和工具，犁为生产工具代表	自给自足，种植和畜牧业为主，满足生存需要	半依附，环境缓慢退化

续表

时期	时间区间	生产模式	经济发展特征	人与自然的关系
工业文明	18世纪以来	机械化生产，蒸汽机为生产工具代表	商品经济、工业和服务业兴起，满足人类物质需要	环境污染、生态破坏严重
后工业文明	信息革命之后（近40年）	高科技，计算机为生产工具代表	生态经济、信息产业和知识经济为主，满足人类精神需求	认识到人与自然要协调发展

（1）在史前文明时期，人类以渔猎和采集为主，这个时期大约始于公元前200万年。人类从大自然直接索取必需的生活资料，由于人口数量极少，活动范围不大，生产力水平极低，人类基本上处于与自然环境浑然一体的状态。人类对自然环境的影响范围和程度都非常有限，在地球系统中，自然环境的力量居于主导地位，人对自然环境呈现顺应、依附关系；环境基本上按照自然规律运动发展，环境问题并不突出，地球系统能够依靠自身进行生态平衡。

（2）农业文明时期，大约始于公元前1万年。农业文明带来种植业的创立及农业生产工具的发明和改进，从而诞生了纺织业等手工业和集市贸易。由于人类生活条件不断改善，开辟了人类定居的新时代，人口迅速增长，人类对自然的开发利用强度开始加大。世界人口从旧石器（距今1万年前）大约532万人增长到距今2000年前的1.33亿人。较低的劳动生产率无法满足人口迅速增长的物质需求，人们通过砍伐森林、开垦草原等破坏自然环境的方式增加粮食生产，不可避免地造成土地沙化、水土流失等。特别是一些文明古国，由于过度放牧、开垦荒地和砍伐森林而造成水土流失和荒漠化，以及旱涝灾害时有发生，成为农业文明时代的主要环境问题。农业文明时代开启了人类社会利用生产工具、逐步扩大规模开发利用土地及其他自然资源的时代。总体上看，这个时代的环境问题只是局部的、零散的，尚未上升至影响整个人类社会生存和发展的问题。

（3）工业文明时期，开始于18世纪末叶到19世纪中叶的产业革命（又称为工业革命）。1765年第一台蒸汽机出现，标志着人类生产方式从手工生产变成机器生产，人类从农业文明进入工业文明发展阶段。科学技术水平突飞猛进，人口数量剧增，社会生产力大幅提高，人类利用和改造环境的能力大大增强。这一时期，人类在创造了丰富的物质财富的同时，引发深重的环境灾难。在19世纪70～90年代，英国伦敦市发生了多次有毒烟雾事件。

而20世纪中期以后，由于工业迅速发展，重大污染事件不断出现，表1-2中所示的“八大环境公害”事件，从侧面反映出20世纪中期以后的环境问题日趋严重，这时环境污染逐渐引起人们的普遍关注。这些震惊世界的公害事件，引起人类对环境问题的第一次重视。

20世纪中叶“八大环境公害”事件　　表1-2

事件	时间	危害	原因
马斯河谷烟雾事件	1930年12月	几千人发病，一周内60人死亡	山谷中工厂多，遇逆温天气，工业污染物积累在近地大气层
洛杉矶光化学烟雾事件	1940～1960年	大多数居民患病，1955年，因呼吸系统衰竭死亡的65岁以上老人达400多人	市区空气水平流动缓慢，石油工业和汽车废气在紫外线作用下生成光化学烟雾

续表

事件	时间	危害	原因
多诺拉烟雾事件	1948 年 10 月	4 天内 42%的居民患病，20 多人死亡	工厂多，遇雾天和逆温天气，二氧化硫与烟尘作用生成硫酸
伦敦烟雾事件	1952 年 12 月	5 天内多达 4000 人死亡，两个月内有 8000 多人相继死亡	居民烟煤取暖，遇逆温天气使得排出的烟尘中的三氧化二铁和二氧化硫反应变成酸沫，附在烟尘上，被人吸入肺部
水俣事件	1956 年	水俣镇患病者达 180 多人，死亡 50 多人	氮肥生产中采用氯化汞和硫酸汞作为催化剂，含甲基汞的毒水废渣排入水体，人进食有甲基汞的鱼
富山事件（骨痛病）	1931～1979 年间断发生	1963～1979 年共有患者 130 人，死亡 81 人	炼锌厂未经处理净化的含镉废水排入河流
四日事件（哮喘病）	1955 年以来	患者 800 多人，有 36 人在哮喘病的折磨中死亡	工厂向大气中排放二氧化硫和煤粉尘数量多，并含有钴、锰、钛等，有毒重金属微粒及二氧化硫被人吸入肺部
米糠油事件	1968 年	患者 5000 多人，死亡 16 人，实际受害者超过 10000 人	米糠油生产中采用多氯联苯作为载热体，因管理不善导致毒物进入米糠油

环境问题的第二次重视伴随着全球性环境污染和大范围生态破坏。由于社会经济的不断发展及环境保护的滞后，20 世纪后期以来全球环境状况进一步恶化，重大环境问题时有发生，世界范围内的环境公害事件频繁发生，20 世纪 70～80 年代重大环境公害事件见表 1-3。环境问题已成为全球性的社会问题，引起人们的广泛关注。

20 世纪 70～80 年代重大环境公害事件　　表 1-3

事件	时间	危害	原因
维索化学事件	1976 年 7 月 10 日	多人中毒，居民搬迁，几年后出现多例婴儿畸形	农药厂爆炸，二噁英污染
阿摩柯卡迪斯油轮漏油	1978 年 3 月	藻类、湖间带动物、海鸟灭绝，工农业生产、旅游业损失大	油轮触礁，22 万 t 原油入海
三哩岛核电站泄漏	1979 年 3 月 28 日	周围 80km 内 200 万人口极度不安，直接损失 10 亿多美元	核电站反应堆严重失火
威尔士饮用水污染	1985 年 1 月	200 万居民饮用水污染，44%的人中毒	化工公司将酚排入迪河
墨西哥液态气爆炸	1984 年 11 月 19 日	4200 人受伤，死亡 1000 人，1400 栋房屋被毁，50 万人被疏散	54 座储气罐爆炸起火
切尔诺贝利核电站泄漏	1986 年 4 月 26 日	死亡 31 人，203 人受伤，13 万人疏散，直接损失 30 亿美元	4 号反应推机房爆炸
莱茵河污染	1986 年 11 月 1 日	事故段生物绝迹，周围 160km 内鱼类死亡，480km 内水源不能饮用	化学公司仓库起火，30t S. P. Hg 剧毒物流入莱茵河
莫农加希拉河污染	1988 年 11 月 1 日	沿岸 100 万居民生活受到严重影响	石油公司油罐爆炸，114 万 L 原油入河
“埃克森·瓦尔迪兹”号油轮漏油	1989 年 3 月 24 日	海城严重污染	漏油 26.2 万桶

可以发现，工业革命极大地改变了人与环境的关系。一方面，科学技术飞速发展极大地促进了生产力，带动世界经济迅速增长，人类影响从局部地区走向全球，人类活动正改变着地球生态系统；另一方面，随着经济全球化和区域一体化进程的加快、科学技术的日新月异，人类在经历空前的经济繁荣和技术进步的同时，面临更加复杂严峻的环境问题，区域性乃至全球性的环境问题日益突出，成为人类必须共同面对、事关生存和发展的最大隐忧和危机。因此，有人把 20 世纪称为“全球规模环境破坏的世纪”。

(4) 后工业文明时期，大约始于 20 世纪 90 年代。此时的人类已经进入知识文明发展阶段，人类消费模式开始从物质消费型转向知识消费型。哈佛大学社会学教授丹尼尔·贝尔（Danniel Bell）于 1973 年在《后工业社会的来临——对社会预测的一项探索》一书中指出，人类社会的发展需要经历前工业社会、工业社会、后工业社会三个阶段，而从工业社会向后工业社会的过渡阶段，又可以细分为不同的时期。后工业社会阶段，工业社会的一些原有特征会消失，并且出现一些新的特点。科技发展总体上没有扭转环境被破坏的状况，高技术发展带来的污染反而使得环境问题更加复杂。进入 21 世纪，环境问题依然严重，例如全球气候变暖、大气和水体污染加剧、森林面积急剧减少、大面积土地退化、淡水资源日益短缺、生物性锐减、大气层臭氧空洞扩大、自然灾害频发等。但令人高兴的是，人类对环境问题的认识有所加深，更加主动地应对环境问题，人类社会朝着可持续发展的方向努力。

3. 工程项目环境问题

当今世界主要有十大全球环境问题：全球变暖及温室效应、臭氧层的耗损与破坏、生物多样性减少、酸雨蔓延、森林锐减、自然资源短缺、土地荒漠化、淡水资源危机与水污染、海洋污染、危险废物增加与转移。而工程项目与上述十大环境问题几乎都相关，在工程项目全生命期各个阶段其环境问题是不同的，例如项目前期阶段主要是由于选址不当而产生的生态破坏；项目建设阶段对于环境的影响是实质性的、全方位的，主要有大气污染、水污染、固体废弃物污染等；而项目运营维护阶段主要是能源的消耗；项目拆除阶段则是建筑垃圾的污染。工程项目各阶段的环境问题如图 1-6 所示。

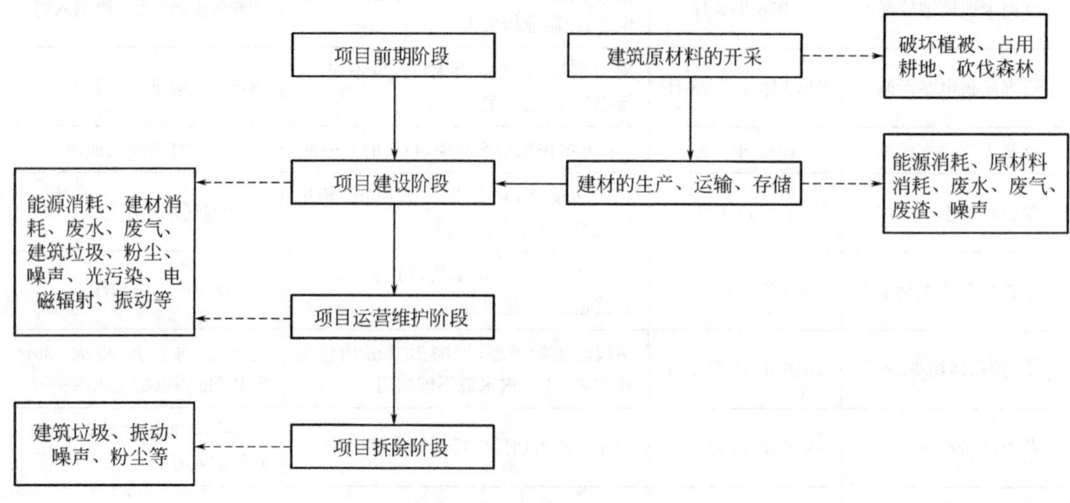

图 1-6　工程项目各阶段的环境问题

工程项目的各种环境问题是相互影响和相互作用的，例如建筑垃圾的就地掩埋会污染土壤，而经过雨水冲刷，建筑垃圾中的有毒有害物质会流入水体，造成水体污染；建筑垃圾的焚烧会产生二氧化碳、二氧化硫等气体进入空气，造成大气污染，引发温室效应、酸雨等环境问题。总体来说，工程项目的环境问题主要有以下几类：

（1）大气污染。

在建筑材料生产过程中会产生大量的二氧化碳、二氧化硫、粉尘等对大气造成污染。而在建筑材料运输过程中，各种运输设备例如载重汽车、火车、轮船等都会排放大量的废气，造成大气污染。

在工程项目建设过程中，造成的大气污染包括两个方面：废气污染和扬尘污染。首先是废气污染，工程项目建设过程中废气排放量相对较小，主要是施工现场的各种机械设备或运输设备排放的尾气废气、可能产生有毒有害气体的化学添加剂和某些在施工过程中会产生难闻有害气体的建筑材料（例如沥青等），但是由于这些气体种类较多、毒性较强且产生于人类活动较多的场所，因此对于人类危害较大。

扬尘污染产生于各种建设施工活动，例如施工场地内建筑材料的运输、装卸、场地平整及道路开挖等，会对施工场地及周围一定范围造成大气污染，影响周围居民的身体健康，甚至会引起污染纠纷。施工扬尘是指施工现场由于各种作业、车辆运行以及裸露地面的风蚀等散布到空气中的各种粉尘，施工扬尘可以分为施工工艺扬尘、道路扬尘以及风蚀扬尘等几类，见表 1-4。

施工扬尘的分类　　**表 1-4**

扬尘的分类	定义	备注
施工工艺扬尘	是指在施工过程中各种施工工艺造成的扬尘	例如土方和物料的装卸、土方回填、施工现场的清理和平整、建筑材料筛选和拌和等
道路扬尘	是指施工现场因各种运输车辆行驶直接产生的扬尘	影响因素有路面积尘、运输车辆撒漏等
风蚀扬尘	因开挖造成的裸露地面和一些易扬尘建筑材料露天堆放，在风力的作用下产生的扬尘	例如堆放各种建筑材料（水泥、沙子等）的料场

建筑物在运营过程中由于电能的使用会产生大量的二氧化碳、二氧化硫等气体。据统计，建筑物运营期间产生的二氧化硫可以达到气体总排放量的 70%，而且有关数据表明，英国二氧化碳量的 50%来自建筑物的能耗。

在拆除过程中，粉尘污染较为严重。由于城市更新进程的发展，越来越多的城市在旧城区改造过程中由于技术手段单一和污染防治措施不够完善，使得在拆除过程中造成非常严重的粉尘污染。例如在南京市河西新城区旧居民区拆迁、改造过程中，叶子被灰尘覆盖得严严实实，道路两侧的绿化带几乎看不见，成了“灰化带”。

（2）水污染。

在建筑材料生产过程中，会产生大量的废水。例如钢材、玻璃、铝合金等建筑材料和装饰装修材料在生产过程中都会产生大量的废水。

在工程项目建设过程中，施工现场也是污水排放源头之一。项目建设过程中产生的污水主要包括施工污水和现场施工人员的生活污水。

施工污水是在建设过程中产生的，包括生产废水和施工现场清洗废水。其中生产废水是指施工过程中开挖、钻孔产生的泥浆水等；施工现场清洗废水主要包括施工机械洗涤、施工现场清洗、洗车、建筑材料清洗和混凝土养护等污水。生产废水中有毒有害物质可能较少，主要含有大量的砂石和泥土，而清洗废水可能含有一定量的油污。

生活污水是由施工现场的施工人员生活活动造成的，主要包括食堂用水、冲厕水和洗涤废水等，其中含有大量的细菌和病原体。

在项目运营过程中，废水的产生也是巨大的。例如居民楼和办公楼中会产生大量的生活废水，而在工业建设项目的运营过程中则会产生大量的生产废水。

(3) 噪声污染。

在建筑材料生产和运输过程中，均会产生噪声污染。在建筑材料生产过程中，大型机械的操作过程中会产生噪声污染；在运输过程中，在公路上行驶的车辆会产生噪声污染。

在工程项目施工过程中也会产生噪声污染，称为施工噪声污染。施工噪声污染是指在施工过程中产生的干扰周围生活环境的声音。根据相关研究表明，城市噪声源的三分之一来自城市工业和施工噪声，例如施工时打桩机的声音的瞬时值可以达到90dB，混凝土浇筑时声音的瞬时值可以达到80dB，均会对周围生活环境产生不好的影响。施工噪声主要来自施工机械，例如压路机、混凝土搅拌机、锯板机、打夯机、电焊机、气割机等。其中电焊机、锯板机、打夯机产生的噪声较大，例如打夯机在工作时的噪声峰值可以达到120dB，将对周围居民的生活产生巨大的影响。施工噪声问题是居民在建筑施工中反应最强烈和常见的问题，特别是有些工序必须连续施工，从而造成夜间施工噪声问题比较突出。施工噪声污染具有短时性、局部性等特点，短时性体现在只有在施工时才会产生噪声污染，而局部性则是指施工噪声污染主要发生在施工现场及其周围。

在工程项目运营阶段也会产生噪声污染，例如交通基础设施项目运营期间，快速行驶的车辆会产生噪声；在工业建设项目运营过程中，使用各种机床和机具会产生噪声；在房屋建设项目运营过程中，空调、锅炉等也会产生噪声。

(4) 固体废弃物污染。

工程项目造成的固体废弃物污染主要是由建筑垃圾引起的污染。建筑垃圾的种类很多，但其主要成分是混凝土块、砂土、废弃砖块、废木料、废沥青块、废金属（例如钢筋头）。根据建筑垃圾的来源，可以分为以下几种：

① 挖掘出来的材料，包括泥土、砂砾、沙子、石块、黏土等。这种建筑垃圾是最常见的，其物理、化学性质会因地质条件的不同而不同。

② 与道路养护相关的，是由于道路养护、拓宽、更新改造等过程中产生的，包括沥青和其他所有铺路的材料，例如沙子、砂砾和金属材料等。

③ 建筑装饰材料，通常包括废弃或多余的油漆、三合板、涂料、颜料、瓷釉、胶水、纸等。

④ 施工现场的边角废料，包括碎木料、碎玻璃、钢筋头等金属物、塑料、电线等。

⑤ 拆除产生的建筑垃圾因工程项目类型而异，通常包括混凝土碎块、砂砾、沙子、碎石膏、金属、石棉、石块等。

建筑垃圾对于环境影响很大，目前，我国大部分建筑垃圾未经处理，直接当场掩埋或运往郊外堆放，占用大量耕地，而且建筑垃圾中的有害物质会污染土壤，或由于雨水的冲刷及地表水和地下水的浸泡产生大量污水，从而污染周围的地表水和地下水等。

（5）光污染。

工程项目在其整个生命周期产生的光污染也比较严重，例如施工期的夜间施工照明和电焊、运营期的玻璃幕墙和造景灯光等都会造成光污染。

① 夜间施工照明。随着我国城市化进程的不断加快，夜间工程项目建设施工的现象也越来越普遍，而夜间施工照明使用的探照灯通常具有很高的光照强度，对周围居民造成光污染。

② 电焊弧光污染。通常，电焊弧光对人眼和皮肤都会造成很大的伤害，因此操作人员经常穿着较厚的防护服，戴上护目镜，但是会对其他施工人员和施工现场周围人员造成伤害。

③ 玻璃幕墙。在市区和高层建筑遍布的商业区，大多数高层建筑都采用玻璃幕墙，造成的光污染不仅会刺激人眼，还能影响炎热地区的局部气温。

④ 造景灯光。在许多城市搞“亮化工程”的背景下，大量的造景灯光也会产生光污染，对城市居民的睡眠产生影响。

（6）资源消耗。

工程项目的资源消耗主要包括三个方面，一是原材料的消耗，二是土地资源的占用，三是能源的消耗。

① 原材料的消耗。工程项目建设需要大量的建筑材料，例如水泥、沥青、砂石、钢材等。而建筑材料生产则需要消耗大量的原材料，这些原材料的大量开采会对自然资源产生巨大的影响。

在工程项目建设过程中，建筑材料的大量消耗是不言而喻的。建筑材料的消耗不仅体现在建筑物实体上，还体现在工程项目施工过程中，例如脚手架工程对钢管和竹子的消耗，模板工程对木材和钢材的消耗等。

在工程项目运营过程中，项目更新和改造也需要消耗大量的原材料。以高速公路为例，在养护、更新、改造过程中同样需要消耗大量的沥青、砂石等建筑材料。由此可见，工程项目原材料消耗量是巨大的。

② 土地资源的占用。工程项目建设还需要占用大量的土地，特别是耕地面积的占用造成耕地面积的减少，主要包括建筑材料的开采和生产所需的原材料会占用耕地面积，例如生产砖瓦需要泥土；耕地转换为建设用地，例如转换为工业建设用地、道路用地、居住用地等；建筑垃圾等产生的污染使得耕地不适合继续耕种等。

③ 能源的消耗。工程项目消耗的大量的建筑材料在生产、运输和加工过程中都需要消耗大量的能源，例如传统建筑材料生产过程中大多通过工业窑炉的煅烧、熔融等工艺，需要消耗大量的能源；运输过程中运输机械的能耗；门窗、混凝土梁柱等成品、半成品加工过程中也要消耗大量的能源。

在工程项目建设过程中，施工现场的材料加工、机械加工以及涉及的所有运输过程中都会消耗大量的能源。

在工程项目运营过程中，主要涉及建筑供暖、空调、通风、热水供应、照明等方面的能源消耗。

1.3 工程项目环境管理概述

环境管理是国家管理的重要组成部分，而工程项目环境管理作为环境管理的重要环节，是贯彻环境保护国策、实现可持续发展战略方针的具体措施。

1.3.1 环境管理概述

1. 环境管理的概念

环境管理是指依据国家和地方的环境政策、环境法律法规和环境标准，按照环境与发展和谐统一的原则，坚持宏观综合决策与微观执法监督相结合的要求，从环境与发展综合决策入手，运用各种有效管理手段，调控人类的各种行为，协调经济、社会发展同环境保护之间的关系，限制人类损害环境质量的活动，以维护正常的环境秩序和环境安全，实现可持续发展的行为总体。

环境管理主要是对次生环境问题进行管理，目的是解决由于人类活动造成的各种环境问题，所以环境管理的核心是对人的管理，人类活动是产生各种环境问题的根源。环境管理是国家管理的重要组成部分，其内容复杂而广泛，管理手段有法律手段、经济手段、行政手段、技术手段和教育手段等。

2. 环境管理的主体

环境管理的主体是指管理谁和谁来进行管理的问题，与狭义上的管理者不同，它是指环境管理活动中的参与方和相关方。在现实生活中，人类的行为主体是政府、企业和公众，因此在环境管理中，政府、企业和公众也是环境管理的主体。

(1) 政府。

政府是环境管理中的主导性力量。政府是社会公共事务的管理主体，由中央和地方各级行政机关以及立法、司法等机关构成。政府依法对整个社会进行公共管理，环境管理仅仅是公共管理的一个分支。在三大主体中，政府扮演着领导者和组织者的角色，管理着整个社会行为；在处理各地政府之间的矛盾和冲突时，它扮演的是处理者和发言人的角色。政府是否妥善处理好政府、企业和公众之间的利益关系，促进环境管理的活动，对环境管理起着决定性作用。

政府作为环境管理主体的具体工作包括：制定适当的环境发展战略，建立必要的专门环境保护机构，制定环境管理的法律法规和标准，制定具体的环境目标、环境规划、环境政策制度，提供公共环境信息和服务以及开展环境教育等。另外，在管理全球性环境问题方面，政府作为环境管理主体的管理内容是对以国家为基本单位的国际社会对地球环境的行为进行管理，例如国际合作、全球环境条约协议的签署和执行等。

(2) 企业。

企业是独立的经济单位，在社会经济活动中以追求利润为中心。企业作为各种产品的主要生产者和供应者，各种资源、能源的主要消耗者，社会物质财富积累的主要贡献者，同时也是污染物的主要产生者、排放者和治理者，其行为对区域、国家乃至全人类的环境保护和管理将产生重大影响。企业在环境管理中既与政府、公众的环境管理行为互动，又发挥着重要和实质性的推动作用。

企业对自身的环境管理内容包括：企业制订自身的环境目标和规划，开展清洁生产和循环经济，采用并执行ISO 14000环境管理体系标准，实行绿色营销以及发展企业绿色安全和健康文化。另外，作为人类社会产业活动的主体，企业的环境管理行为对政府和公众的环境保护行为也有很大影响。只有当企业设计和生产出绿色产品时，公众才能使用；只有大量的企业不断开发绿色环保的先进技术和经营方式，才能在完善环保法律和严格环保标准等方面促进政府加强环境管理，推动整个社会的进步。从这个意义上讲，企业的环境管理不仅与政府和公众的环境管理行为相互作用，而且在促进环境管理方面起着重要和实质性的作用。

（3）公众。

公众包括个人与各种社会群体。他们是环境管理的最终推动者和直接受益者。公众在人类社会生活的各个领域和方面发挥着至关重要的决定性作用。公众能否有效地约束自己的行为，促进和监督政府和企业的行为，是能否体现公众主体作用的关键。

公众环境管理是公众参与的环境管理。实际上，公众作为环境管理的主体作用并不是以一个整体形式出现在环境事务中，而是主要以分布在社会各行各业、各种岗位上的公众个体以及以某个具体目标组织起来的社会群体的行为体现。在某些情况下，一些在环境保护领域做出突出贡献的公众人士，可以通过自己的行为监督企业行为和政府行为，促进企业和政府环境管理的效果。但是在更多情况下，公众通过自愿成立各种社会团体和非政府组织参与环境管理工作。参与是公众作为环境管理主体的主要管理形式。公众环境管理机构可以是非政府组织（例如各种民间环保组织）和非营利性机构（例如环境教育和科研部门），它们的具体内容很多取决于这些组织和机构的目的。

3. 环境管理的对象

环境管理的对象是指管理什么的问题。环境问题主要是由人类的社会经济活动产生，要解决环境问题，就应该引导和约束人类的社会经济活动。因此，人类作用于环境的行为是环境管理的对象。值得注意的是，这里说的行为，可以分为政府行为、企业行为和公众行为。

（1）政府行为。

政府行为是环境管理中的重要对象。政府作为社会行为的主体，其主要内容包括：

① 作为投资者，为社会提供公共消费品和服务，例如由政府直接提供供水、供电、交通、文教等公共事业服务。

② 掌握国有资产和自然资源的所有权以及相应的经营和管理权。

③ 国民经济实行宏观调控及引导和对市场的政策干预。

由此可见，政府行为的内容较为广泛，不论是提供公共事业和服务，还是对国民经济的调控以及对市场的政策干预，都会对环境产生相应的影响，值得注意的是，它产生的影响不仅牵涉面广、影响深远，又常常不易被察觉、被重视，既可以有重大的正面影响，又可能有难以估计的负面影响。因此，政府须实行宏观决策的科学化、民主化和法治化，防止和减轻政府行为所引发的环境问题。

（2）企业行为。

企业行为是环境管理的主要对象。企业行为多种多样，其内容可以概括为以下几个方面：

① 从事生产、分配、交换、投资再生产和扩大再生产的生产经营活动。

② 通过向社会提供物质产品或服务获取利润的活动。

③ 以追求利润为中心，对外部变化做出自主反应的活动。

一般而言，企业生产需要从自然界获取自然资源，将其作为原材料用于生产活动，同时排放污染物。所以，企业生产活动，特别是工业企业生产活动，将对环境系统的结构、状态和功能产生负面影响。

对企业行为的环境管理常常包括技术、行政、经济、法律等措施。例如，制定相关的环境标准，限制企业的排污量；运用经济刺激手段，鼓励清洁生产，支持和培育与环境友好产品的生产等。对企业行为的环境管理，还可以通过企业文化建设，使企业主动承担社会责任，从生产单元内部减少或消除造成环境压力的因素；实行环境影响评价制度，禁止过度消耗自然资源、严重污染环境的项目建设；从企业外部形成约束机制和社会氛围，使企业难以用破坏环境的办法获利，营造有利于环境友好的企业行为和技术研发获得较高回报的市场条件。

(3) 公众行为。

公众行为是和政府行为、企业行为相并列的重要行为。公众行为主要是指它们的消费活动，即作为个体的人为了满足自身生存发展，通过劳动或购买获得用于消费的商品和服务。消费品可以直接从环境中获得或通过市场购买获得。消费活动是造成资源消耗和废物产生的根源，这将对环境造成各种负面影响。消费活动对环境可能造成的影响包括消费品的包装物、消费过程中对消费品进行加工处理的过程中产生的废物、消费品使用后作为废物进入环境。

对公众行为的环境管理主要是为了提高公众的环境意识，采取各种政策措施引导和规范消费者的行为，建立有利于改善环境的合理的消费模式。

4. 环境管理的内容

环境管理的内容取决于环境管理的目的。环境管理的基本目标是协调与环境的关系，包括人口、经济、社会、资源和环境等重大问题，因此环境管理的内容较为宽广，根据不同的分类方法，环境管理包含不同的内容。

(1) 从环境管理的范围划分：

① 流域环境管理。流域环境管理是以特定流域为管理对象，以解决流域环境问题为内容的环境管理。根据流域规模，流域环境管理可以分为跨省、跨市、跨县、跨乡的流域环境管理。例如，中国对黑龙江流域、长江流域、海滦河流域和黄河流域开展的环境管理就是典型的跨省流域环境管理，而滇池流域和巢湖流域的环境管理就是跨市、跨县的流域环境管理。

② 区域环境管理。区域环境管理是以行政区域为分界，以特定区域为管理对象，以解决区域内环境问题为内容的环境管理。按行政区域范围可分为省级环境管理、市级环境管理、县级环境管理等。同时也可分为城市环境管理、农村环境管理、乡镇环境管理、经济开发区环境管理、自然保护区环境管理等。

③ 行业环境管理。行业环境管理是一种以特定行业为管理对象的环境管理，目的是对损害环境的行业加以限制，协调发展生产与环境保护的关系。由于行业不同，行业环境管理可分为汽车行业环境管理、化工行业环境管理、钢铁环境管理、电子行业环境管理、

家电行业环境管理、服务行业环境管理等几十种类型的环境管理。

④ 部门环境管理。部门环境管理是以具体单位和部门为管理对象的一种环境管理。例如，企业环境管理就是一种部门环境管理。

⑤ 项目环境管理。项目环境管理是以具有临时性、一次性的项目为管理对象的一种环境管理。例如，工程建设项目环境管理就是一种项目环境管理。

（2）从环境管理的性质划分：

① 资源环境管理。资源环境管理是指依据国家资源政策，以资源的合理开发和持续利用为目标，以实现可再生资源的恢复与扩大再生产、不可再生资源的节约使用和替代资源的开发为内容的环境管理。其主要内容包括水资源、土地资源、矿产资源、生物资源、海洋资源的管理等。

② 环境质量管理。环境质量管理是以质量标准为依据，以改善环境质量为目标，以环境评价、环境治理和环境监测为主要内容的环境管理。环境质量管理是环境管理的目标，主要内容包括制定环境质量标准、对环境质量进行监控、编写环境质量报告书。随着技术手段的进步，环境质量管理内容从浓度管理向以总量控制为中心内容的管理转变。环境质量管理不仅包括对环境质量现状进行管理，也包括对未来环境质量进行预测和评价。环境质量管理要求所有工作与活动要达到环境质量标准，同时限制或终止违反环境质量标准的活动。

③ 环境技术管理。环境技术管理是一种通过制定环境技术政策、技术标准和技术规程，以调整产业结构、规范企业生产行为、促进企业技术改革与创新为内容，以协调技术经济发展与环境保护关系为目的的环境管理。从广义上讲，环境保护技术可分为环境工程技术（具体包括污染治理技术、生态保护技术）、清洁生产技术、环境预测与评价技术、环境决策技术、环境监测技术等方面。技术环境管理要求有比较强的程序性、规范性、严谨性和可操作性。

（3）从环保部门的工作领域划分：

① 环境规划管理。环境规划管理是依据规划或计划而开展的环境管理。这是一种超前的主动管理，其主要内容包括：制定环境规划；将环境规划分解为环境保护年度计划；对环境规划的实施情况进行检查和监督；根据实际情况修正和调整环境保护年度计划方案；改进环境管理对策和措施。

② 建设项目环境管理。建设项目环境管理是一种依据国家的环保产业政策、行业政策、技术政策、规划布局和清洁生产工艺要求，以管理制度为实施载体，以建设项目为管理内容的一类环境管理。建设项目包括新建、扩建、改建和技术改造四类项目。

③ 环境监督管理。环境监督管理是从环境管理的基本职能出发，依据国家和地方政府的环境政策、法律、法规、标准及有关规定，对一切生态破坏和环境污染行为以及对依法负有环境保护责任和义务的其他行业和领域的行政主管部门的环境保护行为依法实施的监督管理。

1.3.2 我国环境管理历史与现状

自1972年起，我国环境管理工作开始起步，经过近半个世纪的发展，我国环境管理处于完善阶段，并向着“节能减排”的目标不断前进。

1. 我国环境管理的产生与发展

1972 年，自我国政府参加了在瑞典斯德哥尔摩召开的联合国“人类环境会议”，我国环境管理工作由此开始起步。随着环境保护事业的发展壮大，我国的环境管理不断完善。从 20 世纪 70 年代至今的环境保护事业发展过程中，我国共召开了八次环境保护会议，如表 1-5 所示。我国环境管理的发展历程大致经历了五个阶段：起步阶段、创建阶段、发展阶段、深化阶段和完善阶段。

（1）起步阶段（20 世纪 70 年代）。

这一阶段是我国环境管理的起步阶段。大连湾污染事件敲响了环境管理的第一声警钟，北京鱼污染事件开始了环境管理的第一次治理，而 1972 年联合国“人类环境会议”的召开正式揭开了我国环境管理事业的序幕。1973 年，随着第一次全国环境保护会议的顺利召开，会上通过了《关于保护和改善环境的若干规定》，提出了“全面规划、合理布局，综合利用、化害为利，依靠群众、大家动手，保护环境、造福人民”32 字环境保护工作方针，正式提出了建设项目的“三同时”[①] 制度。1979 年《中华人民共和国环境保护法（试行）》的颁布实施，实现了环境管理思想认识转为依法管理的转变。这一期间，我国的环境保护工作主要包括以下几个方面：

① 治理一批重点污染源。通过对全国重点区域的污染源调查，进行环境质量评价以及研究有效的污染防治途径。其主要成果有：北京西北郊污染源调查及环境质量评价研究，在总结西北郊工作经验的基础上开展北京东南郊污染源调查、环境质量评价及污染防治途径的研究，强调污染防治途径研究的重要性。

② 开展以水、气污染治理和“三废”综合利用为重点的环保工作。其主要内容是保护城市饮用水源和消烟除尘，并大力开展工业“三废”的综合利用。

③ 制定一些环境保护规划和计划。自 1974 年国务院环境保护领导小组成立之日起，为了尽快控制环境恶化、改善环境质量，1974～1976 年国务院连续下发了三个制定环境保护规划的通知，并提出“5 年控制、10 年解决”的长远规划目标。

④ 建立国家、省两级环境管理机构并逐步形成一些环境管理制度。例如 1973 年，“三同时”制度逐步形成并要求企事业单位执行；1973 年 8 月，原国家计委在上报国务院的《关于全国环境保护会议情况的报告》中明确提出：对污染严重的城镇、工业企业、江河湖泊和海湾，要一个一个地提出具体措施，限期治好。

在这一时期，我国在工业污染治理、“三废”综合利用、城市的消烟除尘等方面做了许多工作，取得了一定的成绩。同时开始借鉴西方发达国家的环境管理经验，探索走有中国特色的环境保护之路。这一阶段是我国环境管理的发展初期，在许多方面还不完善。

（2）创建阶段（20 世纪 80 年代）。

这一时期是我国环境管理工作发展的关键时期。在 1983 年召开的第二次全国环境保护会议上，确立了一整套可以长期指导中国环境保护实践的环境管理方针、政策和制度。例如将环境保护作为我国的基本国策；“三同步”[②] “三统一”[③] 的战略方针；环境保护工

---

① 三同时：根据我国 2015 年 1 月 1 日开始施行的《中华人民共和国环境保护法》第四十一条规定：“建设项目中防治污染的设施，应当与主体工程同时设计、同时施工、同时投产使用。”

② 三同步：做到经济建设、城镇建设和环境建设同步规划、同步实施、同步发展。

③ 三统一：实现经济效益、社会效益与环境效益的统一。

作的“三大政策”以及“新五项制度”。这是我国第一次在战略高度上确定环境保护工作的指导方针。会议上明确提出把强化环境管理作为环境保护工作的中心环节，实现了思想认识和工作方式上的一个重大转变。1988 年设立了国务院直属机构的国家环境保护局，逐步建立了国家、省（自治区、直辖市）、市、县四级独立的环境保护机构。1989 年召开的第三次全国环境保护会议，把第二次会议制订的大政方针具体化，形成积极推行环境保护目标责任制、城市环境综合整治定量考核制、排放污染物许可证制、污染集中控制、限期治理、环境影响评价制度、“三同时”制度、排污收费制度八项环境管理制度，把不同的管理目标、不同的控制局面和不同的操作方式组成一个比较完整的体系，基本上把主要环境问题置于这个管理体系的覆盖之下，这为解决环境问题提供了政策保证。1989 年 12 月，我国正式颁布了《中华人民共和国环境保护法》（以下简称《环境保护法》），这是全国统一的环境保护基本法，标志着以《环境保护法》为代表的环境法规体系初步建立。

这一时期的环境保护与起步阶段相比有了全新的内容，有了重大发展。首先是确立了环境保护在国家经济、社会发展中的战略地位；其次是环境保护机构建设得到加强，为强化环境管理提供了组织保证。

在这一时期，我国以环境保护规划和计划为指导，以环境目标责任制为龙头，加强环境法治建设，强化环境监督管理，逐步规范了我国的环境管理工作。

历届环境保护会议主要内容　　　　**表 1-5**

时间	会议	主要内容
1973 年 8 月	第一次全国环境保护会议	通过了《关于保护和改善环境的若干规定》，确定了“全面规划，合理布局，综合利用，化害为利，依靠群众，大家动手，保护环境，造福人民”的环境保护工作方针
1983 年 12 月	第二次全国环境保护会议	把保护环境确定为我国的一项基本国策，并且制订了经济建设、城乡建设，环境建设同步规划、同步实施、同步发展，实现经济效益、社会效益和环境效益相统一的指导方针，以及“预防为主，防治结合”“谁污染、谁治理”“强化环境管理”三大环境保护政策
1989 年 4 月	第三次全国环境保护会议	提出要加强制度建设，深化环境监管，向环境污染宣战，促进经济与环境协调发展，形成八项环境管理制度
1996 年 7 月	第四次全国环境保护会议	提出保护环境是实施可持续发展战略的关键，保护环境就是保护生产力，把实施主要污染物排放总量控制作为确保环境安全的重要措施，开展重点流域、区域污染治理
2002 年 1 月	第五次全国环境保护会议	提出环境保护是政府的一项重要职能，要按照社会主义市场经济的要求，动员全社会的力量做好这项工作，要求把环境保护工作摸到同发展生产力同样重要的位置，按照经济规律发展环保事业，建立市场化和产业化的路子
2006 年 4 月	第六次全国环境保护会议	提出做好新形势下的环境保护工作，关键是要加快实现“三个转变”。另外，还提出四项工作和八项措施，目标是建设环境友好型社会
2011 年 12 月	第七次全国环境保护会议	指出要坚持在发展中保护、在保护中发展，做到“四个结合”，推动经济转型，提升生活质量，为经济长期平稳较快发展固本强基
2018 年 5 月	全国生态环境保护大会	提出加大力度推进生态文明建设，解决生态环境问题，坚决打好污染防治攻坚战，推动中国生态文明建设迈上新台阶

（3）发展阶段（20 世纪 90 年代）。

这一阶段是我国环境保护和环境管理事业快速发展的重要时期。里约环境与发展大会两个月之后，我国党中央将实施可持续发展确立为国家战略。1996 年 7 月，在第四次全国环境保护会议上，明确提出了“保护环境是实施可持续发展战略的关键，保护环境就是保护生产力”，发布了《关于环境保护若干问题的决定》，把实施主要污染物排放总量控制作为确保环境安全的重要措施，全面开展“三河”流域、“两控区”污染治理。为了确保跨世纪环境目标的实现，编制出台了《污染物排放总量控制计划》和《跨世纪绿色工程规划》，同时出台的还有一系列保证措施。这显示出我国环境管理已经注重微观管理和宏观管理的有机结合，并采取许多重要的措施加强环境保护工作，环境管理思想更加成熟和全面。

（4）深化阶段（2000～2011 年）。

进入 21 世纪以来，随着经济的快速发展、环境保护意识的不断提高，我国环境保护和环境管理也上了一个新的台阶，2003 年 9 月，国家正式颁布实施了《中华人民共和国环境影响评价法》，这对我国实施可持续发展战略，促进经济、社会和环境的协调发展产生积极影响。2005 年 12 月，国务院发布了《关于落实科学发展观加强环境保护的决定 》（国发〔2005〕39 号，以下简称《决定》）。《决定》明确指出，加强环境保护是落实科学发展观、全面建设小康社会的内在要求，是坚持执政为民、提高执政能力的实际行动，是构建社会主义和谐社会的有力保障。《决定》还提出：理顺环境管理体制；提高环境管理效率；建立健全国家监察、地方监管、单位负责的环境监管体制等要求。

在 2006 年 4 月召开的第六次全国环境保护会议上，为做好新形势下的环境保护与环境管理工作，国家又提出要加快实现新的三个转变：一是从重经济增长轻环境保护转变为保护环境与经济增长并重，把加强环境保护作为调整经济结构、转变经济增长方式的重要手段，在保护环境中求发展；二是从环境保护滞后于经济发展转变为环境保护和经济发展同步，做到不欠新账、多还旧账，改变先污染后治理、边治理边破坏的状况；三是从主要用行政办法保护环境转变为综合运用法律、经济、技术和必要的行政办法解决环境问题，自觉遵循经济规律和自然规律，提高环境保护工作水平。

2011 年 12 月召开了第七次全国环境保护大会，强调环境是重要的发展资源，坚持在发展中保护、在保护中发展，推动经济转型，提升生活质量。这意味着我国环境保护管理体制的基本形成，同时也为国家环境保护的发展提供了坚实的依据。

（5）完善阶段（2012 年以来）。

自 2012 年以来，我国环境管理不断完善，环境管理事业走向深层次发展。2012 年 2 月十一届全国人大常委会第二十五次会议修正了《关于修改（中华人民共和国清洁生产促进法）的决定》。同年国务院发布的《国家环境保护“十二五”规划》中明确表示：“到 2015 年，主要污染物排放总量显著减少、水质大幅提高、污染防治成效明显、基础设施水平提升、环境恶化趋势扭转、环境监管体系健全。”

2013 年 9 月，国家主席习近平在哈萨克斯坦纳扎尔巴耶夫大学发表演讲时强调，建设生态文明是关系人民福祉、关系民族未来的大计。中国要实现工业化、城镇化、信息化、农业现代化，必须要走出一条新的发展道路。中国明确把生态环境保护摆在更加突出的位置。我们既要绿水青山，也要金山银山。宁要绿水青山，不要金山银山，而且绿水青山就是金山银山。我们绝不能以牺牲生态环境为代价换取经济的一时发展。我们提出了建设生态文明、建设美丽中国的战略任务，给子孙留下天蓝、地绿、水净的美好家园。

2014 年对《中华人民共和国海洋环境保护法》进行了修改，并于 3 月 1 日起施行，同年 4 月，十二届全国人大常委会第八次会议上通过了对《中华人民共和国环境保护法》的修订。

2016 年十二届全国人大常委会第二十一次会议重新修订了《中华人民共和国环境影响评价法》，同年国务院批准的《国家环境保护"十三五"规划》中提出将生态文明建设写入五年规划，将经济结构优化、产业转型升级、提质增效作为现阶段主要任务，将生态建设与经济增长方式相协调作为重要目标。

2018 年十九届三中全会上修订了《深化党和国家机构改革方案》，同年 3 月国家环境保护部正式更名为生态环境部，调整了相关职能职责，加强了环境保护部门对生态环境保护的统一监督管理。同年 5 月召开了第八次全国生态环境保护大会，会议中强调，生态文明建设是关系中华民族永续发展的根本大计，生态环境是关系党的使命宗旨的重大政治问题，也是关系民生的重大社会问题。同年开始实施《中华人民共和国环境保护税法实施条例》和《中华人民共和国环境保护税法》。十三届全国人大常委会第七次会议对《中华人民共和国环境影响评价法》进行了二次修订，这一年是我国环境管理体制发展最重要的一年，我国的环境管理将实现从可持续发展向保卫蓝天、碧水、净土的方向上转变，并颁布《打赢蓝天保卫战三年行动计划》等多部政策文件。

2019 年 1 月，生态环境部召开了全国生态环境保护工作会议，会议的重点是打好污染防治攻坚战，促进经济高质量发展，并从 2019 年开始进行为期三年的第二轮中央生态环境保护例行督察。

"十四五"规划的生态文明建设将会更加自觉地置于"绿水青山就是金山银山"和绿色发展理念的引领之下，进而明确致力于更大力度的自然生态环境修复、更高标准（质量）的生态环境保护治理和更加绿色的经济社会现代化发展。相应地，生态文明建设将会开启一个政策举措落实程度更高、制度体制创新活力更大、人民群众获得感更强烈的新时期。从改革开放以来，我国的环境管理体制经过了半个世纪的发展已经逐步完善，将为国家的生态环境保护事业发挥更大的作用。

从上述内容可以看出我国环境管理的转变，主要体现在以下几个方面：

（1）由末端治理向全过程控制转变。

从 20 世纪 80 年代起，伴随着人们对环境保护规律认识的深化，为避免走西方发达国家走过的"先污染，后治理"的道路，我国的环境管理不能停留在末端管理阶段和状态，要尽快过渡到全过程管理阶段。末端控制是针对污染物产生的状态所采取的一种原始的、传统的污染控制方法，由于这种方法是对生产系统的输出进行开环控制的方法，无法对系统的输入进行再控制，进而不能对整个生产过程进行有效和主动的控制，因此属于较为被动的控制方法。因此，以清洁生产为主要内容的全过程污染控制方法，是针对污染物产生的技术路线采取的纯技术控制方法，通过对生产系统中的物质转化进行连续的、动态的闭环控制，以实现资源利用的最大化和废物排放的最小化。全过程控制具有显著的经济效益、环境效益和社会效益，相比之下是较为主动的控制方法。推行清洁生产、实行环境标志制度等促进了环境管理的纵深发展。

（2）从浓度控制向总量控制转变。

中国环境管理正在进行以总量控制为代表的从浓度控制到总量控制的转变。浓度控制一直是中国污染控制和管理的核心，但即使所有污染源浓度全部达标，环境质量的恶化也不能得到有效控制。中国正在经历这种从浓度控制到总量控制的变革。

（3）以行政管理为主，向法治化、制度化、程序化管理转变。

随着中国经济体制的转变和中国法治化进程的加快，实现管理的法治化、制度化和程序化成为环境管理发展的必然趋势，是环境管理手段由单一化向综合化转变的必然过程。

2. 我国环境管理的未来发展趋势

随着人口总数的增长，人类对于环境的影响加深。未来我国环境管理势必要做到在末端污染治理的同时，还要从源头上做到预防，而环境友好的技术创新、制度创新以及经济结构的变化，都会对人类活动方式有所影响，从而改变环境压力。"节能减排"将成为中国环境管理的总趋势，具体来说有以下几个方面：

（1）建立三大生态机制。

生态补偿机制，应根据生态学原理和中国生态系统特点，划分我国的生态系统功能服务区，建立生态补偿机制。在中央、省级和市级财政建立三级生态补偿基金，研究制定科学合理的生态补偿机制，确保各级保护区的当地居民能够达到国家或所在省市的平均生活水平，并能与之同步提高，同时还要预防依赖心理的产生。

关键岗位环境责任制，对于关键岗位，人员上岗应签订关键岗位环境责任书，离岗应签署岗位环境审计书，关键岗位环境责任 20 年内有效。

关键项目环境风险等级评价制度，包括在环境影响评价的基础上，识别出具有较大环境风险的关键项目；定期对关键项目进行环境风险评价；组建三个政府机构进行审核。

（2）实现经济的"三化"。

为实现我国经济的轻量化（非物化）、绿色化和生态化，积极协调我国经济"从农业经济向工业经济、从工业经济向知识经济、从物质经济向生态经济、从计划经济向市场经济、从国内经济向全球经济"的五大转变，必须实行相应的环境管理战略措施。

① 继续实施新型工业化战略，走绿色工业化道路，降低碳排放的增加速度和数量。

② 促进传统工业流程再造，加速环保产业的发展，降低工业污染。

③ 继续实施污染治理工程，逐步清除重点地区和重点产业的污染遗留。

④ 继续推进循环经济，降低资源消耗，鼓励废物的资源化、再利用、再制造和再循环。

⑤ 实施绿色服务工程，加快服务经济发展，促进经济的"三化"转型，推动碳达峰碳中和。

（3）普及"环境友好"理念。

我国现代化水平限制了社会保障水平和人民生活水平，大力发展国民经济、提高人民生活质量的确是当务之急，但"环境友好"相比之下更是刻不容缓。因此，在我国广泛普及"环境友好"理念，使人民深入了解环境保护的必要性和重要性已成为我国环境管理工作的核心环节，具体措施如下：

① 提高全民人口素质，加速人民生活观念向"环境友好"方向转变。

② 加大环境保护教育投入，从小学开始普及"环境友好"生活理念。

③ 制定国民环境教育制度，即通过一整套环境友好理念传播机制，全面提高国民环境意识、消费方式、道德素质，提高公共管理科学水平，减少形象工程；发展循环经济，节约物质资源；防止污染的国内转移，控制环境不公平；转变"人定胜天"的传统观念，

建立“人地和谐”的现代意识，建设环境友好型社会。

④ 建立环境信息公开制度，促进环境保护活动和非政府环境保护组织的健康发展。

⑤ 加大公众参与环境保护活动的程度，公众参与的主体不仅局限于人大、政协，还扩大至基层社区、民间团体、企业、基金会；公众参与的方式也不仅局限于传统的立法、监督、信访，还扩大至听证制度、公益诉讼、专家论证、传媒监督、志愿者服务等多种途径。

（4）探索全新发展道路。

把环境因素纳入到国民经济与宏观决策之中。综合分析我国未来一段时期内稀缺的能源、淡水、耕地、矿产、生物五大资源以及现有环境资源的承载能力，对各类重大开发、生产力布局、资源配置进行更加合理的战略安排，变过度开发为适度开发，变无序开发为有序开发，变短期开发为持久开发。

（5）内外同步扩大交流与合作。

充分利用全球化的机遇，开发国际资源和市场。国际自然资源和环境保护市场，是全球化的重大机遇，是实现中国生态现代化的有利因素，可以和应该充分利用。

落实《全国生态环境建设规划》，加速西部地区和生态现代化。继续推进西部的生态建设，并向经济增长与环境保护双赢的生态现代化转型，是西部的希望所在。

1.3.3　工程项目环境管理

工程项目环境管理是环境管理的重要环节，其宗旨是预防和尽可能减少工程项目对环境的污染和破坏，运用行政、法律、经济、技术、教育等手段，按照国家的环境政策和有关法规从事开发建设活动，使工程项目实现合理布局，经济建设、城乡建设和环境建设同步规划、同步实施、同步发展，以达到经济效益、社会效益和环境效益的统一。

1. 工程项目环境管理的概念

工程项目环境管理是指环境保护部门和企业单位根据国家环境保护法规、各项环境管理制度，以及环境保护政策、行业政策、技术政策及专业要求等对一切工程项目依法进行的管理活动。工程项目环境管理的目的是实现工程项目合理布局，合理利用资源和能源，减少污染物的产生和排放，降低项目对环境的各种不良影响，切实落实“预防为主，综合防治”的环境保护方针，从而保证项目在建设和建成使用后符合环境保护的各种要求。

2. 工程项目环境管理的程序及内容

工程项目管理过程分为五个阶段，即项目建议书阶段、可行性研究阶段、设计阶段、施工阶段和竣工验收阶段，但从工程项目的广义作用和要求来看，现行建设程序缺少环境管理和延伸管理两项主要环节和内容。工程项目环境管理的主要内容有：项目环境影响评价，“三同时”制度落实和环境监理，环境保护部门在前两阶段实施环境影响评价管理，后三个阶段实施“三同时”管理，在施工阶段实施环境监理；延伸管理主要是指项目后评价，主要包括工程、经济后评价和环境后评价；加上项目运营期环境管理的开展，从而形成一个较为完整的项目环境管理体系，见图 1-7。

各阶段具体内容如下：

（1）项目建议书阶段。

在项目建议书阶段，建设单位对项目所在地进行环境调查，对建设项目以及建成后可

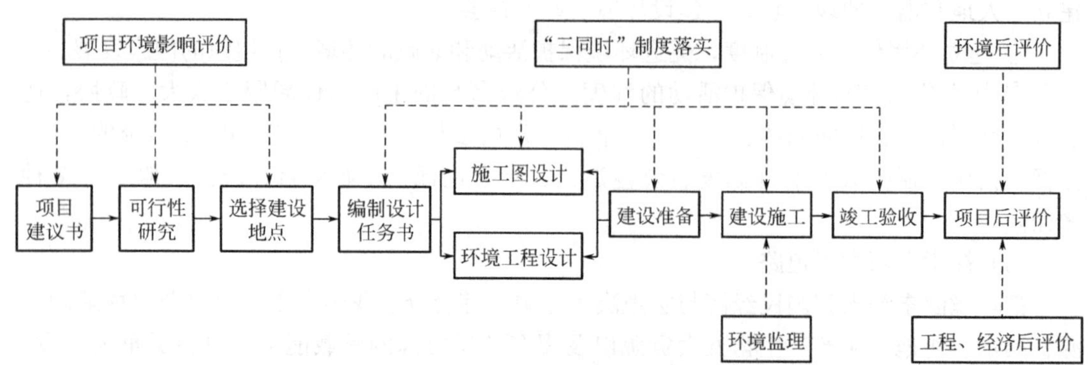

图 1-7 工程项目环境管理程序

能产生的环境问题进行初步分析，向负责审批该项目的相关职能部门报送项目建议书。环境保护部门参加项目建议书的审查会，从环境保护的角度对选址、工艺方案及拟采取的防治污染措施提出意见和建议。

(2) 可行性研究阶段。

在可行性研究阶段，环境管理的主要内容是工程项目环境影响评价。项目建议书被批准后，建设单位应委托持证单位编写环境影响评价大纲，评价大纲编写后报相关职能部门审查，相关职能部门对评价大纲提出审查意见并书面批复建设单位后，建设单位根据批准后的大纲与评价单位签订合同，开展评价，编写环境影响评价报告书（表）。

环境影响评价报告书（表）完成后并经建设单位及其主管部门预审后报相关职能部门。相关职能部门接到环境影响评价报告书（表）后，在规定期限内批复或签署意见。相关职能部门批准该项目的环境影响评价报告书（表）后，计划部门才能办理可行性研究报告的审批规划，管理部门、土地管理部门才能办理拨地、征地手续。

因此，相关职能部门应对可行性研究报告进行审查，并就报告的环境保护内容提出审查意见。

(3) 设计阶段。

在设计阶段，环境管理的主要内容是按照环境保护设计标准和技术要求等审查确定环境保护设计，并体现在设计文件中。建设项目设计一般分为初步设计和施工图设计两个阶段。建设项目初步设计经建设主管部门会同计划部门、规划部门及其他有关部门批准后方可动工，环境保护相关职能部门参加建设项目初步设计审查。初步设计被批准后，建设单位应会同设计单位，在施工图设计中落实环境保护工程的设计。

(4) 施工阶段。

在施工准备阶段，环境管理的主要内容是项目施工组织设计中环境保护内容和要求的落实，"三通一平"工作的环境监理等。

在施工阶段，环境管理的主要内容是项目各项工程的环境监理及其他环境保护工作，进行项目环境保护设施的施工管理等。建设项目竣工后，施工单位应当修复在建设过程中受到破坏的环境，环境保护相关职能部门在必要时深入施工现场进行检查。

(5) 竣工验收阶段。

建设项目建成后试生产或使用前，相关职能部门一般要到现场检查是否具备试生产条件，确认试运行期限并对验收监测污染项目及监测点位置、取样频次等提出要求。试运行期间，生产负荷达到设计要求后，建设单位应委托市或区（县）监测站按事先确定的监测方案进行验收监测，并提出验收监测报告。试运行期满，建设单位应填写《建设项目环境保护竣工验收审批表》，并连同验收监测报告一并报相关职能部门审批。相关职能部门批准《建设项目环境保护竣工验收审批表》后，即表示该工程已经通过环境保护“三同时”验收。

项目延伸管理的一个重要内容是项目后评价，即在项目竣工验收后通过对项目的后评价，可以对项目的建设目的、执行过程、经济效益、社会效益以及环境影响等进行检查，以确定项目实施是否符合预期目标，并通过客观地、系统地分析来评价项目可行性研究和环境影响评价结论的准确性和可靠性，分析实际情况与预测结论的差异以及产生这些差异的原因，总结成功的经验和失败的教训，为以后项目的决策和预测提供依据。建设程序须充分体现出加强建设项目全程管理和环境管理的重要性和必要性，是对现行建设程序的进一步发展和完善。

3. 工程项目环境管理主体及其职责

工程项目各阶段环境管理主体及其职责见表 1-6。参与环境管理的主体包括环境保护行政主管部门，例如国家生态环境部及各级环境保护局；还包括行业环境保护主管部门，例如建筑业环境保护办公室及相应的各级建筑业的环境保护部门和相关部门；另外还包括环境影响评价机构、环境监理机构、建设单位、勘测设计单位以及施工单位等。

工程项目各阶段环境管理主体及其职责　　表 1-6

建设阶段		环境管理主体	职责
项目建设前期	项目建议书阶段	建设单位	委托有资质的咨询单位编制包含项目环境影响初步分析内容的项目建议书并报批
		咨询单位	实施环境影响初步分析工作，编制项目建议书中相应内容
		环境保护行政部门	组织环境资料调查，信息储备
		建筑业环境保护主管部门	组织行业环境保护规划；依据项目区域环境敏感特征，审查项目与可行性研究报告有关的环境保护分项
	可行性研究阶段	建设单位	委托有资质的环境影响评价单位进行环境影响评价，编制环境影响评价报告书(表)并报批
		建筑业环境保护主管部门	环境影响评价报告书(表)预审；审查可行性研究报告中环境保护章节及相关费用
		环境保护行政主管部门	环境影响评价报告书(表)审批
		咨询、勘测、设计单位	受建设单位委托，结合环境影响评价结论进行可行性研究，编制可行性研究环境保护篇章
		环境影响评价单位	受建设单位委托实施环境影响评价，编制环境影响评价报告书(表)
	设计阶段	建设单位	委托设计单位进行初步设计，编制环境保护篇章，落实各项环境保护设计和投资概算，将设计文件报送环境保护行政主管部门；委托设计单位根据初步设计审批意见进行施工图设计，落实有关环境保护方案的设计

续表

建设阶段		环境管理主体	职责
项目建设前期	设计阶段	建筑业环境保护主管部门	组织初步设计审查或环境保护设计审查；审查初步设计中环境保护章节及相关费用，检查环境影响评价报告及批复文件中的有关内容是否在设计文件中得以落实
		环境保护行政主管部门	参与初步设计的环境保护篇章审查；监督检查施工图中环境保护方案设计的落实情况
		设计单位	受建设单位委托编制初步设计环境保护篇章，进行施工图环境保护方案设计，设计中应落实环境影响评价报告及批复文件内容
		监理单位	执行“三同时”规定，监督环境保护内容设计情况
项目建设期	施工准备阶段	建设单位	编制招标文件，将环境保护要求写进招标文件，考核施工和监理投标单位的环境保护业绩；编制项目环境监理规划，委托环境监测
		施工单位	编制施工环境保护组织设计，落实“三通一平”环境保护措施
		监理单位	检查施工环境保护组织设计，“三通一平”环境保护措施落实及拆迁安置的监督，编制环境监理实施细则
	施工阶段	建设单位	环境保护设施建设施工情况资料记录，以季报形式上报环境保护行政主管部门；组织完成项目环境保护工作内容
		施工单位	环境保护设施建设施工；施工过程中环境保护措施执行
		监理单位	监督施工单位、分包方环境保护设施的建设施工及施工过程中环保措施的执行；污染物排放达标及其他环境影响监控
		建筑业环境保护主管部门	不定期检查施工期环境保护工作
		环境保护行政主管部门	检查环境保护报批手续是否完备；检查环境保护工程是否存在施工计划及其建设落实情况
		监测单位	按照环境影响评价报告书（表）要求，进行环境监测，定期上报建设单位和环境保护行政主管部门
	试运营阶段	建设单位	向环境保护行政主管部门及建筑行政主管部门提交试运营申请与环境保护工程预验收申请；根据预验收结果组织实施改进；委托项目试运营监测；委托环境保护验收调查
		环境保护行政主管部门	审批试运营报告；审查监测报告和环境保护验收调查报告
		建筑业环境保护主管部门	审批试运营报告；参加环境保护预验收
		环境影响评价单位	参加环境保护预验收
	竣工验收阶段	建设单位	向环境保护行政主管部门及建设行政主管部门提交环境保护竣工验收申请
		环境保护行政主管部门	审批竣工验收申请；组织环境保护达标验收与环境保护工程竣工验收，进行项目环境保护验收公示；签发项目环保验收合格文件
		建筑业环境保护主管部门	参加环境保护竣工验收；建立、补充和完善行业实施单位和监理单位环境保护工作业绩档案
		施工单位	参加环境保护竣工验收，完善环境保护相关要求
		监理单位	提供相关施工期环境保护档案，参加项目环境保护竣工验收
		环境影响评价单位	参加环境保护竣工验收

续表

<table>
<tr><th colspan="2">建设阶段</th><th>环境管理主体</th><th>职责</th></tr>
<tr><td rowspan="4">项目运营期</td><td rowspan="4">运营阶段</td><td>建设单位</td><td>环境保护设施运行与管理，委托进行环境监测，组织建设项目环境后评价</td></tr>
<tr><td>咨询单位</td><td>参与实施环境后评价</td></tr>
<tr><td>环境保护行政主管部门</td><td>参加环境后评价；提出意见并备案</td></tr>
<tr><td>建筑业环境保护主管部门</td><td>审查环境后评价；总结、宣传、推广建设环境保护经验</td></tr>
</table>

4. 工程项目环境管理基本步骤和流程

工程项目环境管理的基本步骤主要包括环境因素识别、环境影响评价、判定环境影响程度、编制环境影响控制措施计划（方案）、评审控制措施计划（方案）、实施控制措施计划、检查，其流程如图 1-8 所示，其主要内容是：

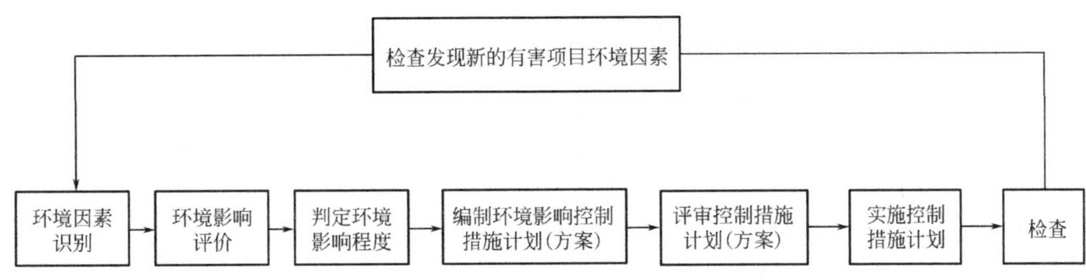

图 1-8　环境管理流程图

（1）环境因素识别。

识别工程从开工到竣工所有生产和生活影响环境的行为，考虑谁会受到影响以及受到何种影响。因此，项目管理人员首先要对工程建设项目的现场作业和管理业务活动进行识别，通过识别编制《环境因素台账》。

（2）环境影响评价。

在假定的计划（方案）或现有的控制措施适当的前提下，根据《环境因素台账》对与各项环境因素有关的有害环境影响的环境因素做出评价，评价方法有重要性准则法和多因素打分法。同时项目管理人员应考虑控制措施是否有效，以及失效后可能造成的后果。

（3）判定环境影响程度。

根据环境因素评价，判定现有的控制措施能否把有害的环境因素控制住，并符合法律法规、标准和其他要求以及施工单位自身的能力要求，将环境因素按照对环境影响的大小进行分类，列出《重大环境因素台账》。

（4）编制环境影响控制措施计划（方案）。

针对环境影响评价中发现的重大环境因素，管理人员应编制控制措施计划（包括应急预案），控制措施计划应包括针对重大环境因素的目标、指标及管理方案，通过控制措施计划以解决问题并确保新的和现行的控制措施仍然适当和有效。

（5）评审控制措施计划（方案）。

针对已修正的控制措施计划（方案），重新进行环境影响评价，并检查其是否能够把环境因素控制住，并符合法律法规、标准和其他要求以及施工单位自身的能力要求。

(6) 实施控制措施计划。

对已经评审的控制措施计划具体落实到工程建设项目生产过程中。

(7) 检查。

工程项目建设在实施过程中，一方面要对各项环境因素控制措施计划（方案）的执行情况不断地进行检查，并评价各项环境因素控制措施的执行效果。另一方面，当项目内外条件发生变化时，要确定是否需要提出不同的环境影响处理方案。此外，还需要检查是否有被遗漏的工程项目环境因素或者发现新的工程项目环境因素。当发现新的环境因素时，就要进行新的环境因素识别，即开始新一轮的工程项目环境因素的管理过程。

1.4 工程项目环境管理的意义

随着经济的快速发展，大量工程项目开展得如火如荼，在工程项目开展的全过程中均会对环境产生影响，各个阶段对环境的影响有所不同，而工程项目的不同对环境的影响也不同。因此，不论对何种工程项目进行有效的环境管理，加强环境保护对于项目、人类、社会和国家的发展都有重大的意义，具体分析如下：

(1) 从项目角度来说，对工程项目进行环境管理是确保工程项目顺利进行的必需。首先，国家和有关法律法规要求进行环境管理，同时社会舆论以及管理人员的职业道德也要求对工程项目进行环境管理，项目的顺利进行依赖于通过国家、法律法规以及社会大众的检验；其次，对工程项目进行环境管理可以提供一个良好的工作环境，以保证项目顺利按期完成；最后，对工程项目进行环境管理可以最大程度上减少外部对于工程项目的干扰，当因环境问题而使工程项目受到外部干扰而造成停工时往往是可以通过环境管理解决的，因此可以提前做好环境管理措施，减少干扰，确保工程项目顺利进行。

(2) 从人的角度来说，对工程项目进行环境管理可以保证人们的健康。对于工人来说，他们是施工生产的主力军，良好的作业环境保证了他们的身体健康，确保他们可以积极主动地投入施工生产；对于施工场地周围的居民来说，良好的生活环境是生活、工作的基础，当生活环境受到工程项目影响时，对于他们的身体健康是不利的。例如噪声污染和粉尘污染会对人的听觉系统和呼吸系统造成损害，影响人的身体健康。

(3) 从社会角度来说，对工程项目进行环境管理是保证社会、经济、环境可持续发展的需要。首先，工程项目对社会、对经济、对环境都具有重大影响，对工程项目进行环境管理，可以进一步加强项目可持续性，促进工程项目活动与社会、经济、环境协调发展；其次，环境管理可以缓解资源和环境保护之间的突出矛盾，实现可持续发展的战略；对工程项目进行环境管理有助于促进经济发展模式从传统的“高开采、低利用、高排放”向“低开采、高利用、低排放”转变，促进循环经济的发展，从而保证社会的可持续发展。

(4) 从国家角度来说，对工程项目进行环境管理可以提升国家竞争力。通过进行环境管理可以提高企业利润和投资回报，提高工程项目的综合效益；通过绿色创新技术提高企业的环境竞争力，获得政府和社会支持，从而提高国家和企业的竞争力。

第2章　工程项目环境费用、成本与效益

2.1　工程项目环境费用、成本与效益概述

2.1.1　工程项目环境费用

1. 工程项目环境费用的概念及分类

费用是指人类为达到某一目的而进行某项活动所需要的支出，是价值的货币表现，包括直接费用和间接费用。在不同行业或领域，费用有其不同的含义。

环境费用是环境价值的货币表现，一般由两部分组成：一是环境污染和生态破坏造成的损失的货币表现；二是为避免或减少环境污染和生态破坏造成的损失而采取的防护治理等工作所需资金的货币值。1993年，环境与经济综合核算体系（System of integrated environment and economic accounting，SEEA）形成，其中提到环境费用应该包括两个部分：一部分是消费者或生产者在提供劳务或生产的过程中，为防止和消除对环境的不利影响而实际支付的环境保护费用，可以通过征收环境税、收取排污费等手段实现；另一部分是消费者或生产者在提供劳务和生产的过程中所造成的环境降级和资源耗减的虚拟环境费用，在实践中难以实现估价。

本书基于工程项目视角，将环境费用分为社会损害费用和环境控制费用，见图2-1。

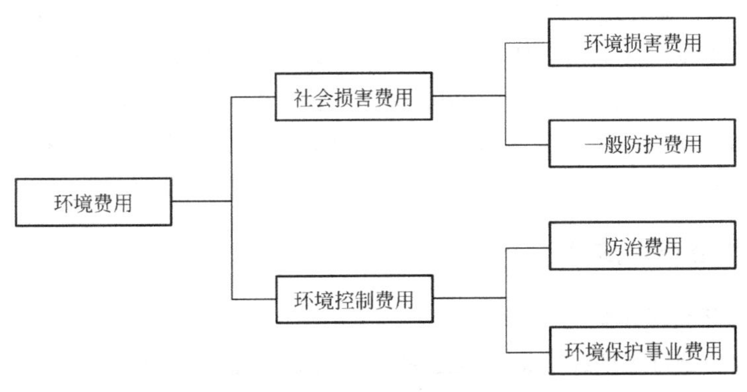

图2-1　环境费用组成

（1）社会损害费用。

社会损害费用是指由于人类活动（这里指工程项目建设）对环境造成污染和破坏的损害费用，以及人们所采取的一般防护费用。

① 环境损害费用。

环境损害费用是指因环境污染和生态破坏而对社会造成的各项经济损失的货币值。例如建筑施工过程中产生的泥液、废浆以及施工人员生活废水等污染河流后使渔业受损等造成的经济损失值；又例如建筑工地内由于施工、拆卸、运输等产生的粉尘微粒对人体健康造成的经济损失值。

② 一般防护费用。

一般防护费用是指个人或集体在环境受到污染及生态遭到破坏时所采取的一般性防护措施的费用。

（2）环境控制费用。

环境控制费用是指国家和企业为防止和治理环境污染和生态破坏而采取的各项措施的费用，一般分为防治费用和环境保护事业费用。

① 防治费用。

防治费用是指国家和企业为控制和预防环境污染和生态破坏而发生的与环境保护项目或设施有关的建设、运行等费用。

② 环境保护事业费用。

环境保护事业费用主要包括环境保护科研费用和环境保护管理的相关费用等。

在实际工作中，环境费用尤其是社会损害费用难以确定细类和具体数量，大多采用估算方法。由于估算方法较多、精度较低、费用的范围和影响的确定较为复杂，环境费用的估算数额与实际费用往往相差较大。

2. 环境费用的关系

前述的社会损害费用与环境控制费用相互关联。在一般情况下，环境控制费用的增加使得实际环境保护投资增加，进而改善环境质量，有助于减少由环境污染和生态破坏造成的经济损失，从而在一定程度上减少了社会损害费用。但是，当环境控制费用增加到一定程度时，单位污染的经济损失减少幅度已不明显，例如继续增加环境控制费用，反而会使得整体环境费用上升。

如图 2-2 所示，在环境控制费用不断增加的同时，社会损害费用则在不断减少。我们将环境控制费用曲线与社会损害费用曲线叠加形成马鞍形曲线，即环境费用曲线。环境费用曲线的最低点为 M，称之为污染控制经济效果最佳点，此时环境控制费用为 A，社会损害费用为 P。如果环境控制费用到达 A 水平后仍继续增加，社会损害费用曲线则逐渐趋于平缓，即污染控制程度的变化逐渐变得不明显，而此时环境费用却不断上升。

2.1.2 工程项目环境成本

1. 工程项目环境成本概念

成本是指人类进行生产经营活动或达到某一目的所耗资源的货币表现及其对象化。环境成本（Environmental costs）的概念来源于环境会计理论，并被应用于以产品生产企业为对象的成本核算科目中。1993 年联合国统计署（UNSD）发布的“环境与经济综合核算体系”（SEEA）中提出了环境成本的概念：因自然资源数量减少和质量下降而造成的经济损失，以及对环境保护的实际支持，即为了防止环境污染而发生的各种费用和为了改善环境、恢复自然资源的数量或质量而发生的各种支出。借鉴 UNSD 对环境成本这一权威性、

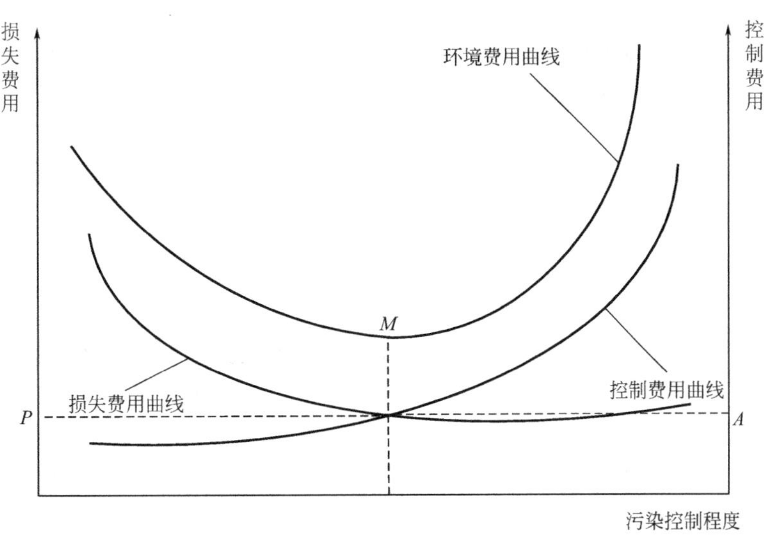

图 2-2　环境费用曲线

一般性和可操作性的定义，将环境成本划分为环境损失成本和环境保护措施成本两大部分。一些研究文献中还对环境成本的定义进行了不同的界定，这里对工程项目环境成本的一般概念表述如下：工程项目环境成本是指在项目全生命周期内，项目的各参与方（主要以建设方为主）采取的手段失效或不完全而产生的环境损失成本，以及为达到政府和法规要求的环境质量而采取的环境措施成本。

2. 工程项目环境成本类别

上述将环境成本分为环境损失成本和环境保护措施成本两大部分。根据成本分类和环境经济分析的要求，有必要从不同角度和方面对环境成本及其构成进行分类，因此环境成本的分类由于分析视角的不同而存在差异。本小节将阐述部分重要且常用的环境成本类别名词及其概念，这将有助于加强对环境成本概念的理解。

（1）环境成本基本分类。

① 外部环境成本与内部环境成本。根据环境成本产生者与成本负担者之间的关系，环境成本可以分为外部环境成本和内部环境成本。

外部环境成本是指这种成本的发生与某一主体的环境影响有关，但却由发生成本或获得利益以外的主体承担的成本。也就是说，施工单位等在工程项目建设过程中会成为环境成本的主体，把自己应承担的成本转嫁给外部环境与社会，使其成为一种社会成本。例如居民为了降低由建材中有机物挥发产生废气污染对自身健康的伤害，购置防护物品的费用。

内部环境成本是指在发生成本的主体里进行会计反映的成本，即私人成本。例如为了降低废弃物污染，施工队伍封闭带粉尘的废弃物、及时清理建筑垃圾等措施所带来的成本。

② 其他基本分类。根据生产过程的不同阶段，环境成本可分为事前环境成本、事中环境成本和事后环境成本。

按照功能的不同，环境成本可分为弥补已发生的环境损失的环境性支出、用于维护环境现状的环境性支出、预防未来可能出现的不良环境后果的环境性支出。

成本会计学将环境成本划分为四类：环境内部失败成本、环境外部失败成本、环境保护成本和环境监测成本。其中，前两项可以归为环境损失成本，后两项可以归为环境措施成本。

美国环境管理委员会把环境成本分为环境损耗成本、环境保护成本、环境事务成本、环境污染消除费用四项。其中第一项可以归为环境损失成本，后三项可以归为环境措施成本。

（2）环境降级成本。

环境降级成本是指由于环境污染和生态破坏致使环境质量下降，从而导致环境服务功能降低的代价。环境降级成本分为环境退化成本和环境防护成本。

① 环境退化成本。环境退化是指由于经济活动产生的环境污染与生态破坏所造成的环境质量下降。环境退化成本也称为污染损失成本，是指在生产和消费过程中排放的污染物对环境功能、人体健康、农作物产品等造成的各种损害的货币体现，反映成环境保护之外应该发生的虚拟成本。例如施工现场发出的弧光或夜间施工时的强光对人体正常睡眠或视力影响的货币价值衡量；又例如施工现场废气、废水和废渣排放对当地养殖业、渔业影响的货币价值衡量。

② 环境防护成本。环境防护成本也称为环境措施成本或环境保护支出，是指为保护环境而实际发生的成本，即实际支付的价值。

（3）环境治理成本。

① 实际治理成本。实际治理成本是指目前已经发生的治理成本，总体是指实际支出的环境污染治理运行成本。实际治理成本与污染物的去除量和排放达标量相对应。污染实际治理成本包括污染治理过程中的固定资产折旧、材料及化学品成本、人工费、电费等运行费用等。

② 虚拟治理成本。虚拟治理成本是指按照现行治理技术和水平将目前排放到环境中的污染物全部治理所需要的支出，而不是实际支出的成本。虚拟治理成本对应的是污染物未处理量和处理未达标量。虚拟治理成本是当年环境保护支出（运行费用）的概念。

③ 治理总成本。治理总成本是指治理环境所需的总成本，由实际治理成本和虚拟治理成本构成。

（4）环境保护设施运行成本。

污染治理和生态保护项目、设施、设备等固定资产的建设与购置所需资金称为环境保护投资，简称环保投资。在环境保护设施运行过程中产生的运行成本称为环境保护设施运行成本，简称环保运行成本。具体而言，环保运行成本是指环境保护项目、设施、设备等环境保护设施在运行过程中产生的材料、人力、管理、维护等成本，是环境保护支出（运行费用）的概念。

① 材料成本。材料是环境保护项目与设施正常运转所必需的物质基础。材料成本是环境保护项目与设施运行过程中所发生的材料消耗的费用，包括水、电等各项耗材的支出。

② 人力成本。环境保护工作需要投入一定的人力资源，人员专业素养与技术水平的高低影响着环境保护工作的质量。人力成本是指环境保护项目与设施正常运行的相关工作

人员的工资、奖金、津贴、培训等费用的总和。

③ 管理成本。在环境管理活动中需要进行环境保护的计划、组织指挥与协调等活动，这些活动是环境保护项目与设施有效运行的重要保证。管理成本是指对环境保护项目与设施有效运行承担管理职能的相关部门在环境管理活动中所需要的成本，包括管理决策的制定、实施和监督等成本。

④ 维护成本。环境保护项目与设施投入使用后会发生一定的损耗或故障。维护成本是指用于环境保护项目与设施的日常检修、维护以及构件、零件替换的费用。

环境保护固定资产的运行成本是客观存在的。确立环境保护运行成本，有利于合理配置环境保护项目与设施资源，建立科学的环境保护工作定额，促进环境保护项目设施的正常运转，提高整个环境保护设施系统的工作质量，从而取得良好的环境保护效益。对环保运行成本进行分析，寻找降低环保运行成本的方法，是环境经济管理工作的重要组成部分。

3. 环境费用与环境成本关系

通常情况下，环境费用和环境成本容易被混淆，两者既有相同的方面，也存在不同之处，见表2-1。明确环境费用与环境成本之间的关系，有利于环境经济关系的正确理解与分析。环境费用和环境成本最关键的区别在于，环境费用是以当期的实际支出为确认标准，而环境成本是以环境费用是否归属于本期为确认标准。从概念上讲，两者的出发点并不相同，但二者都采用货币支出这一表现形式。在计算上，环境费用的范围大于环境成本，可以认为环境成本就是环境费用的一部分，符合确定标准的环境费用才归入环境成本。

工程项目中环境费用与环境成本的主要区别 表2-1

序号	项目	环境费用	环境成本
1	内容	全部的直接费用、间接费用和期间费用	不包括期间费用和未完工的相关费用
2	计算期	与会计期联系	与生产周期联系
3	总额	大	小(对象化的费用才计入成本)

2.1.3 工程项目环境效益

1. 工程项目环境效益概念

效益是指人类活动所产生的影响，从而在某一方面带来的效果或贡献。环境效益有广义与狭义两方面的含义。广义的环境效益是指经济活动（包括自然资源的开发利用、生产活动等）所引起的环境的变化。这些变化可能是积极影响，也可能是消极影响。狭义的环境效益则是指经济活动所引起的有利的环境变化。

2. 工程项目环境效益分类

（1）正效益和负效益。

正效益是指人类活动通过对资源的利用，给人们提供生产资料、生存条件、消费资料和精神资料等功能。负效益是指人类活动造成的损失。环境负效益是指环境污染和生态破坏造成的各项损失。为了便于计算与分析，将各种损失在一定程度上转化为经济损失。环境污染和生态破坏后的经济损失又可以分为直接经济损失和间接经济损失。直接经济损失是指由于环境污染和生态破坏，直接致使产品或者货物的数量、质量下降而造成的经济损失。例如废气排放导致空气中二氧化硫等气体超过一定含量，使得农作物产量减少、质量降低，从而造成经济损失。间接经济损失是指由于环境污染和生态破坏使得环境功能损害，影响其他生产和消费系统而造成的经济损失。例如建筑固体废弃物堆放，由于雨水淋溶引起地下水污染而间接造成水源污染，从而导致生产、生活用水水处理费用增加；又例如建筑粉尘污染损害人体肺部健康，导致群众身体机能下降，从而降低工作效益的创造效率或个人医疗支出的增加。

（2）直接效益和间接效益。

直接效益又称为内部效益，是指建设活动本身所产生的效益。间接效益又称为外部效益，是指由于建设活动的存在而带来的效益。

（3）量化效益和非量化效益。

根据效益是否可以货币量化，将效益分为量化效益和非量化效益。量化效益是指可以使用或参考市场价格，用货币进行估值的效益。例如对污染的河流进行治理，使得治理后的水体可以用来进行灌溉和养殖的效益是可以货币量化的。非量化效益也称为无形效益，是指不能或难以用货币衡量的效益。例如经过治理消除噪声干扰而产生的效益，环境空气改善使人们健康水平提高，以及绿化、美化环境产生的效益等。

如何用货币的形式衡量建设项目和人的活动的环境效益和社会效益（包括正效益和负效益），是实施费用效益分析最关键、最困难的一个环节。对于难以直接用货币量化的效益，可以采取技术措施间接货币量化或通过其相关物理量指标的计算分析、综合评价等方法进行分析评价。前者受限于量化的准确性和有效性，后者则具有一定的主观性。

2.2 工程项目环境成本分析

2.2.1 环境成本计算步骤

（1）根据现行法律法规和实际情况确定经济活动中环境成本的构成因素，包括内部构成因素和外部构成因素。内部构成因素是指经济活动本身的因素，外部构成因素是外部环境与经济活动的相互影响。

（2）选择构成环境成本的费用构成因素。环境费用的计算方法较多，由于各因素具有不同的特点，因此各类环境费用的计算方法也不尽相同。

计算环境措施费用主要基于历史成本法、全额计量法、差额计量法、清单计价法和制造成本法。历史成本法是基于原始成本和实际成本两个原则来计量；全额计量法是将因解决环境问题而支付的成本全部计入环境成本；差额计量法是指环境支出总额减去没有发生环境功能部分后的差额；清单计价法是依据计价相关标准和工程量清单来计价；制造成本法是以材料和人工费用作为成本的主要组成费用。计算环境损失费用主要基于意愿调查法、人力资本法、市场价值法和机会成本法。意愿调查法是通过调查者的支付意愿来计价；人力资本法是指用收入的损失去估价由于污染引起的过早死亡的成本；市场价值法是利用因环境质量变化引起的某区域产值的变化来计量损失；机会成本法是指在无市场价格的情况下，资源使用成本可以用所牺牲的替代用途的收入来估算。

（3）将环境费用归入环境成本。在当期的实际费用支出中，将经济活动对环境影响的相关本期费用计入环境成本，即以经济活动为对象进行费用的对象化。

2.2.2　工程项目环境成本计算流程与基本表达式

由图 2-3 可知，环境成本 C 的计算公式为：

$$C = C_{内措} + C_{外措} + C_{损} \tag{2.1}$$

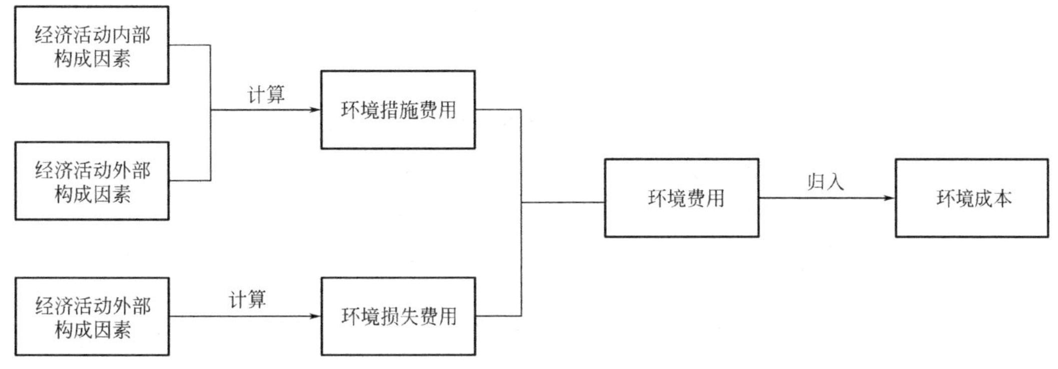

图 2-3　工程项目环境成本计算流程

若考虑经济活动各阶段环境成本计算分析期在一年以上（假设为 m 年，$m \geqslant 1$），在具体计算时还需要考虑成本的时间价值，因此需要进行折现，计算公式为：

$$C = \sum_{i=1}^{m} \frac{C_{内措 i}}{(1+i)^m} + \sum_{i=1}^{m} \frac{C_{外措 i}}{(1+i)^m} + \sum_{i=1}^{m} \frac{C_{损 i}}{(1+i)^m} \tag{2.2}$$

式中，$C_{内措 i}$——经济活动内部因素构成的各项环境措施费用；

$C_{外措 i}$——经济活动外部因素构成的各项环境措施费用；

$C_{损 i}$——经济活动外部因素构成的各项环境损失费用；

i——贴现率。

经济活动全生命周期总的环境成本则为经济活动各阶段的各类环境成本之和，计算公式为：

$$C_{总} = \sum C_i \tag{2.3}$$

2.3　工程项目环境费用效益分析

2.3.1　费用效益分析概述

1. 费用效益分析的起源与发展

费用效益分析（Benefit cost analysis）是通过考虑所分析行为的影响以及这些影响在货币价值上的表现，对人类行为定量、综合分析的一种方法。19 世纪，杜波伊特（Jules Dupuit）发表论文《论公共工程效益的评价》，并在论文中指出：公共工程本身所产生的直接收入并不等同于公共工程的效益。这一观点后来发展成为“社会净效益”的思想，并成为费用效益分析的基础。杜波伊特也因此被称为费用效益分析的思想之父。美国联邦水利开发部门为了评价与水利开发投资有关的费用和效益，应用了费用效益分析方法。自此，费用效益分析应用于项目评价。20 世纪 60 年代以后，费用效益分析开始向其他领域拓展，例如城市规划和环境质量管理。

哈曼德（Hammond）最早将费用效益分析原理应用于污染控制研究。美国的未来资源研究所更是为费用效益分析的理论和方法的不断发展做出了重大贡献，使得费用效益分析得到重视和广泛应用。1982 年 2 月，美国政府通过命令要求任何重大管理行为都要进行费用效益分析，这也标志着经济分析有可能进入国家政策的决策过程。至此，费用效益分析不再局限于对开发项目的评级范围，而是扩展到对发展计划和重大政策的评价。

2. 费用效益分析的概念

费用效益分析也称为效益费用分析、成本收益分析、工程经济分析等，是对一项活动投入的资金或所需要的费用，与其所能产生的效益进行对比分析的方法。费用效益分析的任务是分析所要解决某一问题的各方案的费用和效益，通过比较，从中选出净效益最大的方案以供决策。效益费用分析主要运用经济学、数学和系统科学等理论，是依据合理配置稀缺资源和社会经济可持续发展的原则，采用影子价格、社会折现率等费用效益分析参数，从国民经济全局的角度出发，考查项目的经济合理性。在对建设项目进行经济评价中，效益费用分析主要是对公共工程项目建成后，社会所得到的效益与所产生的费用进行评价的一种经济分析方法。

3. 费用效益分析的原理

费用效益分析以新古典经济学原理为基础，有以下几个重要的假设：①个人货币的累加值，可以表示社会福利；②人们对所消费商品和劳务的满足程度以及经济福利水平，采用支付意愿计量；③帕累托最优；④社会资源配置最有效的表现是社会净效益最大，即社会总效益与总费用之差最大。

4. 费用效益分析与财务分析的区别

财务分析是站在厂商的角度，分析某个具体项目对企业在收入、成本上的影响，判断该项目能否为企业实现盈利，即为企业的赢利分析或者企业的经济评价。费用效益分析则更多的是从全社会的角度出发，分析某个项目对国民经济、生态环境等各方面的影响。二者的评价者所站的视角不同，因此评价方法、评价内容等方面也存在一定的差异。

（1）不同的分析依据。

财务分析使用的价格是预期会实际发生的价格，而费用效益分析使用的价格是整个社会资源供给与需求状况的均衡价格。假如市场机制发育完善，费用效益分析可以采用预期的实际要发生的市场价格；但若市场机制不完善，就只能用某种影子价格。事实上，实际的价格和影子价格往往存在出入。

（2）分析内容的范围差异。

财务分析只考虑厂商自身的直接收入和支出，不考虑由厂商行为引起的外部效果。费用效益分析除了考虑厂商的直接收入和支出外，还要考虑项目引起的间接效益、间接费用，即考虑厂商行为的外部效果。

（3）对税收、补贴等项目的处理不同。

由于费用效益分析和财务分析出发点不一致，有些收支项目在费用-效益分析和财务分析中的定义是不一样的。例如在财务分析中，政府津贴被看作是企业的收入，而税收则被看作是企业的支出；但从整个社会角度来看，无论津贴还是税收都只是一种转移支付，并不反映某个项目对整个国民经济净贡献的大小。

可见，财务分析是从厂商的角度出发，所以往往不能反映项目对整个国民经济的影响。因此，在进行财务分析的同时，进行费用效益分析是必要的。

2.3.2 环境费用效益分析概述

1. 费用效益分析的概念

费用效益分析产生于评价公共工程，从整个社会角度出发，分析项目对整个社会福利水平的影响，通过评估各种项目方案或政策所消耗的社会成本和产生的社会效益而起到权衡利弊、指导决策的作用，因而在公共领域投资决策中广泛应用。随着环境问题的日益严峻和生态文明建设的推进，评价内容从经济领域扩展到环境领域。

环境费用效益分析是环境经济理论与费用效益分析方法结合的产物，将费用效益分析的基本原理和方法应用到环境经济评估中，把环境物品纳入社会经济活动的费用和效益分析之中。当把费用效益分析应用于环境价值评价中时，应注意人们对环境商品或劳务的消费实际上并未支付与价值等值的货币，这决定了环境质量的费用效益分析方法具有其独特性。

2. 其他相关概念

(1) 影子价格。

影子价格的概念最早来源于数学规划。影子价格从严格意义上来说并不等同于现实的价格，它是指每增加一单位某种资源投入量所带来的追加收益，即这种资源投入的潜在边际收益。通常，我们也将能够更加精确反映社会资源供给与配置关系的现实价格称为影子价格。

项目经济评价的难点在于价格“失真”的调整和外部效果及无形效果的处理，如果对价格进行了合理的调整，大量外部效果和无形效果会自然消失。因此，经济评价首先要解决的难题是如何建立一个合理的价格体系。“影子价格”就是许多学者在经济研究中提出的合理价格体系。

(2) 边际机会成本。

边际机会成本的概念由英国环境经济学家皮尔斯 (D. Pearce) 提出，指自然资源的真实价值可以由边际机会成本反映。在进行项目和政策的费用效益分析时，边际机会成本可以作为资源的影子价格。当很小量的自然资源被用掉时，其真实价格就可以用边际机会成本来衡量。

自然资源的边际机会成本包括以下三个部分：

第一个组成部分是直接生产成本，即开发自然资源所需要的劳力投入或物质投入，其次是外部成本。外部成本的产生是由于人们在开发某种自然资源的过程中会引起自然资源库中其他组成要素的退化，并对别的经济行为造成不利影响。例如，森林砍伐会导致土壤流失、河流湖泊或水库中泥沙淤积，进一步影响到农业生产、电力生产及饮用水源，所造成的损失大小可以用消费者对农产品、电力、水源的支付意愿来衡量。边际机会成本的最后一部分是使用成本。假设某种资源是不可再生的，那么人们不断地开采终将导致该资源的耗竭。这就给该资源加上了一个稀有因子，至于其大小则取决于开采量与贮量之比、未来需求与目前需求之比、未来该种资源的替代物及其成本以及折现因子的情况。这一部分是针对可耗竭资源而言的，即如果是可再生资源，则不考虑这项成本。但是目前普遍存在的情况是，由于人类的滥用与破坏，许多过去是可再生的资源目前也面临耗竭的危险窘境，因此，对于资源是否可耗竭的判断还需要更多的考虑。

（3）贴现率。

贴现率即社会折现率，通常用于国民经济评价中计算经济净现值等指标，同时也是项目经济评价和方案比较的判别依据。

项目经济评价不可避免地要涉及时间分布不同的各种方案之间的比较。要对项目进行准确地衡量与客观地评价，就不能简单相加不同时间点的费用或效益。原因是费用与效益都具有时间价值，即在不同时间点出现的费用或效益，其价值是不同的，更是不可比的。因此需要通过折算的办法，把各年的费用或效益折算到一个相同的时间点上，方可进行比较或代数运算。通常采用折现的方法即折算到“现在”的时间点。在这个过程中，折现率则是重要的一个参数。

作为一项重要的通用参数，贴现率一般由政府统一制定并公开发布。但是针对一个具体项目，如何确定正确合理的折现率，是继影子价格之后的又一难题，尤其是国民经济评价费用效益分析中所需的社会折现率更难确定。

2.3.3 工程项目环境费用效益分析的基本步骤

对工程项目进行环境费用效益分析，可以分解为以下三个基本步骤：①识别工程项目的费用与效益；②计算费用与效益现值；③比较费用与效益现值。

1. 识别项目的费用与效益

为了识别项目的费用与效益，需要进行以下步骤的工作：

（1）识别主要的环境影响。

采用费用效益分析时，首先需要确定分析的问题是属于污染控制方案还是工程建设项目，或是环境政策手段设计。同时，需要确定分析范围。从费用效益分析的观点来看，分析范围越大，越能识别所有的影响和结果（外部影响）。但分析范围的选择也受限于其他因素，例如人力、物力等。此外，识别最重要的环境影响是什么也至关重要。不同的环境问题所涉及的环境影响因子数量和类型不同。有的环境问题涉及的环境影响因子比较单一，例如废水排放污染河流、湖泊。有的环境问题涉及的环境影响因子比较多，例如固体废弃物的排放可能引起占用土地、污染大气、污染水体（地下水河流、湖泊）以及影响景观等。再例如燃煤电厂，假设所排放的主要污染物为二氧化硫，二氧化硫排放到环境中会影响大气、水、土壤及生物等一系列环境因子。因此需要一一列出环境问题所涉及的环境影响因子，再进行进一步的分析。

（2）分析和确定重要环境影响的物理效果。

在识别了主要的环境影响后，需要确定这些影响的物理效果，即定量评估这些影响对环境功能或环境质量的损害或改善程度。

① 环境功能的分析。当环境资源的功能遭到破坏后，会影响经济活动和人体健康，即环境问题造成的经济损失。环境资源的功能是多方面的，因此明确被研究对象的功能是核算环境问题带来的经济损失的前提。例如，森林的功能有提供木材、固结土壤、涵养水源、调节气候等；河流的功能有为工农业、人民生活提供水源、航运、观赏、防洪等。同

时，需要对这些功能进行定量的评价。由于这种环境功能通常因地而异，因此需要实地测定或调查。

② 确定环境破坏的程度与环境功能损害的关系，即剂量-反应关系。环境破坏或被污染，环境功能就会受到破坏，二者之间的定量关系是进行费用效益分析的关键。这种环境破坏程度与环境功能损害关系，通常可以通过科学实验、统计对比调查（与未被污染的地方或本地污染前进行比较）及已有研究结论等途径得知。目前，我国虽已开展相关研究，但是关于剂量-反应关系还没有比较完整的资料，远不能满足决策分析的要求。

③ 弄清各种对策方案改善环境的程度。对策方案改善环境功能的效益大小取决于对策方案改善环境的程度。例如某方案可以使污染的大气质量改善，使二氧化硫浓度从 $180mg/m^3$ 降至 $50mg/m^3$，而另一方案仅可以从 $180mg/m^3$ 降至 $150mg/m^3$，可见前者的效果好于后者。这也是方案对比的一个重要依据。

（3）将方案的费用与效益进行货币量化。

根据本书第 3 章的环境价值评估方法对各个决策方案的费用或效益进行货币化评估。

2. 计算费用与效益现值

费用或效益的现值即为考虑了贴现率的未来的费用或效益。将不同时间的费用或效益转化为同一年的现值，可以使整个时期的费用或效益具有可比性。计算费用或效益的现值最关键的在于确定贴现率。贴现率的高低决定了未来资源开发利用所带来的价值的现值的高低。贴现率的确定受到很多因素的影响，通常可以采用银行的年储蓄利率作为贴现率，也可以根据工程项目的实际情况确定一个合适的贴现率。

3. 比较费用与效益现值

（1）经济评估指标及其计算。

① 经济净现值。作为反映工程项目对国民经济所做净贡献的绝对指标，经济净现值（Economic net present value，*ENPV*）是用贴现率将项目计算期内各年的净收益折现后加总。其计算公式为：

$$ENPV = \sum_{i=0}^{n} \frac{B_{Ti} - C_{Ti}}{(1+r)^i} \tag{2.4}$$

式中，B_{Ti}——发生在第 i 年的总效益；

C_{Ti}——发生在第 i 年的总费用；

n——项目计算期或项目全生命周期；

r——贴现率。

② 经济净现值率。经济净现值率（Economic net present value rate，*ENPVR*）是项目净现值与全部投资现值之比，即单位投资现值的净效益现值。经济净现值率用于反映单位投资对国民经济的净贡献程度，其计算公式为：

$$ENPVR = \frac{ENPV}{I_p} \times 100\% \tag{2.5}$$

式中，I_p——总投资的现值。

③ 经济内部收益率。经济内部收益率（Economic Internal Rate of Return，*EIRR*）是反映项目对国民经济贡献的相对指标。经济内部收益率是使项目从开始建设到计算期末各年净现金流量现值之和等于 0 时的贴现率，其表达式为：

$$ENPV(IRR)=\sum_{i=0}^{n}\frac{B_{\mathrm{T}i}-C_{\mathrm{T}i}}{(1+EIRR)^{i}}=0 \tag{2.6}$$

（2）经济评估准则。

① 净现值为正值：$NPV\geqslant 0$。当项目的净现值大于或等于零时（即为正值）时，认为此项目投资可行；如果净现值为负值，说明该项目投资收益率低于贴现率，应放弃此项目投资；在两个以上投资方案中进行选择时，应选择净现值最大的方案。

② 净现值率最大。在比较两个或两个以上投资方案时，不仅要考虑项目的净现值，还要选择净现值率最大的方案。

③ 内部收益率应高于基准收益率或银行贷款利率：$IRR\geqslant i_0$。内部收益率（IRR）是项目投资的最高盈利率，也是项目投资所能支付贷款的最高临界利率。如果贷款利率高于内部收益率，将对项目投资造成损失。因此，内部收益率反映了实际投资效益，可以用来确定能接受投资方案的最低条件。

2.4 工程项目环境费用效果分析

2.4.1 费用效果分析概述

前述的费用效益分析是环境经济分析的重要方法。然而，费用效益分析需要对各种环境质量变化带来的损益进行货币量化，再根据效益和成本的货币价值对环境质量变化带来的损益进行经济评价。因此，实施费用效益分析的关键在于如何用货币形式计量损益。在实际环境问题的经济分析中，有些损益可以用货币量化，有些则需要采用技术措施间接货币量化，还有一些损益却是难以进行货币量化，这就使得费用效益分析并不适用于所有的环境经济问题。因此，对于一些难以用货币量化的损益，费用效果分析方法更具有现实意义和实用价值。

1. 费用效果分析的概念

费用效果分析也称为费用有效性分析，是效益费用分析方法的特殊形式。它用一些特定的指标或某种物理参数，例如污染物的排放量、环境质量标准等表示效果。这样就可以关注如何以最小控制费用或如何在相同费用前提下寻求最佳的污染控制效果，而不必过分关注如何寻求控制效果的货币量化。费用效果分析是研究如何以最小费用使污染物达标排放，或在相同费用的条件下寻求污染治理效果最佳方案的方法。费用效果分析避免了效益费用分析中环境效益进行币值量化的困难，从而在环境经济分析中有较大的灵活性和实用性，是一种环境经济分析的有效决策手段。

2. 费用效果分析的条件

运用费用效果分析方法，应符合以下条件：

（1）有共同的、明确的并可达到的目的或目标。共同的目的或目标是进行环境保护措施和方案比较的基础。例如要求将某种环境污染量降到国家规定的污染物排放标准以下等。

（2）有达到这些目的或目标的多种措施和方案。例如在公路建设中，对公路沿线附近的学校、住户、单位等采取防治噪声的各种措施，例如声屏障、高围墙、双层窗等。

（3）对问题有一个限制的范围。对问题的界限应有所限制，例如费用、时间和要求达到的功能等，使考虑的措施和方案限制在一定的范围内。

2.4.2　费用效果分析基本思路

费用效果分析有三种基本思路。

1. 最小费用法

最小费用法也称为固定效果法。最小费用法通过比较达到规定效果条件下各个方案的费用大小，选出费用最小的方案。如果某一方案的费用稍高于另一方案，但环境效果却更加明显，则需要慎重选择方案，且可以结合其他考虑因素如施工条件等加以比较。

2. 最佳效果法

最佳效果法也称为固定费用法。最佳效果法是在费用相同的条件下比较治理环境的方案，从中选择效果最佳方案的方法。运用最佳效果法时应注意，方案的效果并不是越优越好，更重要的是在满足有关标准或达到治理目标的情况下，使费用更加合理。

3. 费用效果比法

最小费用法和最佳效果法的前提是“效果相同”和“费用相同”。但在实际工作中，这样的前提条件很难满足。因此，采用费用效果比法作为优选方案的准则更具有可操性。

环境费用效果分析如表 2-2、图 2-4 所示。

环境费用效果分析　　　　表 2-2

环境保护方案	费用	效果
1	A	X_A
2	B	X_B
3	C	X_C
4	D	X_D

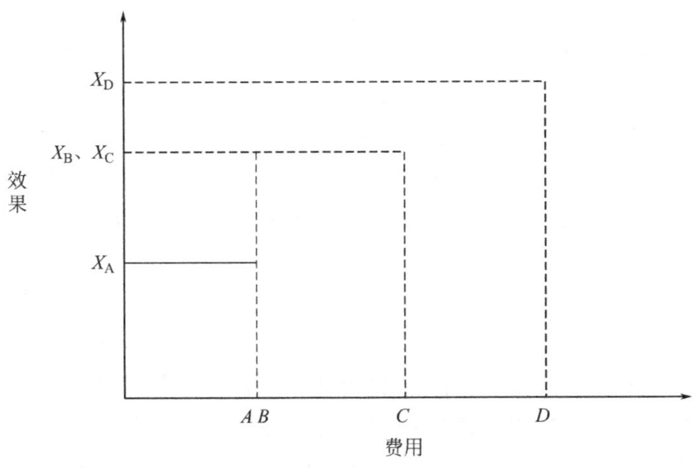

图 2-4　环境费用效果分析

方案 1 与方案 2 的费用相同，即 $A=B$，但方案 2 的效果相比方案 1，则 $X_B>X_A$，显然方案 2 为更优方案。对比方案 2 和方案 3，其效果相同，但方案 2 的费用小于方案 3，显然应选择方案 2。对于方案 2 和方案 4 要进一步分析，如果方案 2 和方案 4 的效果都达到要求（满足有关标准或达到治理目标），可选择方案 2，因为它所需要的费用少；但如果方案 4 的费用稍大于方案 2 的费用，而其产生的环境保护效果明显大于方案 2，则可考虑选择方案 4，因为方案 4 与方案 2 的效果增量显著高于其费用增量，它所产生的环境经济效果更加良好。

环境保护措施的效果确定可以从两个方面综合考虑：一是处理排污量的多少和保护环境空间的大小；二是采取的环境保护措施能够达到或符合国家环境标准的程度。

2.4.3 费用效果分析具体方法

1. *搜索法费用效果分析*

搜索法费用效果分析是指对防治环境污染的多个方案，按最小费用、最佳效果，或最优费用效果比进行搜索和分析，从而找出最合理的方案。在环境污染控制规划中，满足特定环境的环境质量标准为最终目标。但在制订环境污染治理方案时，达到目标的要求和为此所需要的费用才是企业所关心的。一般而言，环境污染治理方案有多种，如何在其中寻求最优的方案，可通过搜索法费用效果分析对各种污染治理方案进行对比分析，找出一个经济合理、效果良好、技术可行的方案。

2. *多目标费用效果分析*

在环境污染治理的最终决策中，在追求经济最优的基础上，还需要对环境影响、技术可行性和经济可行性等多方面进行多目标分析，实现经济效益、环境效益和社会效益的有机统一。多目标费用效果分析是建立环境保护费用与环境目标的函数关系，并与实际的环境保护技术水平和投资能力进行比较，分析和评价实际技术水平和投资能力等对环境质量最低要求的保证程度。

3. *费用效果灵敏度分析*

灵敏度分析是研究与分析一个系统（或模型）的状态或输出变化对系统参数或周围条件变化的敏感程度的方法，即针对一个多变量的函数式，在其他因素不变的情况下，提高或降低其中某一个或几个变量的数值，依次分析其对函数式计算量的影响。费用效果灵敏度分析是研究环境保护措施主要因素发生变化时，其环境保护效果发生的相应变化，从而判断这些因素对环境保护措施的效果目标的影响程度。对环境污染控制来说，某项污染控制措施的效果如何，一般受到多个因素的影响，特别是污染控制费用影响最明显。因此需要对其进行灵敏度分析，以便在多种污染控制方案中，寻求一种既达到目标又使污染控制费用最少的方案。

对于环境保护的宏观决策分析也可以采用费用效果分析方法，例如目标逼近环境保护费用决策分析。对环境保护投资进行多目标决策分析，在考虑环境质量保护目标、公众对环境质量的最低要求和国民经济支付能力的同时，也需要考虑到当下具备的工程技术力量和材料、设备等现实条件，这对环境保护宏观决策分析具有现实意义。

费用效果分析本身不是一种费用估值技术，但它含有对费用估值的要求，费用效果分析避开了费用效益分析的难点，即效益或损失的货币量化，因而操作较为简便，符合实际工作的要求。

第 3 章　工程项目全生命周期环境影响评价与管理

3.1　全生命周期环境影响评价概述

生命周期评估（LCA）是一种工具，用于评估整个产品生命周期中潜在的环境影响和资源消耗。

产品是指作为商品提供给市场，被人们使用和消费，并能满足人们某种需求的任何东西，包括有形的物品、无形的服务、组织、观念或它们的组合。在生命周期评估中，根据对环境影响的大小，主要的产品研究对象一般分为工业产品和建筑产品。

生命周期一般指产品由最初的原材料提取到最终产品的生产、运输、销售、使用、废弃、循环阶段。在生命周期中，常见的表述有从摇篮到坟墓（From cradle to grave）、摇篮到大门（From cradle to gate）、摇篮到摇篮（From cradle to cradle）、门到门（From gate to gate）等。

生命周期评价分为四个阶段：目标和范围定义，生命周期清单分析（LCI），生命周期影响评价（LCIA）和生命周期解释，其框架如图 3-1 所示。

目标和范围定义。涉及对研究目标、接受人群和系统边界的确定，以满足潜在应用的要求。根据研究目的的不同，生命周期评价可分为三类：概念的、初步的和全面的产品生命周期评价。LCA 研究目的必须明确陈述应用意图，进行该项研究的理由以及它的使用对象，即研究结果的预期交流对象。另外随着对数据和信息的搜集，可能要对研究范围的各个方面加以修改，以满足原定的研究目的。在某些情况下，由于未曾预知的局限、制约或获得新的信息，可能要对研究目的本身加以修改。应将这些修改及其论证及时形成文件。

生命周期清单分析。涉及对每一个功能单元相关投入、产出数据的收集，这些数据主要是产品自身内部以及产品与外部自然环境系统间的物质流和能量流。该步骤包括对产品系统物质和能量投入与产出的定量计算，所得出的结果将用于生命周期能源环境影响评估。当前，生命周期清单分析的方法主要有三类：过程生命周期清单分析、投入-产出生命周期清单分析和混合生命周期清单分析，而这三种清单分析方法也决定了生命周期评价的三种模型形式。

生命周期影响评价。主要涉及对模型系统的潜在环境影响、资源使用和能源消耗情况进行评估和分析，说明各阶段对环境、能源影响的相对重要性以及每个生产阶段或产品每个组成部分的环境、能源影响量大小。主要包括三个要素：选择影响类型、将清单分析结果分配到影响类型中（分类）、对影响类型因子建立模型（特征化）。对清单分析结果的分类涉及将空气排放物、固体排放物和使用的资源分配到选择的影响类型中，例如将大气排放物中所有能造成全球变暖的气体归为一类。特征化则是将同属一类的清单结果汇总到特征化因子的过程。特征化因子是引起某种环境影响变化的具体表现。例如对于温室效应，全球变暖潜力（Global warming potential，GWP）通常作为该环境类型的特征化因子。同时，ISO 14042 标准中除上述三个必备要素外，还将归一化、分组、加权以及数据质量评价作为可选步骤。需要注意的是生命周期评价阶段存在主观性，主要表现为影响类型的选择和进行模式化及评价过程。因此在影响评估时，应尽量保证数据的准确性。

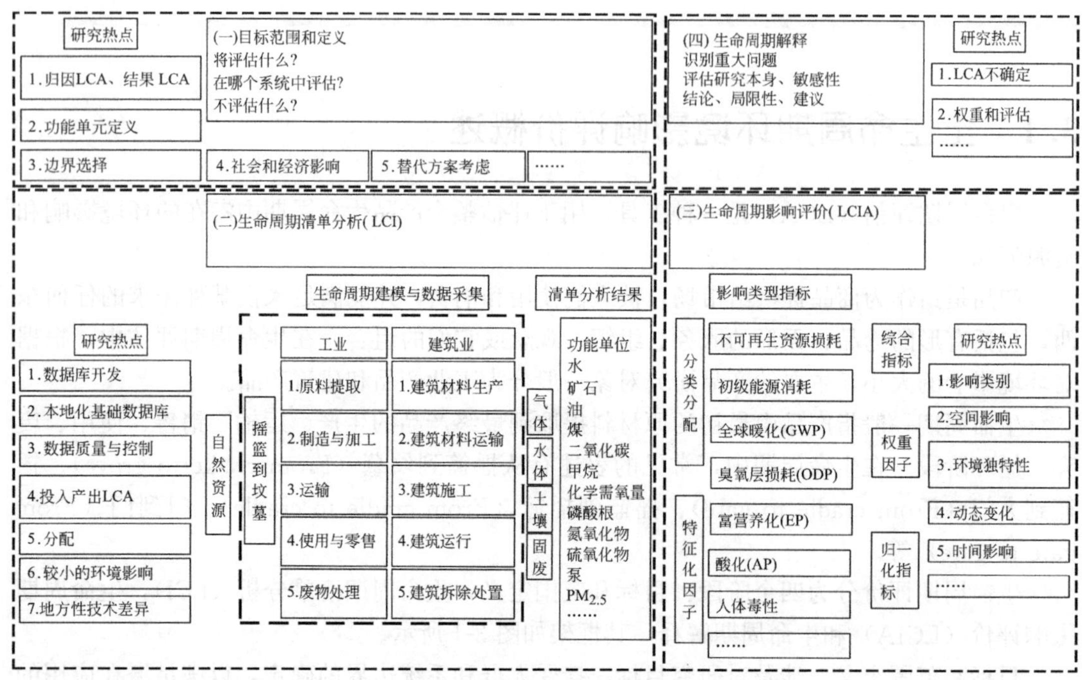

图 3-1　生命周期评价框架及研究热点分析

生命周期解释。生命周期解释阶段是将清单分析和影响评估的结果形成结论与建议的过程。

上述框架和研究热点可以看出，关于生命周期环境影响评价理论的研究已经较为成熟。这种成熟体现在理论方面，首先研究框架较为明确，“LCA 四阶段”已经形成学界和业界的广泛认识；其次研究对象较为广泛，从农业等第一产业，到建筑业、制造业等第二产业，到服务业等第三产业，LCA 都可以应用到各类研究对象上；再次研究方法较多，在研究方法上，对于数据质量的不确定性问题，发展蒙特卡洛分析、随机检验、贝叶斯分布等统计学方法；对于特征化过程，采用特征化因子方法等；对于数据库的建立，综合运用多种方法，能实地监测统计的数据，进行实地统计，对于不确定的数据，综合采用专家经验法、统计估计法、神经网络模型法进行估计；还有开发了较多的 LCA 工具，由 BREMAN（英国）、LEED（美国）、SEDA（澳大利亚）等方法组成的“整个建筑评估框架或系统”，LISA（澳大利亚）、Ecoquantum（荷兰）、Envest（英国）、ATHENA（加拿大），BEE（芬兰）等构成的“整个建筑设计决策或决策支持工具”，由 Gabi（德国）、SimaPro（荷兰）、TEAM（法国）、LCAiT（瑞典）等组成的“产品比较工具”；另外针对不同的研究对象与研究范围，发展出不同的研究模型，例如过程生命周期评价，投入产出生命周期评价，混合生命周期评价等。

生命周期评价不仅是一种评价方法，本质是一种对可持续性发展理念的反映。随着对人与自然关系认识的加深，人类逐渐意识到，人类活动对自然界造成的影响往往是长期的，需要以一种全生命周期的视角去认识，才能全面准确地评估人类活动的影响。

3.2 基于过程模型的全生命周期评价

基于过程的生命周期评价模型是生命周期评价模型的最初、最基本的形式。基于过程模型的全生命周期评价本质上即是一般意义上的 LCA，被称作基于过程模型，主要是与基于投入产出模型、基于混合模型作对比而提出。它将拟研究产品的生产过程分解成不同阶段，研究每个阶段与外部环境的物质、能量交换和环境影响，最后将各阶段数据归纳汇总，从而得到该产品的能源消耗和环境污染总量，以及对经济、社会的总体影响表现。

需要注意的是，产品的生产过程是一个无限向外拓展的过程。例如在房屋建造过程中，施工机械在施工活动中产生的各种能源消耗和环境影响处于建筑产品生产过程影响源的最底层。但施工机械本身的生产和制造对于建筑产品的成型与实现必不可少，因此也应被纳入到建筑产品的生产过程中加以考虑。以此类推，施工机械生产所需设备的生产也属于建筑产品的生产过程，这便形成一个无限向外拓展的关联树，见图 3-2。

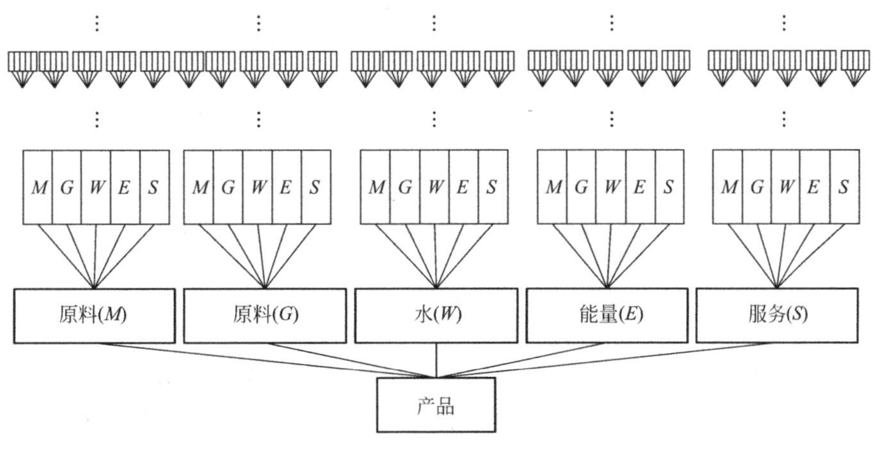

图 3-2 部门间关系树状图

产品生产部门间的关系构成一个无限的树状图，但由于过程数据、研究时间和经费等条件的制约，过程生命周期评价只能就系统内有限环节在有限层次（经常为第一层）展开。因此在过程生命周期评价时，研究人员需要对产品的生产系统划定边界，以使研究范围明确、可行。

基于过程生命周期评价模型的优点在于对产品生命期阶段的详尽划分，得到针对性强、精确度高的模型结果，同时方便产品之间的比较。由于建筑产品具有复杂性和独特性的特点，运用过程生命周期评价模型能够更准确地计算出建筑产品的能源和环境影响效果。但另一方面主观划分的系统边界往往干扰研究结果的客观性。同时，建筑产品是一个复杂的系统工程，所涉及的建筑材料、部品、运输车辆、施工机械等种类繁多，这便导致对相关数据的收集是一个费时费力的过程。此外，不同建筑产品在结构设计、材料选用、施工方法方面也不尽相同，对某一建筑产品的过程生命周期评价结果难以在其他建筑中推广和复制。

对于基于过程模型的全生命周期评价，本文应用环境影响——碳排放作为研究对象，举例介绍。

第一步：确定分析目标和系统边界。以建筑业全生命周期碳排放作为分析目标，建筑业系统边界确定如图 3-3 所示。

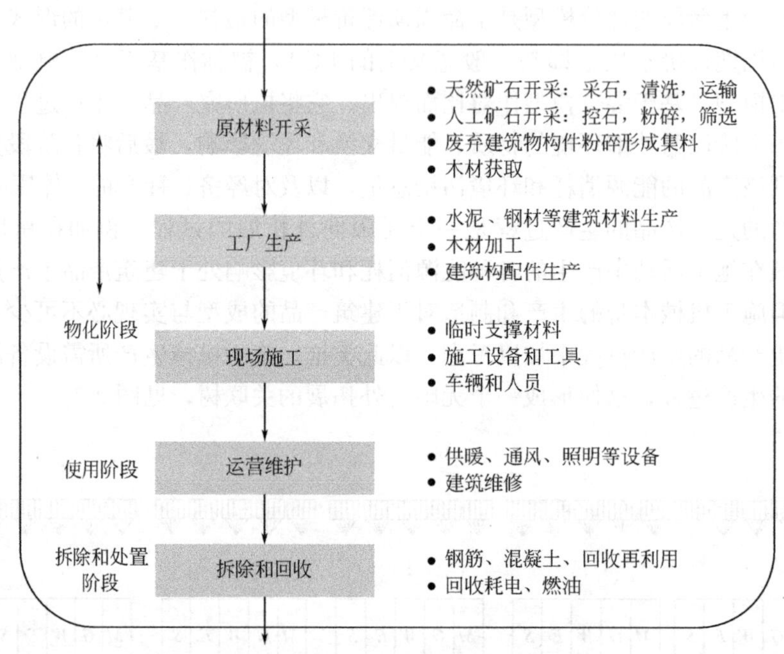

图 3-3　建筑全生命周期碳排放评价系统边界

图 3-3 显示，建筑业全生命周期碳排放各个阶段——原材料开采、工厂生产、现场施工、运营维护以及拆除和回收阶段都有所涉及。这些阶段是较大范围的系统边界，在这些阶段中，还存在较小的单元过程。例如在原材料开采阶段，存在天然矿石开采过程。

确定系统边界，即确定要纳入待模型化系统的单元过程。在理想情况下，建立产品系统模型时，应使其边界上的输入和输出均为基本流。但在许多情况下，没有充足的时间、数据或资源来进行这样全面的研究，因而必须决定在研究中对哪些单元过程建立模型，并决定对这些单元过程研究的详略程度。不必为量化对总体结论影响不大的输入和输出而耗费资源。

在确定范围时，初步选定用于清单的一组输入和输出。在此过程中将所有输入和输出都纳入产品系统进行模拟分析是不实际的。识别应追溯到环境的输入和输出，亦即识别应纳入所研究的产品系统内，产生上述输入或承受上述输出的单元过程，这是一个反复的过程。一般都是先利用现有数据做出初步识别，并随着研究进程中数据的积累对输入和输出做出更充分的识别，最后通过敏感性分析加以验证。

第二步：数据清单分析。

LCA 研究范围确定后，单元过程和有关的数据类型也就初步确定了。由于数据的收集可能覆盖若干个报送地点和多种材料，下列步骤有助于保证对模型化产品系统的统一和一致理解。

这些步骤应包括：

（1）绘制具体的过程流程图，以描绘所有需要建立模型的单元过程和它们之间的相互关系；

（2）详细表述每个单元过程并列出与之相关的数据类型；

（3）编制计量单位清单；

（4）针对每种数据类型，进行数据收集技术和计算技术的表述，使报送地点的人员理解该项 LCA 研究需要哪些信息；

（5）对报送地点发布指令，要求将涉及所报送数据的特殊情况、异常点和其他问题予以明确的文件记录。

表 3-1 对这种各阶段碳排放清单结果进行了初步显示，表达了清单分析的大致含义。按照人材机三方面的分类，对各阶段进行过程分析。

建筑全生命周期各阶段碳排放清单结果　　表 3-1

建筑阶段	清单分析	清单类型	清单结果
原材料开采	人工	工作时长	××
	机械	运行时长	
	采石机		
	粉碎机		
	……		
工厂生产	人工	工作时长	
	机械设备	运行时长	
	振捣机		
	轧钢机		
	……		
现场施工	人工	工作时长	
	机械设备：	运行时长	
	打桩机		
	塔式起重机		
	……		
	材料：		
	混凝土		
	钢材		
	……		
运营维护	通风空调	运行时长	
	照明		
	……		
拆除和回收	装载机	运行时长	
	吊车		

其中，在现场施工阶段关于材料用量的清单分析，具体展开见表 3-2。

现场施工阶段材料用量清单分析 **表 3-2**

工程项目	混凝土体积(m^3)	钢材重量(t)	木材(t)	玻璃(m^2)	涂料(m^2)	…
基础						
梁						
板						
柱						
墙						
阳台						
楼梯						
…						
合计						

第三步：影响评价。

LCIA 和其他技术，例如环境绩效评价、环境影响评价和风险评价等不同，因为它是一种基于功能单位的方法。LCIA 可以使用来自其他技术的信息。

应对 LCIA 进行精心计划以满足 LCA 的目的和范围。LCIA 阶段应同 LCA 的其他阶段相协调。LCIA 包括必备和可选两类要素。

LCIA 阶段应包括下列必备要素：

(1) 影响类型、类型参数和特征化模型的选择；

(2) 将 LCI 结果划分到所选的影响类型中（分类）；

(3) 类型参数结果的计算（特征化）。

除了 LCIA 要素外，还可以根据 LCA 的目的和范围，列出以下可选要素和信息：

(1) 归一化：根据基准信息对类型参数结果的大小进行计算；

(2) 分组：对影响类型进行分类并尽可能排序；

(3) 加权：使用基于价值选择所得到的数值因子对不同的影响类型的参数结果进行转化和尽可能地合并，加权前的数据宜保留；

(4) 数据质量分析：更好地理解参数结果收集的可靠性以及 LCIA 结果。

这些 LCIA 的可选要素可以使用来自 LCIA 框架外的信息。对这些信息的使用宜做出解释，并将这些解释予以记载。

归一化、分组和加权方法的应用应与 LCA 研究的目的和范围保持一致，并且它应是全部透明的。所有采用的方法和计算都应做出书面说明以提供透明性。

表 3-3 对建筑碳排放影响评价进行了初步显示，表达了碳排放影响评价阶段的大致含义，更多的详细过程并未充分展示。

建筑碳排放影响评价 **表 3-3**

过程/材料/构件	计算类型	碳排放系数	碳排放
运输	距离		
采石机	运行时长		

续表

过程/材料/构件	计算类型	碳排放系数	碳排放
板	体积		
柱	体积		
混凝土	体积		
钢材	重量		
人工	工作时长		
照明	运行时长		
……	……		

第四步：结果分析。

LCA 和 LCI 研究中的生命周期解释阶段由以下几个要素组成：

（1）以 LCA 中 LCI 和 LCIA 阶段的结果为基础对重大问题的识别；

（2）评估，包括完整性、敏感性和一致性检查；

（3）结论、局限和建议。

3.3 基于投入产出模型的全生命周期评价

3.3.1 环境经济投入产出分析概述

投入产出分析在 20 世纪 30 年代由美国经济学家、哈佛大学教授瓦西里·列昂惕夫在前人威廉·配第、弗朗索瓦·魁奈等关于经济中生产相互依存的“循环流”概念的影响下提出。1928 年，列昂惕夫在报纸上以《经济是一个循环流》为题，提出了一个两部门的投入产出系统，把一个经济的生产、分配和消费特征描述为一个单一集成的线性方程组。1936 年列昂惕夫提出了投入产出分析的理论框架，以及美国 1919 年度和 1926 年度的产业间交易表。1939 年 9 月在《经济学和统计学评论》上发表了《美国经济制度中投入产出数量关系》一文，这是世界上第一篇关于投入产出分析的论文。1941 年，列昂惕夫出版《美国经济结构，1919～1929 年》一书，发表了关于美国经济投入产出结构的第一本著作。

在使投入产出分析成为广泛应用的经济分析工具过程中，另外一位经济学家理查德·斯通围绕投入产出概念建立的一个标准化的经济账户系统起到特别重要的作用。为表彰列昂惕夫和斯通对投入产出分析理论发展的杰出贡献，两人分别获得 1973 年和 1984 年的诺贝尔经济学奖。

投入产出分析从产生至现在，经历了近一个世纪的发展。在投入产出表原理、投入产出表编制、投入产出分析方法的应用及扩展方面都有了很大的发展。

在投入产出原理方面，投入产出分析由最初的静态模型向动态模型发展，从单纯的经济价值模型拓展至实物投入产出模型，从单区域投入产出模型向多区域投入产出模型发展等。

而在投入产出表的编制上，自 20 世纪 50 年代以来，世界各国纷纷开始研究并编制投入产出表，据不完全统计，1960 年编制投入产出表的国家有 57 个，到 1990 年，除个别国家外，世界上绝大多数国家都编制了投入产出表。我国的第一个投入产出表是 1974 年编制的《1973 年全国 61 种产品的实物型投入产出表》，1987 年我国编制了《中国 1987 年投入产出表》，并决定每 5 年编制一次。

以后，国家统计局又成功地编制了 1990 年、1992 年、1995 年和 1997 年的价值型投入产出表和 1992 年实物型投入产出表，1992 年、1995 年和 1997 年价值型投入产出表采用国际通用的表式，为 SNA 式投入产出表，进一步满足了国际比较的需要。1992 年价值型投入产出表包括 119 个部门，在 1987 年 118 个部门基础上增加了废品废料部门。1992 年实物型投入产出表包括 151 种物质产品。1997 年投入产出表的部门分类将国民经济划分为 124 个部门，随着国民经济行业分类的变化，它与以往的部门分类有所差异。1990 年和 1995 年投入产出表为延长表，按照 1987 年和 1992 年的投入产出部门Ⅱ级分类，将国民经济生产活动划分为 33 个部门。

我国的投入产出表编制形成了逢 2、逢 7 年份编制投入产出表，逢 0、逢 5 年份编制投入产出延长表的惯例。

在投入产出应用方面，围绕投入产出分析，已延伸出众多研究内容。在方法深度方面，例如社会核算矩阵（SAM），结构分解分析（SDA），结构路径分析（SPA）等；在应用广度方面，研究主题扩展至①地区间经济流量研究；②资源（能源）消耗分析；③社会研究，例如收入分配、教育、人口等；④环境投入产出分析（环境污染及其治理）。

环境投入产出生命周期评价是根据某一国家或地区的经济投入产出表来测算产品或服务的能源消耗和环境影响表现。投入产出分析成功地量化了经济系统中产业部门间的关联互动效果，并因此成为分析产品或服务外部性的有效方法。投入产出生命周期评价以国家或地区的经济系统作为研究边界，以系统内各产业部门间的关联互动关系为基础，有效地解决了过程生命周期评价中生产过程无限拓展的问题。

3.3.2 环境经济投入产出分析原理

投入产出分析用所观测的特定地理区域（世界、国家、地区等）的经济数据来建立模型。此分析模型关注的是一组产业的活动，这些产业在生产每个产业自身产出的过程中，既生产货物（产出），又接受来自其他产业的货物（投入），这构成了投入产出分析的基本分析逻辑。这些产业生产（产出）与接收（投入）的信息构成了产品流，将这些产品流信息包含在一张产业交易表中，如表 3-4 所示。

投入产出交易表　　表 3-4

		作为消耗者的生产者								最终需求			
		农业	采掘业	建筑业	制造业	贸易	运输	服务业	其他产业	个人消费支出	私人国内投资	货物与服务政府购买	货物与服务净出口
生产部门	农业												
	采掘业												
	建筑业												
	制造业												

续表

		作为消耗者的生产者								最终需求			
		农业	采掘业	建筑业	制造业	贸易	运输	服务业	其他产业	个人消费支出	私人国内投资	货物与服务政府购买	货物与服务净出口
生产部门	贸易												
	运输												
	服务业												
	其他产业												
增加值	雇员	雇员报酬											
	企业主与资本	利润类收入和资本消耗补偿											
	政府	企业间接税											

产业间的流量数值记录在表3-4中，作为生产者的部门列于表格左边，而这些部门也同样作为消费者的去向部门，列在表的上部。从行向看，流量数值是每个部门的产出；从列向看，流量数值是每个部门的投入，故而该表被称为投入产出表。表3-4根据横竖两条线把投入产出表中间部分划分成四个部分，按照左上、右上、左下、右下的排列次序，分别将这四部分称为Ⅰ、Ⅱ、Ⅲ、Ⅳ象限。

第Ⅰ象限是由名称相同、排列次序相同、数目一致的 n 个产品部门纵横交叉而形成的。每一行表示的是一个部门的产品分配给各部门（包括本部门）作为生产性消耗的中间产品。每一列表示的是一个部门生产中所消耗各部门（包括本部门）产品的数量。它充分揭示了国民经济各部门的产品之间相互依存、相互制约的技术经济联系，反映了国民经济各部门之间相互依赖、相互提供劳动对象供生产和消耗的过程。这种联系主要是由一定时期的生产技术条件和经济条件决定。这一部分是投入产出表的核心。表中每个数字 x 都具有双重含义：从横向看，它表明第 i 个产品部门的产品或服务提供给第 j 个产品部门使用的数量；从纵向看，它表明第 j 个产品部门在生产过程中消耗第 i 个产品部门的产品或服务的数量。

第Ⅱ象限实质上是第Ⅰ象限在水平方向上的延伸，因而其竖向与第Ⅰ象限的竖向相同，也是 n 个产品部门，其横向是总消费、总积累、进出口等各种最终产品。这一部分表示各生产部门从实物上和价值上对生产中的消耗进行补偿之后供给社会直接消费及积累等方面的产品部分的分配情况以及满足社会最终产品的需求程度。它反映的是各产品部门的产品或服务用于各种最终使用的数量，反映各种最终产品的构成，它描述了一定时期内退出生产过程的供最终使用的那部分社会产品。第Ⅰ象限和第Ⅱ象限连接在一起，反映了国民经济各部门的产品或服务的分配使用去向。

第Ⅲ象限是第Ⅰ象限在垂直方向上的延伸，其竖向是劳动报酬、社会纯收入，其横向与第Ⅰ象限的横向相同，也是 n 个产品部门。这一部分反映的是各部门劳动者为全社会创造价值的形成过程和构成情况。第Ⅰ象限和第Ⅲ象限连接在一起，反映了国民经济各部门产品或服务的价值形成过程。

第Ⅳ象限是由第Ⅱ象限在垂直方向上的延伸和第Ⅲ象限在水平方向上的延伸交叉形成的，其竖向与第Ⅲ象限的竖向相同，横向与第Ⅱ象限的横向相同，它反映了一部分国民收入再分配过程以及国民经济非生产领域的行政机关、事业单位和工作人员等的收入分配情况。由于它所体现的经济关系非常复杂，限于理论和技术上的原因，在投入产出表中通常将这一部分忽略。

投入产出分析的基本目的是分析经济中产业间的相互依存关系，投入产出模型所反映的相互依存关系可以由一组线性方程组构成，每一个方程描绘的是一个产业的产品在整个经济中的分配。假定表 3-4 中的生产部门被分类为 n 个，用 z 表示部门 i 的总产出（生产），用 f 表示部门 i 产品的最终需求，对于部门 i 的产品分配关系可以表示为：

$$x_i = z_{i1} + z_{i2} + \cdots + z_{in} + f_i = \sum_{j=1}^{n} z_{ij} + f_i \tag{3.1}$$

部门 i 的产品向部门 j 产品供给，用 z_{ij} 表示，当 $j=i$ 时，包括产业 i 在产品生产时的内部产品消耗。z_{ij} 常被称为中间投入。f_i 称为最终需求。x_i 称为 i 部门的总产出。

对于 n 个部门，有以下经济方程组模型：

$$\begin{aligned} x_1 &= z_{11} + z_{12} + \cdots + z_{1n} + f_2 \\ x_2 &= z_{21} + z_{22} + \cdots + z_{2n} + f_2 \\ &\vdots \\ x_i &= z_{i1} + z_{i2} + \cdots + z_{in} + f_i \\ &\vdots \\ x_n &= z_{n1} + z_{n2} + \cdots + z_{nn} + f_n \end{aligned} \tag{3.2}$$

将上述方程组转化为矩阵形式，记 $\boldsymbol{x} = \begin{bmatrix} x_1 \\ \vdots \\ x_n \end{bmatrix}$，$\boldsymbol{z} = \begin{bmatrix} z_{11} & \cdots & z_{1n} \\ \vdots & \ddots & \vdots \\ z_{n1} & \cdots & z_{nn} \end{bmatrix}$，$\boldsymbol{f} = \begin{bmatrix} f_1 \\ \vdots \\ f_n \end{bmatrix}$。

则根据矩阵运算应该有：

$$\boldsymbol{x} = \boldsymbol{z}_i + \boldsymbol{f} \tag{3.3}$$

其中 i 表示为元素全为 1 的列向量，其维数与部门数一致，为 n。

上述式（3.1）、式（3.2）、式（3.3）反映了投入产出表的基本等式逻辑关系，各种类型的投入产出表包括的细项都是在上述三式的基础上进行扩展得到。

根据上述三式，可以得出投入产出分析中重要的几个系数：直接消耗系数、间接消耗系数、完全消耗系数、完全需求系数（列昂惕夫逆矩阵）。

直接消耗系数是指一个部门每生产一个单位产品所需要消耗有关投入部门产品的数量。直接消耗系数一般用 a_{ij} 表示，其计算公式为：

$$a_{ij} = \frac{x_{ij}}{x_j} (i，j = 1，2，3，\cdots，n) \tag{3.4}$$

由于投入产出表分为实物型和价值型，所以用实物量计算的直接消耗系数与用价值量计算的直接消耗系数揭示的部门联系是不同的。对于用实物量计算的直接消耗系数，由于其仅受生产技术的影响，因而其反映的是各类产品生产过程中的技术联系；对于用价值量计算的直接消耗系数，由于其中包含价格等经济因素，因而它除了受技术条件的影响外，还受产品或服务的价格及产品部门内部的结构等因素的影响，从而用价值量计算的直接消耗系数反映的是国民经济各部门、各产品之间的技术经济联系。

用价值量计算的直接消耗系数 a_{ij}，从表 3-4 中不难看出，其数量大小的范围为 $0 \leqslant a_{ij} < 1$。在此范围内，如果 a_{ij} 越大，则说明第 i 部门和第 j 部门之间的直接相互依赖性就越强，直接技术经济联系越密切；如果 a_{ij} 越小，则说明第 i 部门和第 j 部门之间的直接相互依赖性越差，直接技术经济联系越松散；如果 $a_{ij}=0$，则说明第 i 部门和第 j 部门之间没有直接相互依赖性，也没有直接的技术经济联系。显而易见，直接消耗系数是一个 $n \times n$ 阶的方阵，把 a_{ij} 表示成矩阵，就得到直接消耗系数矩阵表，即：

$$A=(a_{ij})_{n \times n} \tag{3.5}$$

直接消耗系数是投入产出模型的核心，引入直接消耗系数后，就可以把经济因素和技术因素有机结合起来，使经济工作真正建立在定性定量分析的基础上。完全消耗系数是一个部门每生产一个单位产品所需要完全消耗有关投入部门产品的数量。对于完全消耗系数的经济解释，本小节利用原煤对电力的消耗为例，来说明其意义。

由图 3-4 可见，对于一个产业的生产、制造或者建造而言，在产业的生产车间，建造场所消耗的原材料、能源等资源是直接消耗，而维持直接消耗会存在第一次间接消耗用来满足直接消耗，第二次间接消耗满足第一次间接消耗，如此递归至无穷个消耗阶段。由此可见，国民经济各部门、各产品之间的技术经济联系，除了直接联系之外，还有间接联系，二者结合才构成全部联系。由于不同部门之间存在的这种错综复杂的关系，故而对一个部门的最终需要的变化就会引起整个系统的一系列变化，不仅所考虑部门的产量会发生变化，而且在系统中的大多数部门甚至所有部门的产量都会发生变化。直接联系已通过直接消耗系数得以揭示，而间接联系就要通过计算完全消耗系数才能得到。因此，除了要计算直接消耗系数外，还必须要计算完全消耗系数，以揭示国民经济各部门、各产品之间的

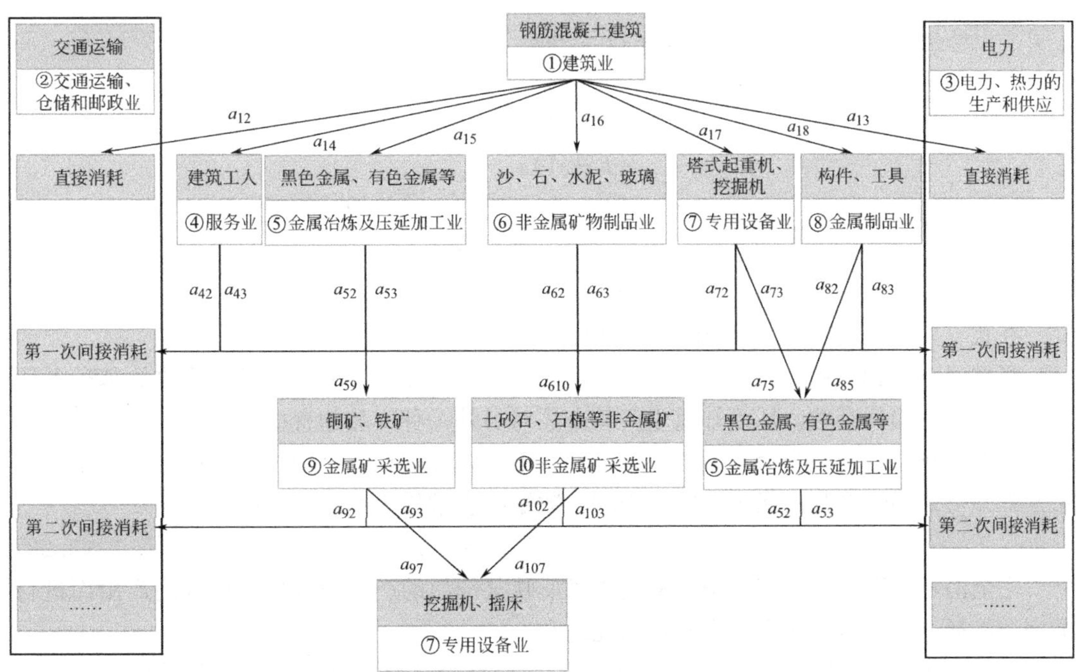

图 3-4 原煤对电力的直接消耗与间接消耗

全部联系。它反映了部门间的直接和间接的全部技术经济联系，比直接消耗系数更能全面地揭示各部门间的数量关系。

$$完全消耗系数=直接消耗系数+间接消耗系数 \tag{3.6}$$

用 b_{ij} 表示完全消耗系数。它表示生产单位 j 部门最终产品需完全消耗 i 部门产品的数量，即直接消耗 j 部门产品和间接消耗 i 部门产品的数量之和。如果生产单位第 j 部门最终产品对第 i 部门产品的间接消耗可以通过第 k 部门的中间产品形成，那么 $b_{ik}a_{kj}$（$k=1，2，3，\cdots，n$）表示 j 部门生产单位最终产品时通过中间部门 k 实现的对 i 部门产品的间接消耗量，对 j 个中间部门累加得到 $\sum_{k=1}^{n} b_{ik}a_{kj}$，这就是 j 部门生产单位最终产品对 i 部门产品的所有间接消耗。由此可得：

$$b_{ij}=a_{ij}+\sum_{k=1}^{n} b_{ik}a_{kj}(i，j=1，2，3，\cdots，n) \tag{3.7}$$

用矩阵可以表示为：

$$B=A+BA \tag{3.8}$$

进行以下变化：

$$B-BA=A \tag{3.9}$$

$$B-BA=I-I+A \tag{3.10}$$

$$B(I-A)=I-(I-A) \tag{3.11}$$

$$B(I-A)(I-A)^{-1}=[I-(I-A)](I-A)^{-1} \tag{3.12}$$

得：

$$B=(I-A)^{-1}-I \tag{3.13}$$

$$B+I=(I-A)^{-1} \tag{3.14}$$

$$L=(I-A)^{-1}=B+I \tag{3.15}$$

$$x=Ax+f \tag{3.16}$$

$$x-Ax=f \tag{3.17}$$

$$(I-A)x=f \tag{3.18}$$

$$(I-A)^{-1}(I-A)x=(I-A)^{-1}f \tag{3.19}$$

$$x=(I-A)^{-1}f \tag{3.20}$$

$$x=(B+I)f=Bf+f \tag{3.21}$$

在式（3.13）～式（3.21）中，I 为单位矩阵。

根据式（3.13）～式（3.21）便可以求出完全消耗系数，在完全消耗系数的基础上便可以求出间接消耗系数。从而知道生产某产品对另外一种产品的直接与间接消耗。

完全需求系数与完全消耗系数两者区别并不大，仅需在完全消耗系数的基础上增加单位矩阵即可。为纪念列昂惕夫，完全需求系数矩阵也常称为列昂惕夫逆矩阵。

$$L=(I-A)^{-1}=B+I \tag{3.22}$$

完全消耗系数矩阵，其经济意义是为了反映某部门的产出与为生产该部门产出而进行的完全消耗（即直接消耗和所有间接消耗之和）。

完全需求系数矩阵（列昂惕夫逆矩阵），其经济意义是：增加某一部门单位最终需求时，需要国民经济各个部门提供的生产额是多少，反映的是对各部门直接和间接的诱发效果，反映了直接效应引起的支出的乘数效应的交易表的矩阵。

两者的区别即是这增加的某一部门单位最终需求是否被反映到系数矩阵中，如果所求目标需要反映这一单位最终需求，则应该使用完全需要系数矩阵，反之使用完全消耗系数矩阵。

对于列昂惕夫逆矩阵，根据式（3.3）方程组的等式，可以有以下推导：

$$x = Ax + f \tag{3.23}$$

$$x - Ax = f \tag{3.24}$$

$$(I - A)x = f \tag{3.25}$$

$$(I - A)^{-1}(I - A)x = (I - A)^{-1}f \tag{3.26}$$

得到：

$$x = (I - A)^{-1}f \tag{3.27}$$

$$x = (B + I)f = Bf + f \tag{3.28}$$

上述推导即反映了最终需求与总产出之间的内在关系。上述公式对比可以看出，直接消耗系数和总产品相联系，即从总产品出发研究和计算各部门间的物质消耗关系；完全消耗系数则是与最终产品相联系，即从最终产品出发，研究部门间的物质消耗关系。由此，可以分别从总产品和最终产品出发，研究各部门之间的物质消耗关系。

以上是从投入产出表的行模型出发进行相关公式推导，投入产出表的行模型也称为产品分配平衡方程。产品分配平衡方程投入产出表的行模型是根据投入产出表的横行而建立的经济数学模型，其经济含义揭示的是国民经济各部门生产的产品或服务的分配使用去向。

而投入产出表的列模型，也称为产值平衡方程。投入产出表的列模型是根据投入产出表的纵列而建立的经济数学模型，其经济含义揭示了国民经济各部门、各产品在生产经营过程中所发生的各种投入，反映了国民经济各部门产品或服务的总价值的形成过程。限于篇幅，且由于在全生命周期评价中较多使用行模型进行分析，此处不做过多介绍。

与上述投入产出表相关的术语概念做以下介绍：

中间需求：中间需求为由投入系数所决定的、其他产业（包括该产业本身）在经济活动中对某产业产出消耗之和。

农村居民消费：农村常住居民家庭用于日常生活的全部开支。

城镇居民消费：城镇常住居民家庭用于日常生活的全部开支。

政府消费：政府部门为全社会提供公共服务的消费支出以及免费或以较低价格向住户提供的货物和服务的净支出。

固定资本形成总额：是指常住单位在一定时期内获得的并减去处置的固定资产的价值总额，且其使用年限在一年以上，不包括自然资产。固定资本形成总额分为有形固定资产形成总额和无形固定资产形成总额。有形固定资产形成总额包括投资完成的住宅、非住宅建筑物和机器设备（减处置）价值；土地改良形成的固定资产；新增牲畜和经济林木价值等培育资产等。无形固定资产形成总额是指矿藏勘探、计算机软件等的价值。

存货增加：存货增加是常住单位在核算期入库货物和出库货物价值的差额。当差额为正值时，表示库存增加；当差额为负值时，表示库存减少。但要扣除当期由于价格变动而产生的收益和损失。

资本形成总额：资本形成总额包括固定资本形成总额和存货增加。

最终需求：是指全社会的消费者对社会总产品的最终使用或消费。任何国家都存在相对于经济中生产者的产业部门更外部或外生的购买者的销售，例如住户、政府和对外贸易。这些单位的需求以及由此他们从每个产业部门购买的数量，通常是由与生产量相对无关的一些考虑所决定的。例如，政府对飞机的需求与国家政策、预算数额或国防需求的大幅变动有关；对小汽车的消费需求与汽油是否可得有关等。这些对于外部单位的需求，因为更倾向于被当作物品来使用，而不是用作产业生产过程的投入，因此被称为最终需求。

总产出：常住单位在一定时期内生产的所有货物和服务的价值，既包括新增价值，也包括转移价值。

中间产品投入合计：是在生产过程中消耗和使用的非固定资产产品（货物和服务）。

进口品投入合计：进口国外产品需要的费用。

劳动者报酬：是中国国民经济核算体系中使用的一个指标，指常住单位在一定时期内以各种形式支付给劳动者的全部报酬，大致相当于联合国 SNA 中雇员的报酬。

生产税净额：企业在报告期内的经营活动中所征收的各项税金、附加费和规费扣除生产补贴后的净额。生产税净额等于生产税减去生产补贴。各种税金，指应交增值税、营业税金及附加、管理费中列支的税费等，但不包括所得税。生产补贴，是指政府对生产经营单位的政策亏损补贴、价格补贴和出口企业的出口退税等补贴。

固定资产折旧：企业在生产经营过程中使用固定资产而使其损耗导致价值减少仅余一定残值，其原值与残值之差在其使用年限内分摊。

营业盈余：一定时期内本国产业生产者的增加值超过雇员报酬、固定资本消耗及间接税净额后的余额。

增加值合计：为劳动者报酬、生产税净额、固定资产折旧与营业盈余之和。

总投入：为增加值合计和中间产品投入合计之和。

3.3.3 环境经济投入产出分析方法

大部分对投入产出基本框架的扩展都是为了将经济活动中更多的详细信息包含进来，例如在时间和空间方面的信息，以解决可获得的数据的局限性问题，或者将投入产出模型与其他种类的经济分析工具相结合。而环境经济投入产出分析方法则是将经济活动中关于环境的信息包含进来，依靠投入产出分析对环境问题进行分析。

自 20 世纪 60 年代以来，不少研究者已经通过扩展投入产出模型来研究与产业间活动有关联的环境污染及减排问题。在投入产出模型的基础上，加入环境压力指标，构建环境投入产出模型。

环境投入产出生命周期评价模型主要包括三个要素：技术矩阵、卫星矩阵和总需求列向量。技术矩阵由投入产出表中的直接消耗系数组成，反映了国民生产各部门之间的经济关系。卫星矩阵是各产业部门的能源消耗强度或环境污染强度，即产业部门单位经济产出的能源消耗量或环境污染量。总需求列向量为拟研究产品的经济价值量。

设环境影响产出矩阵或者直接影响系数为 $D^P=[d^p_{kj}]$，该矩阵的每个元素代表部门 j 每生产 1 单位货币的价值所产生的环境影响 k（例如二氧化碳）的数量。因此，给定一个总的产出向量，环境影响由以下公式得到：

$$x^{p^*}=D^P x \tag{3.29}$$

其中 x^{p^*} 表示环境影响的向量。因此通过加入传统的列昂惕夫模型，$x=Lf$，其中 $L=(I-A)^{-1}$，就能够将 x^{p^*} 表示成最终需求的函数，也就是说，最终需求 f 所诱发的直接和间接环境影响可以表示为：

$$x^{p^*}=[D^P L]f \tag{3.30}$$

一般将括号内的部分看作环境影响系数矩阵。它的任意元素表示的是1单位的最终需求所诱发的环境影响。

环境影响指标一般分为两类：资源使用和污染物排放。资源使用方面，例如能源、水资源、矿产资源消耗等，污染物排放方面，例如二氧化碳排放、二氧化硫排放、汞、细颗粒物等。对于环境影响指标，在投入产出研究中称为投入产出表的卫星账户。卫星账户的建立，需要对相应的环境压力指标进行大量基础数据的收集工作，数据资料源于各行业统计年鉴和实地调查、统计估算等。

由于投入产出生命周期模型借助公众数据，例如产业部门的直接消耗系数、各产业部门的能耗量等，研究活动的时间和资金投入得以显著降低。此外，由于该模型的基础是产业部门间的经济关系，模型计算得出的产品或服务的能耗量和环境污染量反映了社会平均生产水平，因此模型结果具有普遍性。这一特点使得投入-产出生命周期模型在宏观研究中应用广泛，但不适用于个例研究。该模型的缺点在于产业部门的影响数据统计与投入产出表中各部门的经济数据统计在部门划分口径方面缺乏一致性，导致对部门数据进行汇总或拆分时产生误差。同时，对部门数据的拆分或汇总加入了研究人员的主观因素，影响模型的客观性和准确度。此外，由于投入产出表无法反映产品的运行与使用，该模型仅适用于对产品物化过程各种影响效果的计算，而非产品的整个生命周期。

关于环境经济投入产出分析方法，其应用有以下几个方面：环境压力核算、生命周期评估、因素相对贡献分析、结构路径分析、风险影响分析、环境网络分析、规划分析的扩展、扩展性列昂惕夫模型。

环境压力核算。环境压力核算关注不同环境压力指标，例如水、生物质、二氧化碳、细颗粒物、固体废弃物等的排放情况。

因素相对贡献分析。因素相对贡献分析是将投入产出模型与结构分解分析相结合，分析能源消费强度效应、能源消费结构效应、投入产出系数变动效应、最终需求规模效应、最终需求结构效应等因素变动对环境压力核算的相对贡献。

风险影响分析。风险影响分析是将安全事故、自然灾害等风险因素与投入产出分析结合。投入产出分析在经济学领域的一个重要应用是观察某个部门最终需求的变化对其他部门的直接和间接影响，而故障投入产出模型将这种分析应用到风险分析领域，增进了对不利条件下投入产出表所反映的经济系统交付其预期输出的理解。

环境网络分析。环境网络分析是将投入产出表所反映的部门关系视为一个系统网络，部门关系包括部门与部门间的交易，对应于网络中的节点与边，以网络分析的视角研究投入产出表所内含的能量流、物质流等环境压力关系。环境网络分析根据现有研究，大致分为生态网络分析和复杂网络分析。生态网络分析重在整体上辨识系统内在属性，对系统的结构与功能关系进行研究，例如生态网络稳定性、生态网络上升性、生态网络效能等。复杂网络分析重在关注各点（部门）与边（部门间交易）的重要性和分布特征，以及点与点之间形成的局部群落关系。

生命周期评估。在环境投入产出分析中的生命周期评估是利用投入产出表进行环境压力核算。生命周期分析中引入投入产出分析，是对传统的基于过程的生命周期评估的有力补充，解决了“截断误差”问题。基于投入产出分析的生命周期评估和基于过程的生命周期评估分别被视为“自上而下”和“自下而上”的生命周期评估。投入产出表反映的是产业部门的平均水平，故而基于投入产出的生命周期评估不能对具体项目或产品进行真实评估。在上述两类视角的生命周期评估各自分析优势的基础上，一些学者提出了混合生命周期评估。

结构路径分析。结构路径分析基于列昂惕夫逆矩阵 $(I-A)^{-1}$，列昂惕夫逆矩阵也称为完全需求矩阵，是对产业链路径累计效应的反映。结构路径分析的本质是将这种产业链路径累计效应进行分阶段分解，进而提取出主要的产业链路径。

规划分析的扩展。将运筹学中的规划分析引入环境投入产出分析。对投入产出分析模型方程组放松等式条件，扩展为一个不等式，例如总产出减去中间需求不少于最终需求。通过对环境中的相关指标设定单个规划目标和多重规划目标等方式解决环境约束问题。

扩展性列昂惕夫模型。在传统列昂惕夫模型中分析污染产生和处理的另一个方法是在技术系数矩阵中增加污染产生和（或）处理系数，即将生态环境影响引入投入产出表中。在污染产生的情况下，这些系数反映了每 1 单位总产出产生的污染。对于扩展性列昂惕夫模型如表 3-5 所示。

扩展性列昂惕夫模型 **表 3-5**

	产业间交易			最终需求	总产出	生态商品产出	
	消费部门						
	农业	采掘业	制造业			二氧化硫	碳化氢
生产部门							
农业	*z*			*f*	*x*	*n*	
采掘业							
制造业							
生态商品投入							
水	*m*						
土地							

3.4 基于混合模型的全生命周期评价

3.4.1 混合生命周期评价模型

商品及其供应网络是经济中的物质和能源流通载体，进而产生污染物和废物，并对环境造成影响。材料和能量的流通以及污染物和废物的产生是经济系统中商品物理方面的特征，而从经济学角度来看，更有趣的是商品的效用或功能，这实质上导致了消费者对商品的需求。

LCA 描述了生态经济系统的微观结构，其主要重点是对商品为载体的功能流的产生和消耗及其对环境的影响进行分析，这种自下而上的方法通过生态标签、流程设计、清洁生产、供应链管理，在特定功能上防止污染。LCA 所需的模型一方面应能够详细描述各个过程及其相互关系，另一方面又应具有系统完整性。然而，实际上很难同时达到两个目标，即详细程度和系统完整性。随着上游流程中输入数量的增加，LCA 分析员必须在某个阶段停止编译上游数据，否则他们必须使用更多的聚合数据，从而失去流程特异性。大多数 LCA 研究都选择流程特异性。

通过使用投入产出分析（IOA）来克服过程分析的不完整性的尝试通常被称为混合分析。但是到目前为止，过程分析和投入产出分析的模型结构尚未完全集成到混合分析中。混合分析（包括混合能量分析）仅将矩阵表示用于输入-输出部分，而过程分析则使用过程流程图方法进行单独处理。计算结构上的这种分离对混合模型施加了一些约束。

混合生命周期评价模型不仅包括产品的物化过程，还可以覆盖产品的运行与报废阶段。运用混合生命周期评价模型，可以减少过程分析中人为划定系统边界所产生的误差与干扰，实现在微观水平上对近似产品的比较。

混合生命周期评价模型目前主要有四种类型：层次化混合生命周期评价（Tiered hybrid LCA）、基于投入-产出的混合生命周期评价（Input-output based hybrid LCA）、集成化混合生命周期评价（Integrated hybrid LCA）、基于路径交换方法的混合生命周期评价模型（The path exchange method for hybrid LCA）。

层次化混合生命周期评价模型（Tiered hybrid LCA）。该模型最早是由 Bullard 等人在 1978 年提出。对建筑产品而言，该模型的主要思想是在建筑的材料运输、施工、运行及拆除阶段运用过程生命周期评价模型。而对剩余的“上游”生命期阶段，例如原材料挖掘和施工机械制造阶段，采用投入-产出生命周期评价模型加以分析，从而揭示建筑产品的全生命期影响表现。在运用该模型处理具体问题时需要注意以下两个方面：一是对两种模型在生命周期评价中结合点的选择尤为重要，即对哪些阶段采用投入-产出分析，哪些阶段采用过程分析；二是在投入-产出分析和过程分析相结合时，要避免对同一活动的重复计量。

基于投入-产出的混合生命周期评价（Input-output based hybrid LCA）模型，根据产品具体的经济信息对投入产出表中现有部门进行拆分或添加新的部门，再将过程分析的数据应用到投入-产出系统中。Joshi 对该模型的研究机理和应用给予较为完整和详细的论述。他将该模型细分为六类：第一类是拟研究产品可被划分到现有投入产出表中的某个部门；第二类是在现有投入产出表中无法找到与拟研究产品相对应的部门，此时需根据产品的生产情况，将其作为一个新的产业部门添加到投入产出表中进行计算；第三类是指现有产业部门口径过宽，需要对该部门进行拆分，对拟研究产品单独加以考虑；第四类是根据拟研究产品较为详细的过程数据对多个产业部门进行拆分和添加的情况；第五和第六类是在模型中分别嵌入拟研究产品的使用和报废阶段的过程数据。

基于路径交换方法的混合生命周期评价模型（The path exchange method for hybrid LCA）不在矩阵级别运行，而仅在结构路径级别运行，因此避免了系统干扰；不需要像集成混合方法和分层混合方法那样嵌入 LCA 过程数据库；允许仅调整结构路径的一部分，从而避免需要像分层混合调整方法那样确保过程和输入输出数据之间的完美匹配（值或覆盖率）。针对这一模型，曼弗雷德·伦岑（Manfred lenzen）和罗伯特·克劳福德（Robert Crawford）在《*The Path Exchange Method for Hybrid LCA*》一文中进行了详细地阐释。

集成化混合生命周期评价（Integrated hybrid LCA）模型的基本思想是将产品的整个生命期过程用技术矩阵进行表达。Heijungs 和 Suh 对该模型的计算结构给予详细说明。集成化混合生命周期评价模型的优点之一是通过建立统一的数学计算框架，避免了过程模型与投出产出模型结合时的重复计算，同时保证了研究系统边界的全面性和完整性。该模型的不足是对数据的需求较大、研究时间较长，且该模型的应用和操作相对复杂。

3.4.2 层次化混合生命周期评价模型

在现有混合生命周期评价模型中，层次化混合生命周期评价模型运用较多。此模型在基于过程模型与基于投入产出模型的基础上演化而来，即通过结合自下而上的基于过程和自上而下的经济投入产出方法。其基本公式为：

$$E_{total} = E_P + E_{IO} \tag{3.31}$$

其中，E_{total} 表示混合生命周期评价模型中总的环境影响或能源消耗。E_P 表示混合生命周期评价模型中通过过程模型计算所得的环境影响或能源消耗，这部分环境影响一般被称为直接环境影响或直接能源消耗。E_{IO} 表示混合生命周期评价模型中通过投入产出模型计算所得的环境影响或能源消耗，一般理解为间接环境影响或能源消耗。

E_P 是待评估对象中各个过程生命周期评价得出的环境影响或能源消耗总和，可以展开公式为：

$$E_P = \sum E_{Pi} \tag{3.32}$$

E_{IO} 是来自待评估对象中通过投入产出法计算所得的环境影响或能源消耗总和，它说明可获得相关经济数据（成本、能源强度等）的那些组成部分。展开公式为：

$$E_{IO} = \sum P_j E_j \tag{3.33}$$

设 j 是一个指数，表示可以获得此类经济数据的部门，不包括式（3.33）中的过程总和部分已经涵盖的过程。

P_j 可以是成本（例如设备成本，单位成本/单位功能），E_j 是通过投入产出方法计算所得环境影响或能源消耗强度，表示为单位环境影响或能源消耗强度/单位货币。

3.4.3 基于投入产出的混合生命周期评价模型

环境经济投入产出分析能够给出某一部门整体产出的最终需求外生变化相关的直接和间接环境负担。基于投入产出的混合生命周期评价模型，则是对典型产品的生命周期评估。一般涉及对与特定产品需求外生增加相关的环境负担的估计，就技术和环境排放系数而言，这与环境经济投入产出分析反映的工业部门的平均产出有所不同，一般可能是全新的产品设计。主要有以下几类：

模型 1：拟研究产品可被划分到现有投入产出表中的某个部门。

这是最简单的模型，在该模型中，假定感兴趣的产品在技术和环境负担系数方面都被其行业部门很好地近似。然后可以通过将特定产品视为该部门产出的外生需求变化来估算其直接或间接影响。这里的隐含假设是投入需求和环境负担与产品价格成正比。这种方法简单、快速，并且不需要任何其他数据。它提供了有用的信息，尤其是在比较广泛的行业部门或行业部门的典型产出时。它也可以用作初始筛选设备，以对进一步的数据收集工作进行优先级排序。

模型2：在现有投入产出表中无法找到与拟研究产品相对应的部门，此时需根据产品的生产情况，将其作为一个新的产业部门添加到投入产出表中进行计算。

通常，有必要对现有产品（不是其商品行业的代表产品或全新产品）进行LCA。如果可以获得有关生产产品所需投入的信息以及生产过程中直接的环境负担，则感兴趣的产品可以表示为进入经济的新假设部门。然后可以估算出新产业部门单位产出所产生的整个经济环境负担。

模型3：现有产业部门口径过宽，需要对该部门进行拆分，对拟研究产品单独加以考虑。

模型2中的基本假设是，原始技术系数矩阵不受新部门引入的影响。但是，情况并非总是如此，因为大多数感兴趣的产品已经包含在现有商品部门中，并且经常用作其他部门的中间投入。假设需要估算与产品需求的外源变化相关的总环境负担，而该负担已经包含在现有部门之一中。可以将包含感兴趣产品的部门（例如部门n）细分为两个部门，其中一个部门是我们感兴趣的产品（部门$n+1$），另一个部门则是由该部门内的所有其他产品组成的部门。例如，为了进行纸杯的LCA，可以将“纸板箱和纸箱”部分细分为两个部分，“纸杯”和“除纸杯外的其他所有纸箱和纸箱产品”。这意味着必须导出一个新的$(n+1)\times(n+1)$技术系数矩阵A，其中元素A_{ij}必须表示为代表由$n\times n$矩阵a（元素a_{ij}）表示的同一经济性。

模型4：是根据拟研究产品较为详细的过程数据对多个产业部门进行拆分和添加的情况。

当可以获得有关上游输入的多个阶段的更多详细信息时，通常可以以常规LCA的形式，轻松地扩展和推广模型3中概述的方法。可以通过迭代分解相关部门并创建与每种产品或输入相对应的，具有可用详细信息的附加工业部门，来开发扩展的技术系数矩阵A和环境负担矩阵R。继续以纸杯为例，假设常规的LCA工艺模型提供了有关纸杯生产过程和纸杯生产中使用的蜡纸生产的投入和环境负担的详细信息。根据此信息，可以将“纸板箱和纸箱”部门划分为“纸杯”和“除纸杯以外的其他部门”，将“纸板和纸厂”部门划分为“蜡纸”和“全部”（除蜡纸部门外的其他造纸厂产品）。无法获得详细过程模型的其他输入可以通过其相应的商品部门（在常规LCA中通常不包括在内）进行估算。

传统的LCA中可用的中间输入的制造过程中有关输入要求和直接环境负担的信息，如模型3所述，可以得出较大的分解矩阵。然后，可以使用扩展的技术系数矩阵和环境负担矩阵估计感兴趣的产品/工业部门的外部需求，增加相关的总环境负担。本质上，这种方法结合了所有可用的详细信息，对丢失的信息进行近似估计，同时将整个经济作为分析的边界。

模型5：在模型中分别嵌入拟研究产品的使用阶段的过程数据。

汽车、家用供暖设备和洗衣机等耐用产品的替代设计不仅在制造阶段的环境负担上有所不同，而且在生命周期的使用阶段还可能在资源消耗和环境影响方面有所不同。通过一些简化的假设，以上模型（尤其是模型 2）可用于估计产品使用阶段的直接和间接资源使用以及环境负担。使用阶段可以看作是一个假设的行业部门，该部门从现有行业中获取投入，并带来一些相关的环境负担。在使用阶段，与所有投入相关的生命周期负担可以通过假设产业部门给定产出对整个经济的影响来估算。这种方法的基本假设是，在产品生命周期内，经济技术系数矩阵保持不变，而环境负担的时间折现率为零。当产品使用寿命短时，这可能是一个很好的近似值。即使产品的使用寿命更长，这种方法也可以通过在当前技术状态下提供比较信息来提供一个良好的研究起点。

模型 6：在模型中分别嵌入拟研究产品的报废阶段的过程数据。

此方法可以扩展为在产品使用寿命结束时，例如再利用、再制造、回收或处置等过程时分析生命周期的环境负荷。报废阶段中的回收过程使用现有行业的投入来处理过时的产品，并产生最终消费或其他部门的中间投入所需的产出。通常，同一行业使用再制造的产品作为新组件的替代品，而另外一个行业可能需要回收的产品。因此，这些过程可以在概念上被视为投入产出表中的其他假设性行业。例如，回收铝制饮料罐对环境的净影响是以下各项的总和：收集和加工罐所使用的所有投入的生命周期环境负担，铝回收过程本身的环境负担以及回收铝的环境收益。当回收的产品可以替代现有工业部门的产出时，回收产品的环境收益就是这种替代所避免的生命周期环境负担。例如，如果 1t 铝废料的再循环导致回收了 1.2t 铝，价值 500 美元，那么对铝的回收所产生的适当抵免是避免因在最终产出中减少 500 美元，进而减少整个经济负担。当回收过程产生许多产品，或者恢复的产品可能被许多其他工业部门使用时，可以将代表“再利用、再制造、回收或处置”的新工业部门添加到投入产出矩阵中。可以对现有行业的技术和环境系数进行适当的调整。但是，在使用这种方法时，产品使用寿命的时间影响被再次假定。

以上模型显示了如何扩展 EIO-LCA 框架以执行单个产品和生命周期阶段的 LCA。这些模型还显示了如何将常规 LCA 中可用的更多产品特定数据与 EIO-LCA 集成在一起，从而克服常规 LCA 中的主观边界定义问题和 EIO-LCA 中的聚合问题。此外，这些模型是灵活的。根据数据和成本约束，可以执行不同级别的复杂性和准确性的 LCA，同时始终保持作为整个经济的边界以及所有相关的相互依赖性。

3.4.4 集成化混合生命周期模型

基于过程 LCA 的产品系统通过“流程”处理“功能”的生产和使用。功能是指一个商品的有用特性，并且商品可能具有多种功能。例如，空调可能具有多种功能，“制冷”“制热”“保湿”等。为了提及定量功能流程，功能流程一词被广泛使用。由于功能是 LCA 中计算的基础，因此，如果 LCA 分析目标为两种空调，则应在等效功能的基础上通过减去或添加其他功能来对它们进行比较。如果不需要区分各个功能，则一组功能也可以统称为功能。用于定义功能的分辨率级别取决于研究的目标。如果没有必要区分商品的所有功能，则这些功能流可以用商品流表示。在这个方面，商品流动在许多情况下可以很好地替代功能流动（尽管并非全部）。

将流程定义为产生功能的单元活动。换句话说，每个过程产生至少一个功能流程。存在过程是因为需要过程体现功能流。需求作为估算环境干预和投入需求的基础。在这种情况下，过程可以指工业过程以及家庭消费活动等。一个过程还需要其他过程产生的功能流来进行操作。

产品系统对功能的生产和使用可以用矩阵 $\widetilde{Z}_*$ 表示，其中一列（$\widetilde{Z}_*$）$._j$ 表示在“一定操作周期内”通过相关物理单元中给出的过程 j 消耗和产生的功能流的数量。因此，像“看电视”这样的家庭过程可能会将“看电视小时数”作为其功能流输出，并将“电度数”作为输入。使用物理单元的一个明显优势是，各个流程之间的功能流关系不会因时间或整个使用过程中的价格波动而失真。

在编译过程 j 的功能流向量时，功能流的产生显示为正值，而消耗显示为负值。这里注意，尽管这些流动以物理单位表示，但是流动的方向可以与物理流动的方向不同。例如“废物流”的方向，从物理废物流的角度看，是从工业过程到废物处理过程，而在功能流方面，则可能是相反的方向，这可能被认为是“废物处理服务”，因为废物处理设施也有可能购买废物以生产其他商品，例如加热或回收产品。在这种情况下，废物成为工业过程的功能性产出。

在大多数情况下，除了家庭流程外，货币交易流清楚地表明了两个流程之间的功能流方向。对于废物垃圾来说，如果废物处理设施以其热量的形式购买了废物，则该废物不再是废物，而是具有较低经济价值的功能性产出。在某些情况下，可能无法从货币交易流程中明确功能流程的方向。例如，假设废物回收过程免费接收来自拆除过程的废物。在这种情况下，两个进程之间没有货币交易流。但是，功能流程可以理解为两个方向：废物回收过程从拆除过程中购买废物，拆除过程从废物回收过程中购买废物处理服务，价格完全与他们必须相互支付的价格相同。我们将生产和消费功能流中的过程之间的关系称为过程之间的供求关系，并且将使用这种关系估算过程的功能流输入和环境干预，即对由于功能流的需求，一个过程不仅将获得功能流，还将获得使用的部分输入信息以及该过程在产生功能流中引起的环境干预。

在编制一个过程的功能流向量时，需要做一个稳态假设。假设过程在完全稳态条件下运行。当然，实际上几乎没有任何工业生产或消费过程都在完整的稳态条件下运行，这些过程可能会随着时间的流逝而发生产量变化或功能改变的情况。但是，这里的稳态条件意味着我们要考虑一个“过程操作”的时间段，该时间段足够长可以覆盖所有异常情况，并且足够短可以表示当前操作条件，在给定的时间段内均匀地分布所有这些异常情况，从而得出每个过程的平均典型投入产出比。与输入和输出表相反，为每个过程选择的时间段的绝对值在过程之间可能有所不同。

定义一个稳态近似基期向量 t，其中元素（t）$_i$ 显示用于过程 i 稳态近似的时间窗口的大小。

$\widetilde{Z}_*$ 是按过程矩阵编制的功能流矩阵，其中（$\widetilde{Z}_*$）$_{gj}$ 是在“一段时间内”由流程 j 使用或产生的功能流的数量（这“一段时间”已确定为流程 j 的稳态近似基期的基础）。注意矩阵 $\widetilde{Z}_*$ 每列中可能有多个正值，并且可能是一个矩形。矩形 $\widetilde{Z}_*$ 应做进一步处理以使其为方形，矩形性问题通常是由行索引和列索引之间的差异引起的。

矩阵 $\widetilde{Z}_*$ 将“功能流”作为其行索引，而“过程”作为其列值。将功能性过程流矩阵转换为功能性生产流的功能流程矩阵的过程一般称为“分配”。为了简单，假设 $\widetilde{Z}_*$ 是方阵。

由于已经编译的 $\widetilde{Z}_*$ 通过假设，为每个过程都在完全稳态条件下运行，选择小于稳态近似基础周期的过程操作的时间窗口不会对每个输入和输出之间的比率产生任何影响。为每个过程定义一个单位操作时间是很方便的。一个过程的单位操作时间的绝对值可能会随着过程而变化。定义一个称为单位操作时间 u 的向量，使得 $(u)_i$ 显示为过程 i 选择的单位操作时间，其中：

$$t \geqslant u \tag{3.34}$$

可以选择单元操作时间，以使每个过程输出的功能流变为 1 个单位。稳态近似的基本周期可以用单位工作时间表示为：

$$t = \hat{u}\widetilde{g} \tag{3.35}$$

$\widetilde{g}$ 是各过程的时间比率向量，$(\widetilde{g})_i$ 显示单位操作时间。$(u)_i$ 是过程 i 的稳态近似基准周期，故而式（3.35）可以显示为：

$$\widetilde{g} = \hat{u}^{-1} t \tag{3.36}$$

因此可以定义一个功能性过程流矩阵 LCA 技术系数矩阵 $\widetilde{A}_*$ 为：

$$\widetilde{A}_* = \widetilde{Z}_* (\hat{\widetilde{g}})^{-1} \tag{3.37}$$

$(\widetilde{A}_*)_{ij}$ 表示在选定的单位操作时间内，过程 j 使用或产生的功能流 i 的物理量。同样，功能流使用负值，生产使用正值。还要注意，与输入和输出技术系数矩阵不同，LCA 系数矩阵没有自耗值，它位于输入和输出表中间部分的主要对角线上。由于行业分类中的聚合水平，自我消费的想法实际上是一种统计假象，而 LCA 通常不是这种情况。在稳态近似的基本周期内，系统外传递的功能流的量可通过式（3.38）计算得到：

$$\widetilde{A}_* \widetilde{g} = \widetilde{f} \tag{3.38}$$

注意式（3.39）是成立的：

$$\widetilde{f} = \widetilde{Z}_* i \tag{3.39}$$

i 是求和向量；$\widetilde{f}$ 是功能流的总生产量（系统外传递的功能流的量）。重新排列式（3.39）得到：

$$\widetilde{g} = \widetilde{A}_*^{-1} \widetilde{f} \tag{3.40}$$

对于 $\widetilde{A}_*$，假设技术系数矩阵的系数不随系统外部传递的功能流量的变化而变化，则单位操作时间 $\widetilde{x}$ 产生的任意最终需求所需的功能流 $\widetilde{y}$ 可由式（3.41）计算得到：

$$\widetilde{x} = \widetilde{A}_*^{-1} \widetilde{y} \tag{3.41}$$

因而总的由任意最终需求引起的总环境干预由式（3.42）计算得到：

$$\widetilde{q} = \widetilde{B} \widetilde{A}_*^{-1} \widetilde{y} \tag{3.42}$$

$\widetilde{B}$ 是通过过程矩阵进行的环境干预，元素 $(\widetilde{B})_{ij}$ 显示过程 j 在其单位操作时间内的环境干预量。式（3.42）使用基于供求关系的插补算法，返回由外部对产品系统特定功能流程的外部需求引起的环境干预量。

通过在稳态近似期间将基于流程的系统中某个流程未涵盖的输入的总物料清单除以每个流程的总单位运行时间，即可得出上游按流程划分的上游截止矩阵（Upstream cut-off）。

功能流矩阵的下游截止点是通过将功能流的年销售额（以与每个功能流相关的物理单位）除以每种总商品的产量得出。

以矩阵表达上游截止矩阵和下游截止矩阵公式为：

$$C^u = Z_*^u (\widetilde{g})^{-1} \tag{3.43}$$

$$C^d = Z_*^d (\widetilde{g}^{***})^{-1} \tag{3.44}$$

Z_*^u 是以货币形式表示的稳态近似基期期间按过程划分的截止商品流量总量，Z_*^d 表示从流程到相关物理单元的投入产出行业的功能流的年销售额。g^{***} 向量显示国内生产和进口的流动货物和资本货物的总量，其中价格水平针对与基准年的差异进行更新，并减去基于流程的系统所代表的部分商品流量。截止矩阵的推导必须根据编译交易表时所依据的基本价格类型进行。如果基本交易表是根据消费者的价格编制的，则每个 LCA 流程的货物清单都可以直接用于编制上游截止矩阵。如果基本价格类型是生产者的价格，则应通过从支付的价格中减去运输成本和批发保证金，将货物清单中的信息转换为生产者的价格。跳过此过程可能会在最终结果中引起相当大的低估或高估水平。

得出的上游截止矩阵 C^u，$(C^u)_{ij}$ 是以货币单位表示的，在单位操作时间内投入-产出商品 i，到流程 j 的截止量。同样，下游截止矩阵 C^d，$(C^d)_{ij}$ 显示以相关实物量为单位的产出货币价值单位，投入-产出商品 j 的每单位货币产出到功能流 i 的截止量。

所以对于集成混合模型，有以下平衡关系：

$$\begin{bmatrix} \widetilde{A}_* & -C^d \\ -C^u & I-A'_{***} \end{bmatrix} \begin{bmatrix} \widetilde{g} \\ g_{***} \end{bmatrix} = \begin{bmatrix} \widetilde{f} \\ f_{***} \end{bmatrix} \tag{3.45}$$

A'_{***} 表示商品投入-产出技术系数矩阵，其中包括国内和进口的当前产品和资本，价格更新为当前水平，并且不包括基于流程的过程已涵盖的部分商品流系统，g_{***} 和 f_{***} 分别代表国内和进口当前产品和资本的总产量和最终需求，其中价格已更新，且商品流动已包含减去基于过程的系统在内。

式（3.45）结果表明，生产的功能流程和投入-产出商品的数量减去在基于过程的系统和基于投入-产出的系统中使用的数量等于交付给最终消费者的数量。必须注意式（3.45）中所示的系数矩阵的单位，因为所有子矩阵的单位互不相同。LCA 技术系数矩阵 $\widetilde{A}_*$ 每个过程每单位操作时间的各种物理单位表示，而投入-产出技术系数矩阵 A'_{***} 以货币单位表示每种投入-产出商品的单位产出，C^u 为每个过程的每单位操作时间的货币单位，C^d 是以货币形式表示各种投入产出商品的每单位产出的各种物理单位。

对于非奇异矩阵 $\begin{bmatrix} \widetilde{A}_* & -C^d \\ -C^u & I-A'_{***} \end{bmatrix}$，重新排列后得到：

$$\begin{bmatrix} \widetilde{g} \\ g_{***} \end{bmatrix} = \begin{bmatrix} \widetilde{A}_* & -C^d \\ -C^u & I-A'_{***} \end{bmatrix}^{-1} \begin{bmatrix} \widetilde{f} \\ f_{***} \end{bmatrix} \tag{3.46}$$

基于线性假设，进一步可以写为：

$$\begin{bmatrix} \widetilde{\boldsymbol{x}} \\ \boldsymbol{x} \end{bmatrix} = \begin{bmatrix} \widetilde{A}_* & -C^d \\ -C^u & I-A'_{***} \end{bmatrix}^{-1} \begin{bmatrix} \widetilde{y} \\ 0 \end{bmatrix} \tag{3.47}$$

式（3.47）给出对于功能流的任意最终需求，基于过程的单位操作时间量和基于投入产出系统的商品量 $\widetilde{y}$。$\widetilde{y}$ 的值显示所研究 LCA 过程的功能单元。

在所需的单位运行时间内产生的环境干预量和投入产出商品的产量可通过式（3.48）计算得到：

$$\overline{q}=[\widetilde{B}\quad B'_{***}]\begin{bmatrix}\widetilde{x}\\x\end{bmatrix}\tag{3.48}$$

$\overline{q}$ 是混合系统产生的环境干预，$\widetilde{B}$ 是通过过程矩阵进行的环境干预，而 B'_{***} 是通过投入产出商品矩阵进行的环境干预。

集成混合生命周期模型的计算公式为：

$$\overline{q}=[\widetilde{B}\quad B'_{***}]\begin{bmatrix}\widetilde{A}_{*} & -C^{d}\\-C^{u} & I-A'_{***}\end{bmatrix}^{-1}\begin{bmatrix}\widetilde{y}\\0\end{bmatrix}=\overline{B}\,\overline{A}\,\overline{y}\tag{3.49}$$

式（3.49）代表了一个综合的生态经济模型，该模型将基于功能流的系统与基于商品的系统集成在一起，以一个一致的数学结构，给出基于功能流系统和基于商品系统在两个方向上的交互作用所产生的环境干预总量。横线（¯）表示集成混合矩阵和向量。

在集成混合生命周期模型的基础上，对于层次化混合生命周期评价（Tiered hybrid LCA）、基于投入-产出的混合生命周期评价（Input-output based hybrid LCA）。本小节一并介绍其数学模型式。

集成混合生命周期模型为：

$$M_{\mathrm{IH}}=B_{\mathrm{IH}}A_{\mathrm{IH}}^{-1}K_{\mathrm{IH}}=\begin{bmatrix}\widetilde{B} & 0\\0 & B\end{bmatrix}\begin{bmatrix}\widetilde{A} & Y\\X & I-A\end{bmatrix}^{-1}\begin{bmatrix}\widetilde{K}\\0\end{bmatrix}\tag{3.50}$$

层次化混合生命周期评价模型为：

$$M_{\mathrm{TH}}=\widetilde{B}\widetilde{A}^{-1}\widetilde{K}+B(I-A)^{-1}K=\begin{bmatrix}\widetilde{B} & 0\\0 & B\end{bmatrix}\begin{bmatrix}\widetilde{A} & 0\\0 & I-A\end{bmatrix}^{-1}\begin{bmatrix}\widetilde{K}\\K\end{bmatrix}\tag{3.51}$$

基于投入-产出的混合生命周期评价模型为：

$$M_{\mathrm{IOH}}=\widetilde{B}\widetilde{A}^{-1}\widetilde{K}+B(I-A')^{-1}K'=\begin{bmatrix}\widetilde{B} & 0\\0 & B\end{bmatrix}\begin{bmatrix}\widetilde{A} & 0\\0 & I-A'\end{bmatrix}^{-1}\begin{bmatrix}\widetilde{K}\\K'\end{bmatrix}\tag{3.52}$$

第4章　工程项目环境经济评价

随着社会经济的发展，项目评价方法也在不断发展，主要经历三个重要发展阶段，从项目财务评价到国民经济评价，再到社会效益评价。环境经济评价研究开始于20世纪40年代，并在20世纪60年代得到快速发展。1969年美国政府颁布法案《国家环境政策法》，规定对于国家投资建设的项目必须要进行环境影响评价来评估其社会效益。随后越来越多的国家和组织在项目评价中考虑环境经济评价，并以此作为决策的重要依据。到20世纪80年代中后期，环境污染问题日趋凸显，为了确定污染损害赔偿责任，进一步激发了对环境价值评估的需求。随后经济合作与发展组织（OECD）、亚洲开发银行（ADB）、世界银行等许多国际组织纷纷建立自己的环境经济评价相关指南，环境经济评价得到进一步的规范和发展。

4.1　环境经济评价概述

环境经济评价是环境和自然资源价值计量和货币化的技术方法，其最终目的是为有关的环境和自然资源决策提供信息支持。

4.1.1　环境经济评价的概念

1. 环境经济评价的理论基础

环境作为一种资源，具有一定的价值。环境价值是指环境为人类生存与发展所提供的效用。环境的总经济价值（TEV）是对这种效用的经济量化，可以分为使用价值（UV）和非使用价值（NUV）。环境资源的使用价值是指当某一物品被使用或消费时，满足人们某种需要或偏好的能力。使用价值可进一步划分为直接使用价值（DUV）、间接使用价值（IUV）和选择价值（OV）。非使用价值又称为内部价值，是环境物品的内在属性。计算方法为：

$$TEV = UV + NUV = (DUV + IUV + OV) + NUV \tag{4.1}$$

环境影响导致的成本及收益的变动会造成环境资源价值变动。环境资源价值变动可分为两类：当环境发生改善时，会带来收益的增加，即环境效益；当环境恶化时，会造成成本的上升，称为环境损失费用或环境成本。因此可将环境费用或环境效益作为环境价值变动的表现形式。将环境影响纳入费用效益分析是环境价值评估最初也是最基本的动机。利用环境经济评价方法，可以将环境影响的正负效益转化为经济价值，从而将环境物品纳入社会经济活动的费用效益分析之中。

2. 环境经济评价的概念

环境经济评价方法是评估环境损害（费用）与效益经济价值的方法，也被称为环境价值评价方法，有时也称为货币化技术或环境影响的经济评价。它定量评估环境资产（包括组成环境的要素、环境质量）提供的物品或服务的价值，并以货币形式表征。利用环境经济评价方法，就可以像其他具有货币价值的商品一样，把环境物品纳入社会经济活动的费用和效益分析之中。工程项目环境经济评价主要针对工程项目造成的环境影响进行经济学分析和价值计量，同时为工程环境污染损害赔偿提供依据。

4.1.2 环境经济评价的目的

根据不同的要求，环境经济评价可以服务于不同的目的。在决策过程各阶段，环境经济评价具有不同的目的及作用，如图 4-1 所示。

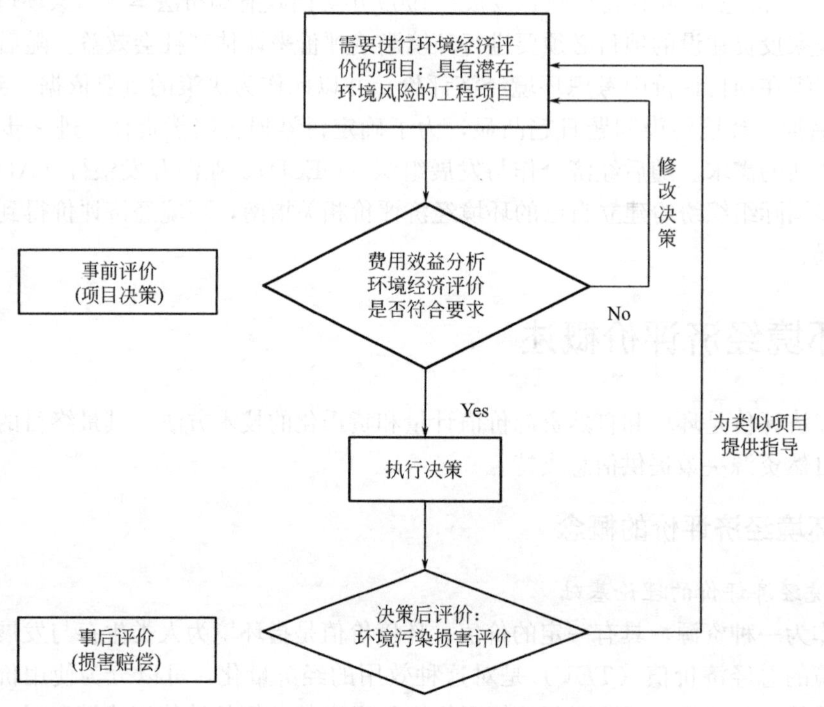

图 4-1 决策过程与环境经济评价

首先是决策的制定阶段，包括政府制定规划、政策和项目决策都需要用到环境经济评价。尤其是公共项目的决策，在考虑经济效益的同时，会更多地考虑社会效益。工程项目的选择、政府的许多建设规划、建设标准以及环境标准广泛体现着政府对资源利用方式的偏好，能在一定程度上反映资源使用者对环境资源的价值评判。接下来是决策评价的阶段。如果工程项目的决策目标是追求与环境和自然资源利用相联系的经济净价值最大化，决策者应按照上述原则，运用环境经济评价方法对项目进行费用效益分析，可以发现决策中不合理的地方并据此修改决策；经济费用效益分析和环境经济评价认为较为合理的决策，在公布之后开始实施，即进入执行阶段。决策实施后为评价决策实施效果，在宏观上进行环境经济核算，在微观上进行环境污染损害评价。评价结果可以为制定新决策提供指导意见。

在工程项目中，环境经济评价主要用于项目决策和环境污染损害赔偿，在改进决策质量和效果方面发挥了重要作用。在决策阶段对工程项目可能对社会经济产生的影响和效果进行全面评价，是一种事前评价和预测评价，体现了管理的预防性和决策的经济性。典型的预测评价是运用环境经济学的方法，将项目环境影响纳入费用效益分析过程。而在项目实施以后的环境经济评价是一种事后评价，主要内容是对环境污染损害赔偿进行计算。环境污染损害赔偿作为一种对环境污染经济损失进行的价值评估，其结果应当具有客观性，得到损害主体和受损对象的一致认可。

4.1.3　环境经济评价的原则

1. 综合原则

工程项目环境经济评价必须面向整个自然综合体。自然资源各要素在自然界中都是相互联系的，它们对工程项目的影响不仅是个别要素的作用，还是各要素的综合作用。进行综合评价时，要从个别要素的评价入手，然后连接起来进行全面分析、综合评价。综合分析评价中，要紧紧抓住对整个项目起决定性作用的主导因素，进行重点评价。主导因素可以是环境效益，也可以是多种环境影响的组合。针对工程项目实施中可能遇到的环境资源问题，提出环境改善的措施与对策。

2. 普遍性与特殊性结合原则

在工程建设全过程中会产生各种各样的环境问题，例如在建材生产及建筑配件加工阶段可能造成空气污染、水污染、土壤污染；在建筑施工阶段可能出现扬尘污染、噪声污染、固体废弃物污染等。在建设过程中出现的环境问题，具有一定的共性；同时对于不同的项目，其环境问题也具有特殊性，应在特定的项目背景下进行工程项目环境评价。环境问题的分布具有地域性和不平衡性；同种环境问题在不同地域及社会经济条件下产生影响的程度也不尽相同；环境经济评价的深度和重点也因地理位置、社会经济水平、人口的多少不同而有所差异。因此，环境影响评价应着眼全局，涵盖工程项目中普遍存在的环境问题；还要突出重点，着重分析特定工程项目在特定项目背景下的环境资源问题。因此，环境经济评价要将普遍性与特殊性相结合。

3. 自然科学与技术、经济科学相结合原则

对工程项目的综合评价，既要论证其开发利用的技术可能性，同时还要在满足自然和技术可能性的条件下，论证其经济合理性。只有在自然生态上适宜、技术上可行、经济上合理时，才能兼顾经济效益与生态效益，获得最佳生态经济效益。

4. 定性与定量相结合原则

进行环境经济评价时，对于工程项目产生的各种效益，不仅要分析确定其性质，还要按照评价指标将其量化、货币化，坚持定性与定量相结合原则，对项目进行综合核算和评估。

5. 当前与长远相结合原则

评估工程项目的环境影响，既要立足当下，关注当前的环境效益和成本，还要着眼未来，考虑累积效应下工程项目中长期环境风险。

6. 系统性与独立性相结合原则

把工程项目所处的生态环境看作一个整体，把项目建设、使用与维护和拆除后环境管理作为一个环境影响系统，把各种环境理论和方法作为一个经济分析系统，注意各种环境影响之间的关联性以及各种环境保护措施之间的协调性，统筹兼顾。同时保持各系统和子

系统间的独立性，避免重复分析或遗漏重点。

4.1.4 工程项目环境经济评价的步骤

1. 环境经济评价的基本思路和步骤

工程项目产生污染物（废气、废水、固体废弃物等）被排放到环境介质中，当污染物浓度聚集到一定程度后将对处于环境当中的人体、材料或植物造成危害，这种危害可能表现为健康、材料或作物产量的损失。进一步通过估算这种物理损害的价值，从而估算出环境成本（即损害的货币值），这即是环境经济评价的基本思路。环境经济评价的基本思路和分析框架如图 4-2 所示。

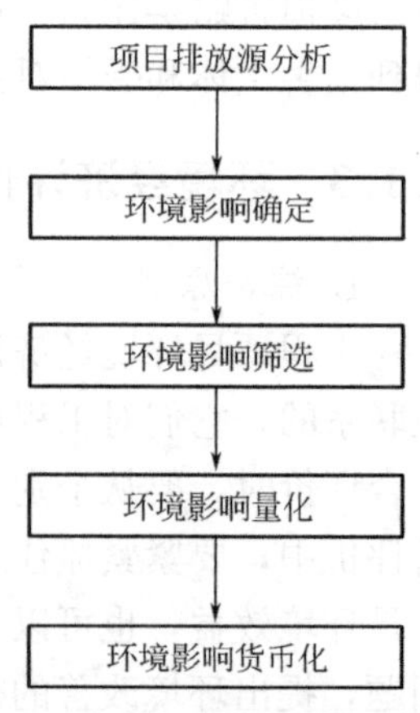

图 4-2 环境经济评价的基本思路和分析框架

环境影响经济评价包括以下基本步骤：

(1) 项目（排放源）分析。

开发项目可能存在显著的正向或负向环境影响，这些影响可以发生在部门内或部门外，其产生的影响可能在项目建设过程或运转阶段发生。首先要分析污染物排放的主要来源，包括建设各生命周期主要的排放污染物，工业工程还需考虑生产工艺过程产生的污染，污染源排放的具体地理位置，排放时间和强度等。

(2) 影响因子识别。

影响因子是指对环境质量、身体健康、居民福利等造成影响的各种因素。影响因子与项目预期的主要排放物有关，根据项目排放源的大气污染物排放情况，参照现行环境影响评价导则、环境质量标准、排放标准以及现有的科研成果，对影响因子进行识别。

(3) 环境质量变化的确定。

确定影响因子变化而导致的环境介质（例如大气、土壤）的主要特性所发生的边际变化。

(4) 受体影响的识别。

"受体"是指受到影响的对象，例如农作物、人体健康。受体影响识别旨在识别潜在受体因环境质量发生的（边际）变化可能受到的影响。

(5) 影响筛选。

根据识别出的受体影响的重要性以及可量化程度，对影响进行筛选。

(6) 受体影响的量化。

选择暴露-反应（Exposure response，E-R）关系或剂量-反应（Dose-response，D-R）关系确定受体的物理影响变化。

(7) 影响汇总。

将不同介质中的多种污染物或影响因子造成的各种影响汇总，确定用于价值评估指标的影响因子和影响的最终形式。

(8) 影响的价值评估。

利用环境经济评估的方法与手段对物理影响进行货币化的经济赋值。

2. 环境污染经济损失分析估算的基本步骤

在工程项目中，除了项目决策，环境经济分析还常常用于评估环境污染经济损失。此处对环境污染经济损失分析估算的基本步骤进行介绍。

如图4-3所示，在环境污染经济损失估算过程中，首先需要明确要进行环境污染经济损失分析的对象，据此确定计算范围。基于工程项目视角，一般对废水、废气、固体废弃物、噪声等污染造成的经济损失进行分析，其超过标准的部分将作为计算范围。同时，确定计算范围还需要确定该环境污染经济损失的计量以哪一个时间段作为估算基础，并确定环境污染的主要范围和需要纳入考虑的波及范围，即确定时间基准和区域界限。

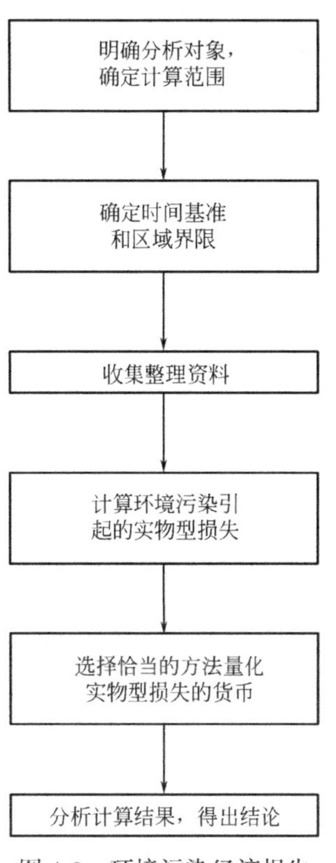

图4-3 环境污染经济损失分析估算的基本步骤

其次，收集整理相关基础资料与数据是进行环境污染经济损失计算的基础和分析工作的前提。环境污染引起区域环境质量的改变，有关部门监测这些变化后以统计资料的形式储存数据，因此，搜集各有关部门披露的相关资料至关重要。

再次，环境污染经济损失计算的关键是对实物型损失进行货币量化。一般通过剂量-反应关系确定环境质量变化造成的影响。在实际工作中，比较污染地区与对照地区（相对清洁区）或本地区污染前后情况来确定环境质量变化造成影响的这一方法也较为常见。对实物型损失进行货币量化的技术方法受到多种因素影响：第一，不同的实物型损失估算项目有各自适用的评估技术；第二，研究中可获得的数据（包括环境质量、价格等）限制了可选用的评估技术。因此，需要随着研究的开展，根据具体情况选择适用的环境经济费用分析方法来进行货币量化。

最后，考虑部分难以进行货币量化因素的影响，根据实际情况对结果进行适当修正，分析计算结果、得出结论。

4.1.5 环境经济评价方法（价值评估）

工程项目的复杂性和环境问题的广泛性使得工程项目的环境经济评价法具有多样性。不可能找出一个通用的方法对每一个具体环境问题的经济量化都行之有效。各种环境经济评价方法各有其优势和劣势，劣势主要表现在某些方法的使用过程较为烦琐或是估算结果准确性有所欠缺。这也充分说明环境问题及其影响的复杂性，以及环境损失与环境效益货币量化的困难性。

环境经济评价有一个基本假设：资源配置在很大程度上受到人们对环境质量和自然资源保护偏好的影响。环境经济评价的基础是人们对于环境改善的支付意愿（Willingness to pay，WTP），或是接受环境损失的接受赔偿意愿（Willingness to accept，WTA）。因此，支付意愿或赔偿意愿是环境经济评价的重要着手点。

获得支付意愿或赔偿意愿的途径主要包括以下三种：①通过调查获得受环境影响的人或产品的直接市场信息；②从环境影响相关的人与市场行为中获得有关信息；③通过问卷、面谈等方式直接询问个人的支付意愿或赔偿意愿。按照以上三种途径，相应地可以将环境经济评价方法分为三种类型：①直接市场法；②揭示偏好法（替代市场法）；③陈述偏好法。每种基本方法又包括一些具体的分析方法和模型参数。这些方法各有其不同的适用范围，主要是针对各种不同类型的环境污染和破坏引起的经济损失，在进行经济损失量化估算时参考应用，见图 4-4。

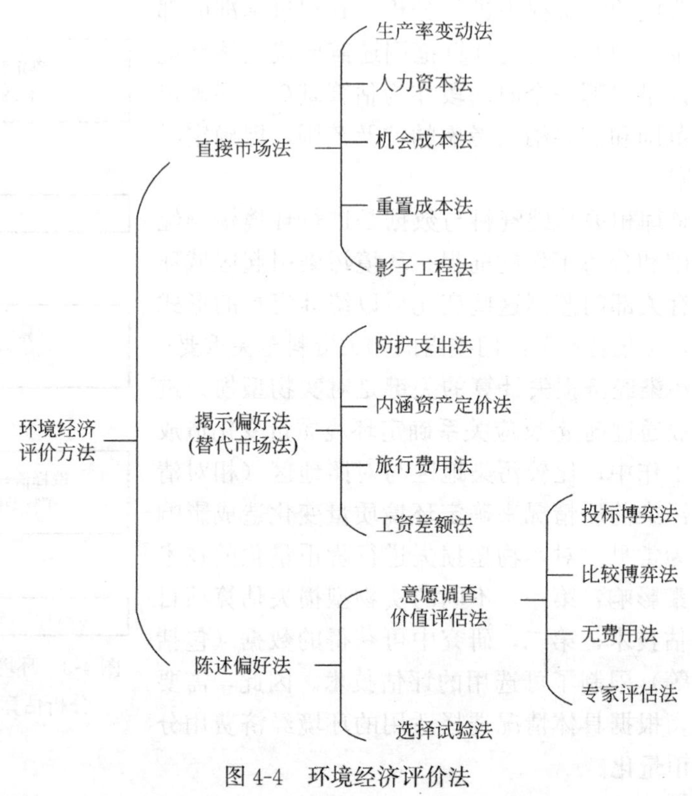

图 4-4　环境经济评价法

4.2　直接市场法

直接市场法（Direct market method）是一种基于市场价格的方法，将环境质量看作一种生产要素，通过环境质量的变化对自然系统或人工系统生产率以及产品市场价格的影响来对环境质量影响进行货币量化。常见的直接市场法包括生产率变动法、人力资本法、机会成本法、重置成本法以及影子工程法。

4.2.1　生产率变动法

生产率变动法（Change in productivity approach）又称为生产效应法（Effect on production approach）、市场价值法（Market value method），这种方法认为环境条件的变化会对生产者产量、成本和利润产生影响，由环境改变引起的消费供给与价格变动将对消费者福利产生影响。利用市场价格对计算利润以及福利损失并以此作为环境质量变化的经济损失。例如，公路建设或破坏地表植被会造成沿线地区水土流失加剧，土壤肥力下降，农作物产量减少；而兴建水库为水产养殖创造了条件。因此，生产率变动法即是通过估算环境质量变化引起的产值和利润的变化来计量环境质量变化的经济损益的一种方法。

生产率变动法适用于由于项目实施造成水污染、空气污染、水土流失、耕地破坏，从而导致生产力下降、经济损失的相关分析。

1. 基本步骤

（1）识别工程项目引起环境变化造成的环境影响类型、影响程度和影响范围。

（2）估计该种环境影响对成本及产量带来的变化。

（3）根据市场价值、估算产量、成本变化造成的利润损益。

2. 计算公式

生产率变动法计算公式为：

$$E=\sum_{i=1}^{n}P_i\Delta Q_i \tag{4.2}$$

式中，E——环境质量变化引起的经济损失；

P_i——某种产品的市场价格；

ΔQ_i——某种产品因环境质量变化而增加或减少的产量。

当环境质量变动对产品产量变化影响很小时，不会引起市场价值的变动，可直接运用现有的市场价格估计利润变化；当生产量变动较大时，可能造成市场价格波动，则应先对环境变化后的价格水平进行预测。同时，环境质量变化也可能引起生产成本的变动。为了提高价值评估结果的准确性和合理性，应分别根据受影响前后的产量和价格变化计算环境影响的净效果。此时，环境变化所带来的经济影响（E）可用式（4.3）表示：

$$E=\left(\sum_{i=1}^{n}P_iQ_i-\sum_{j=1}^{n}C_jQ_j\right)_x-\left(\sum_{i=1}^{n}P_iQ_i-\sum_{j=1}^{n}C_jQ_j\right)_y \tag{4.3}$$

式中，C——产品成本；

Q——某种产品的产量；

P——某种产品的市场价格；

$i=1，2，\cdots，n$——表示 n 种产品；

$j=1，2，\cdots，n$——表示 n 种投入；

$x，y$——分别表示受影响前后的价格、成本和产出情况。

表 4-1 举例说明了某些环境变化所对应的投入产出的变化情况。

环境改变的生产效应　　表 4-1

环境变化	产出	投入
土壤质量提高	增加	降低
渔业污染减少	增加	不变
保护森林	增加	增加
工业用水质量提高	不变	降低
土壤侵蚀	降低	增加
渔业污染增加	降低	不变
森林损失	降低	降低
工业用水质量降低	不变	增加

预测环境影响时，市场波动情况是估算中的一个难点。面对环境变化，市场主体会尽

可能地采取行动保护自己。例如，某工程排放的污水污染了该地区的果园，居民不愿再购买该地区受污染的水果，果农也将随之相应地减少易受污染影响水果的种植面积。在采取这种补救措施前后进行评估，可能会高估或低估环境变动对生产者收益和消费者福利的影响。

生产率变动法用于非市场交易物品时，往往是参照一个相似物品（或替代品）的市场信息，其余步骤不变，这种方法也被称为影子价格法。

3. 数据与信息需求

生产率变动法需要的信息与数据包括：

（1）工程项目对受影响产品的环境影响数据。

（2）受影响产品的市场价格。

（3）工程环境影响较大以致改变市场行情时，需要预测生产与消费、成本与价格的变化。

（4）如果该商品缺乏市场或市场不完善，则需要替代的市场交易品的信息（影子价格法）。

（5）对于环境损害，生产者和消费者会采取相应的措施以减少损失。因此需要对已经实施或可能实施的行为进行识别和评估，以免高估或低估环境损害的价值。

4. 案例分析

某化工厂在建设及生产过程中排放出大量的有害气体，使得附近区域大气环境中氮氧化物浓度超过对农作物影响的阈值 0.05mg/m^3，造成工厂周边农作物受到中度污染，减产 10%。受污染农田共计 800 亩（1 亩≈666.7m^2），正常情况下亩产 300kg。如果农作物市场价格为 3 元/kg，那么工厂氮氧化物超标引起的该农作物损失为多少？

解：由环境污染引起的减产 $\Delta Q_i = 300 \times 10\% \times 800 = 24000$（kg）。

氮氧化物超标引起的该农作物损失为 $E = \sum_{i=1}^{n} P_i \Delta Q_i = 3 \times 24000 = 72000$(元)。

4.2.2 人力资本法

环境污染将导致环境维持生命的能力发生改变，给人体生命健康带来极大的影响。一方面，环境污染使得劳动者发病率与死亡率上升，从而导致生产效率和产量下降，可采用生产率变动法对直接经济损失进行估算。另一方面，因环境污染罹患疾病还会造成医疗费用的增加，而劳动者因为疾病旷工或早逝而减少工作时间也会造成收入损失。这类环境污染损失可采用人力资本法进行估算。

人力资本法（Human capital approach）是用于估算环境变化造成的健康损失的重要方法。通常人力资本是指劳动者所拥有的文化、技术知识以及健康状况资本在内的资本。人力资本法将个人视作经济资本单位，个体的收入被看作人力投资的一种收益。在计算人力资本时，应考虑环境质量变化对人体健康的影响（主要是医疗费的增加）以及这些影响造成的收入损失。

医疗费用的增加应按照因环境影响增加的病人数量与平均医疗费用（应按不同病症加权计算）的乘积进行估算；收入损失则通过受影响者减少的预期寿命和工作时间与其预期收入现值（不包括除人力资本外的其他资本收入）的乘积进行测算。

1. 基本步骤

（1）识别环境中的致病特征因素。

（2）确定致病动因与发病率和过早死亡率之间的关系。确定两者间关系的方法是建立在既有病例数据资料分析和实验室实验的基础上，即通过医学方法，弄清环境污染因素在发病和死亡发生原因中所占的百分比。通常可以通过对污染地区和无污染地区的调查和对比分析获得。

（3）评价风险人群的规模，确定致病动因的影响范围。特别是要确定整体受影响人群中的风险敏感人群（例如老、幼、孕等）。

（4）估计因患病致缺勤导致的收入损失和医疗费用支付，确定疾病消耗的时间与资源经济价值。在实践中，若医疗费用（药品价格、医护工资等）存在严重的价格扭曲现象，采用影子价格计算将更加合理。

（5）估算患病早逝造成的损失。采用人力资本法计算由于过早死亡所带来的损失时，环境变化的经济损失等于相较于正常寿命期减少的工作年限收入的现值。

2. 计算公式

（1）因疾病导致缺勤所引起的收入损失和医疗费用：

$$\begin{aligned} L_1 &= \sum_{i=1}^{n}(L_{收} + L_{医}) \\ &= P \times \sum_{i=1}^{n}(a_i \times S \times t_i) + \sum_{i=1}^{n}(a_i \times S \times C_i) \end{aligned} \tag{4.4}$$

式中，P——受影响区域人均收入；

a_i——受影响区域某种疾病高于对照区的发病率，通过基本步骤（2）确定；

S——受影响区域总人口；

t_i——某种疾病患病平均损失劳动时间（含非医务人员护理时间）；

C_i——某种疾病人均医疗费。

（2）过早死亡造成的损失：

$$L_2 = \sum_{n=x}^{n} \frac{(P_x^n)_1 \times (P_x^n)_2 \times (P_x^n)_3}{(1+i)^{n-x}} \times F_{n-x} \tag{4.5}$$

式中，$(P_x^n)_1$——x 岁的人活到 n 岁的概率；

$(P_x^n)_2$——x 岁的人活到 n 岁并且仍具备劳动能力的概率；

$(P_x^n)_3$——x 岁的人活到 n 岁，具备劳动能力，仍可通过工作获得收入的概率；

i——贴现率；

F_{n-x}——x 岁的活到 n 岁的未来预期收入。

3. 数据与信息需求

利用人力资本法对环境损害或效益进行价值评估所需的数据与信息有：

（1）致病特征因素及其水平（F）。

（2）达到致病水平的环境影响阈值（S）。

（3）环境影响超出阈值的强度（X）。

（4）环境影响强度的持续时间（Y）。

（5）疾病的发病率。

(6) 致病特征因素影响区域和规模：暴露人群的分布规律、敏感人群统计等。

(7) 建立剂量-反应关系［环境污染（反应）］和造成污染的原因（污染剂量）之间的关系，即既定污染水平下产品或服务产出的变化关系为：

$$N = N(F),\ F = (S,\ X,\ Y\cdots) \tag{4.6}$$

(8) 估算患者平均医疗支出和损失的工作时间。

(9) 获取各类市场价格，例如患者平均工时工资、医护人员工资、药品价格等。

4. 案例分析

某大型建设项目在建设过程中出现严重的粉尘污染，工程建设前，该区域人口中某种尘肺病的患病率为5%，工程建设开始后上升到20%。若罹患此病，人均失去劳动时间为80工日，人均治疗费用为50000元，非医务人员的护理时间投入折算到病人人均失去劳动时间为60工日。参与该工程现场施工建设的人员共计500人，工人人均国民收入为20000元/年，据此计算工程粉尘污染造成的损失。

解：据题可知：

$P = 20000$ 元／人，$a = 20\% - 5\% = 15\%$，$S = 500$ 人；

$t = (80 + 60)/360 = 0.39$(年)，$C = 50000$ 元；

$L = 20000 \times (20\% - 5\%) \times 500 \times 0.39 + (20\% - 5\%) \times 500 \times 50000$

$= 433.5$(万元)。

4.2.3 机会成本法

资源的稀缺性决定了一种资源不能同时用于两个工程项目生产，选择一种机会就意味着放弃另一种机会。使用一种资源的机会成本是指把该资源用于某一特定投入所放弃的在其他用途中能获得的最大收益。机会成本法（Opportunity cost approach）是指在对非市场性环境资源进行评估时，环境资源的成本（例如保护自然保护区、热带雨林的生物多样性等）可以用该资源在其他用途（例如农业开发、林业）可能获得的收益表示。例如在工程建设中，固体废弃物堆放占用农田而造成农业损失，其损失量可以根据堆放固体废物占用耕地面积与每亩耕地的机会成本的乘积求得。同样因采取有效措施，避免或减少固体废弃物占用农田，其产生的经济效益也可由计算机会成本得出。

机会成本法特别适用于具有不可再生性的自然资源开发与保护的决策。它还经常用于对污染和破坏造成的经济损失进行货币评估。

1. 计算公式

在对资源开发、工程建设、方案比选进行决策时，机会成本法发挥了重要作用，其计算公式为：

$$L_{机} = \sum_{i=1}^{n} S_i W_i \tag{4.7}$$

式中，$L_{机}$——环境变动的机会成本；

S_i——资源变动的单位机会成本；

W_i——环境变动引致的资源变动量。

2. 案例分析

机会成本法在三江平原发展规划中的应用：对于三江平原的发展有两种规划方案。方案一：不进行任何开发，严格保护当地资源环境；方案二：完全开发，发展农业种植项目。假设农业种植所能获得的全部收益折现后为50亿元人民币（假设是50年），则三江平原维持原状不做开发的机会成本即为50亿元人民币。那么，政府和公众就需要评估50亿元人民币的净现值与三江湿地的生态价值孰轻孰重。

需要说明的是三江湿地是不可再生资源，一旦进行开发将对该区域生态环境造成不可逆的影响，因此，50亿元应该视为三江平原湿地的最低价值。同时，除了农业开发之外，三江平原湿地的发展规划还有其他选择方案，比如生态旅游等，因此，还可以通过其他方案对三江平原湿地保护的机会成本法进行测算。

3. 需要注意的问题

理解机会成本的概念要明确以下几点：

（1）用货币表示机会成本时，是一种观念上的支出或损失，而并不是实际货币支出或损失。

（2）资源具有稀缺性。

（3）资源具有多种用途。机会成本本质上是对不能利用的机会付出的成本。如果资源使用方式是单一的，就不存在各种机会的利益比较，也就不存在机会成本。

（4）其他人的活动也可能带来机会成本。

4.2.4　重置成本法

重置成本法（Recovery cost method），又称为恢复费用法，是指因环境污染、生态破坏造成生产性资产或其他财产受到损失，通过估算将其恢复原状所需支出的费用来评估环境影响经济价值的一种方法。将受到损害的环境质量恢复到受损害以前状况所需要的费用就是重置成本（或恢复费用）。重置成本可以作为环境污染损失的最低估值，也可以作为环境质量的最低价值。例如，建设公路破坏沿线地表植被、影响农业生产，可以通过采取措施恢复地表土层和植被或是开垦荒地的办法弥补，恢复地表土层和植被或是开垦荒地的费用就是公路建设环境影响的重置成本。

1. 基于的假设条件

重置成本法需要满足以下假设：

（1）环境影响的规模和数量可以测量。

（2）重置在经济上是有效率的，且费用可计量。如果不满足这一条件，重置措施没有意义。

（3）重置措施没有带来附加效益，若有，则应扣除相应的成本后才是重置措施的成本。

例如，建设开发破坏地表植被加剧水土流失。我们认为土壤的生产价值高于重置成本，因此有必要采取措施恢复失去的土壤和营养。恢复措施同时还改善了当地土壤盐渍化的问题，运用重置成本法评估水土流失的经济损失时应当扣除改善土壤盐渍化这部分效益的成本。

2. 基本步骤

（1）识别环境破坏造成的生态功能的损失。

（2）根据国内外相关环境标准量化环境损失。

（3）依据生态功能受损程度及恢复目标，确定环境治理的措施和方案。

（4）根据治理方案的费用确定环境资产的重置成本价值。

3. 案例分析

某工程项目在建设过程中破坏了周围地表植被，同时产生废水、固体废物等废弃物，使得附近农田出现水土流失、土壤肥力下降的现象。现采用重置成本法评估周围农田水土流失的损失。

（1）农田恢复措施。

为恢复土地肥力，提高高地的作物产量，采取以下措施：

① 外运土壤进行土壤补充；

② 为土地施肥，补充营养；

③ 农田稻谷减产，需要对农户进行经济补偿；

④ 灌溉、保养和修整田的费用。

（2）重置成本分析。

若要使农田恢复到受影响前的状态，则需采取补充土壤、补充养分等恢复措施以维持农田能力。表 4-2 指出每公顷土地恢复费用。

每公顷土地恢复费用 **表 4-2**

项目		单价（元/kg）	数量（kg）	费用（元/hm^2）
土壤覆盖和扩展			403500	4842
恢复养分	氮	2.88	1572	4527.36
	磷	2.07	358	741.06
	钾	0.63	1459	919.17
	钙	0.36	1061	381.96
	镁	8.4	162	1360.8
施工费用	人工费、机械费、运输费等			2000
其他费用				5000
小计				19772.35

① 为了弥补工程建设的土壤损失，每年每公顷将需要补充土壤 40.35t。土壤运输和播撒费用为 4842 元/hm^2；

② 土壤流失造成的养分损失如表 4-2 所示，按照市场价格可计算出养分恢复的费用共计 7930.35 元/hm^2；

③ 施工成本（人工费、机械费、运输费等）为每公顷 2000 元；

④ 此外，为将农田恢复到受影响前的状态，还需支付灌溉、保养和修整田地费用以及因土地受冲刷影响的低地农户所付的补偿金等其他费用共计 5000 元/hm^2。

以上重置成本总计每年每公顷超过 19772.35 元。该工程引起的土壤退化和水土流失的损失用重置成本进行估算达到每公顷 19772.35 元。

4.2.5 影子工程法

影子工程法（Shadow engineering method），又称为替代工程法，是机会成本法或重置成本法的一种特殊形式，即某项目环境或其中某一环节污染或破坏以后，人工建造一个工程或环境来代替原来的环境功能，用建造该工程的费用来估计环境污染或破坏造成的经济损失的一种方法。新工程的投资就可以用来估算环境污染的最低经济损失。例如，为修建建筑工程要砍伐一座原始森林。森林既能提供木材又能涵养水源，保持水土。当然森林功能不止于此，但就这点来看，源源不断的木材供给和涵养水源的功能很难直接估算出其经济价值。运用影子工程法，森林固土保水的经济收益可以用相似规模的人造林的种植、养护费用来代替。

影子工程法适用于环境资源等经济价值很难进行直接估算的项目，通过评估替代物的影子工程的费用，估算原项目货币价值。

1. 计算公式

$$V=V_s=f(x_1,\ x_2,\ \cdots,\ x_{n,})\tag{4.8}$$

式中，　　V——待评估的工程项目或环境资源的价值；

V_s——替代工程的价值；

x_1，x_2，…，x_3——替代工程中各子项目建设费用。

2. 需注意的问题

影子工程法能在一定程度上简化问题，实现工程项目环境影响货币化，但在实际使用中仍存在一些问题：

（1）估算结果不唯一。当环境系统的替代工程不止一个时，替代工程的选择就尤其重要。不同的替代工程由于其规模、造价的不同，得出的评价结果也有所差异。因此选择的替代工程在功能、体量、选址上，要尽可能贴近原来的环境系统。

（2）环境系统的不可替代性。每个生态系统都是独一无二的，环境系统的不少功能无法被完全替代甚至不可替代，不可能找到完全一致的替代工程。因此基于替代工程的影子工程法不可避免地存在一定的误差。

因此，为减小偏差，可以考虑同时选取多个替代工程进行估算，取其平均值作为最终结果。

4.2.6 直接市场法的适用范围及局限性

1. 适用范围

直接市场法适用于解决评估建设过程中造成的以下影响：

（1）环境污染对农业、种植业产生影响。

（2）环境破坏对人体健康的影响。

（3）破坏植被对气候和生态的影响。

使用直接市场法需要具备的条件为：

（1）环境质量变化影响的商品具有市场或是有市场替代物，或是具有潜在的可交易性。

（2）环境破坏的影响效果较为明显，可以通过观察或实证方法获得。

（3）市场运行状况良好，价格能较为合理地反映产品或服务的经济价值。

2. 局限性

（1）一般来说，直接市场法需要明确环境变动与其损失后果之间的数量关系，这种物理关系通常基于一定的假设并参考大量的类似案例和资料。运用不同的剂量-反应关系进行估算将得出不同的结论。

（2）在确定环境变动的损害时，很难将工程项目的环境影响与其他原因造成的环境影响完全分离。例如一段时期内某地区空气质量急剧下降，该地区既有工程建设造成的空气污染，也有工厂排放的废气污染，很难将两种排放源的效果完全分开。

（3）因工程环境影响较大导致市场行情发生变化时，需要预测生产与消费、成本与价格的变化；同时应考虑生产端和消费端可能或已经采取的适应性措施，进行综合分析判断，以免高估或低估环境影响的经济损失。

（4）市场价格是采用直接市场法进行估算的基础。即使在市场发育良好的情况下，仍然可能存在价格扭曲现象。应充分考虑价格的外部性，对明显偏离价值的价格进行适当调整。

4.3 揭示偏好法

揭示偏好法（Revealed preference approach），又称为间接市场法，是通过考察人们与市场相关的行为，特别是在与环境联系紧密的市场中所支付的价格或他们获得的利益，间接推断出人们对环境的偏好，以此估算环境质量变化的经济价值。常见的揭示偏好法包括防护支出法、内涵资产定价法、旅行费用法、工资差额法。本节重点介绍在工程项目中常用的防护费用支出法和内涵资产定价法。

4.3.1 防护支出法

防护支出法或预防性支出法（Preventive expenditure approach），又称为后果阻止法，它根据人们为防止环境退化所准备支出的费用多少推断出人们对环境价值的估价，属于揭示偏好法的一种。防护费用法的实质是将防护费用作为环境效益或环境损失的最低估价值。

防护费用法适用于各种污染与破坏的评价，例如因工程建设造成的扬尘污染、水污染、噪声污染、土壤侵蚀等。

重置成本法与防护支出法虽然一个属于直接市场法，一个属于揭示偏好法，但两种方法之间具有一定的联系。例如，在工程建设过程中的噪声会影响周围住户的正常生活，人们为减少建设工程噪声对其生活和工作的影响而安装双层玻璃。这一措施既可视为预防噪声做出的防护措施，又可视为恢复宁静所做的努力。

1. 环境质量变化的防护行为

工程项目实施过程中会产生扬尘污染、噪声污染、固体废弃物，从而降低环境质量。面对环境质量变化，人们会采取各种措施来保护自己不受其影响，例如购买防护用品或环境替代品以维持原有的环境水平而使环境质量提高时，人们对替代品的花费就会降低。以下列举了三种常见的防护行为：

（1）购买防护用品或防护服务。例如针对水污染和空气污染，安装净水器和空气净化装置等。

（2）购买环境替代品。例如为避免因水源地受到污染而使公共供水水质降低影响身体健康，人们可能会购买瓶装水。

（3）环境移民。当人们受到环境变化的负面影响过大时，可能会迁出污染区域。发生的迁移费用也可被视为一种重置成本。

（4）“影子/补偿”项目是指用重置受损环境服务的项目补偿某项活动带来的环境损害用的项目。例如，修路时被砍伐的树木可以通过种植新的树木而被重置。

2. 基本步骤

（1）识别项目可能造成的环境危害。由于一个项目一般存在多个行为动机和多个环境目标，因此研究时需要把环境问题划分为首要的和次要的，并把针对主要环境问题的防护行为作为评估依据。

（2）界定项目造成的环境危害的受害人群。对于某个给定项目的环境危害，首先确定受到环境危害的人群范围，然后区分出受到重要影响的人群和受影响相对较小的人群。例如，空气污染对有气喘病或者支气管炎的人产生的危害会更大，这类人群通常会采取更加严格的措施以防受到危害（例如让病人待在室内，污染最严重时迁移等）。

3. 防护支出法的信息来源

（1）直接观察。例如为防止噪声而装的双层窗，为防止土壤侵蚀而修建的梯田等。

（2）在环境影响范围有限时，对所有受影响者进行全面调查。

（3）对重点人群进行抽样调查。

（4）征询专家意见和建议来估算防护措施费用、购买环境替代品或是环境移民所需费用等数据。

4. 存在的问题与局限性

（1）防护支出低估了非市场物品对人们福利的影响。例如，在双层玻璃窗的案例中，虽然室内环境得到很大的改善，但是花园仍然暴露在严重的噪声污染之中。因此，双层玻璃窗的成本并不能完全代表用户为了避免遭受污染而产生的成本。

（2）许多规避行为或防护支出存在防护外的额外效益，产生附属品。例如，为了躲避施工扬尘而减少散步，选择待在室内。花费在室内的时间并没有完全被浪费掉。这些时间仍然可以用来做一些其他的能够产生价值的事情，例如做家务、在室内放松或者工作。为减少噪声而安装的双层玻璃窗除了降低噪声也能够保存热量。防护支出的成本扣除次级效益的部分才是防护行为的净成本。然而，对各种附属效益的成本和效用进行衡量也存在不小的难度。

（3）环境替代品的购买不能完全反映环境损害程度。防护支出基于处在特定受影响环境中受影响人群的反应。受影响人群对环境变化的敏感程度会影响评估结果。受到经济条件、文化氛围的影响，有的人会忍受一定的危害和困扰，直到他们认为不得不采取行动。也有不少人对环境特别敏感或对环境质量要求极高，当他们预感到环境影响即将发生并影响到他们的生活就会提前迁出该区域。例如，得支气管疾病的患者可能会迁出预计大气条件会变得更糟糕的地区。提前迁出的人实际是受环境影响最强烈的人，但在对暴露人群防护行为进行研究时却往往被忽略。还有一类人一旦认为自己的投资对后代具有重要价值，他们将会加大投资力度（例如水污染后，投资修建大于目前需要的水井等）。对于前两类人，根据防护费用的数据对损害进行估计的结果会偏低；而对于后者，估计的损害费用会偏高。

4.3.2 内涵资产定价法

内涵资产定价法（Hedonic property pricing），又称为享乐价格法、资产价值法，它的理论基础是人们消费的环境属性商品可以反映其对环境价值的判断。

内涵资产定价法在房地产领域得到广泛应用，通过研究不同的房地产价格与房地产环境属性的关系来估算环境资源的价值。房地产价格不仅反映了房屋面积、布局朝向等基本特征，而且在很大程度上受到地理位置、交通、周边教育资源等区位条件的影响。更重要的是价格还反映了物业周围的空气质量、噪声水平等环境质量，这也是内涵资产定价法可以评估环境价值的原因。理论上，运用排除变量法，当房产自身特质、区位因素等其他要素都相同时，房地产价格的差异只受到环境要素的影响，因此可以将其作为估算环境变动的经济影响的依据。

1. 基本步骤与计算公式

(1) 确定环境指标。

根据需要评估的环境影响类型确定环境指标。例如房产的内在要素（h_1）：房屋的面积、结构类型、新旧程度等；房地产的社会环境要素（h_2）：区位条件、周边交通便捷程度、当地治安等；房产周围的环境属性（h_k）：空气质量、绿化面积等。

(2) 建立房产价格与其特征因素的函数关系。

建立资产价格函数，确定资产价格 P_h 与其功能属性 h_k（包括环境属性）之间的相关关系。

$$P_h = f(h_1, h_2, \cdots, h_k) \tag{4.9}$$

如果能得到有关的资料，可采用多元回归方法得出房地产价格与其各种特征的函数关系式。若这种函数关系为线性关系，则可以表达为：

$$P_h = a_0 + a_1 h_1 + a_2 h_2 + \cdots + a_k h_k \tag{4.10}$$

图 4-5 表示当其他特性不变时，房产价格与环境质量的关系，显然二者呈非线性关系。图中一系列房产价格与环境质量的组合中，消费者会选择边际支付意愿等于边际购买成本的点，此时购买者效用最大。

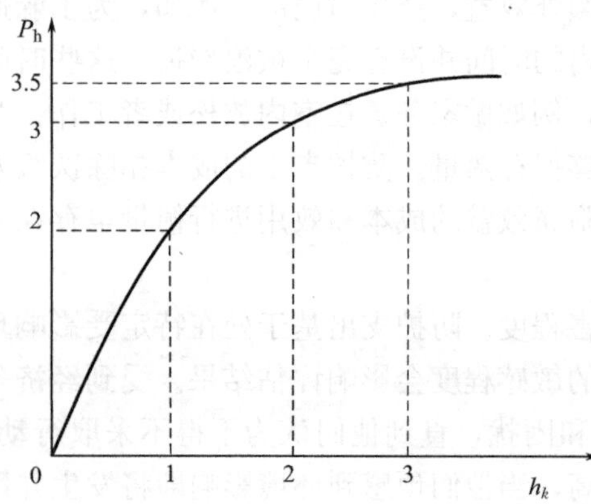

图 4-5　环境质量与房产价格的关系曲线

(3) 确定边际支付意愿。

把房产价格对环境质量求偏导，求得环境质量的边际隐含价格（P_{hk}）。

$$P_{hk} = \frac{\partial P_h}{\partial h_k} \tag{4.11}$$

若房地产价格与环境质量的函数关系是线性的，则边际隐含价格为常数，表示每一单位环境质量改善带来的房产增值是固定的；当房地产价格与环境属性采用对数函数形式时，边际隐含价格是变化的。如果房地产市场处于均衡状态，边际隐含价格可以解释为边际支付意愿。图 4-6 表示空气质量的边际隐含价格曲线，也表示购买者对空气质量的支付意愿。

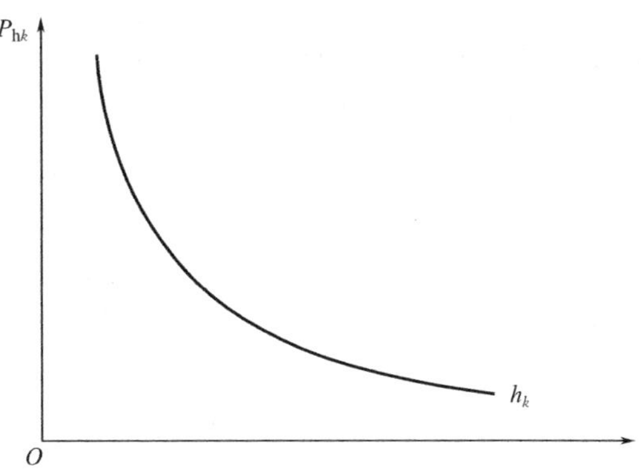

图 4-6　空气质量的边际隐含价格曲线

（4）计算房产效益变化。

确定边际支付意愿后，应调查住户的收入情况及其支付方式偏好，确定对环境改善的支付愿望。例如，建设项目对周边环境质量造成的影响使得附近的房产价格受到影响。这种环境质量变动的价值可以通过人们对房产的支付愿望或房产的效益进行衡量，房产效益变化计算公式为：

$$\Delta B=\sum_{i=1}^{n}P_{hk}(q_1-q_2) \tag{4.12}$$

式中，ΔB——各项活动引起房产效益的变化；

P_{hk}——房产价格或边际支付意愿；

q_1、q_2——环境变动前、后的环境质量水平。

2. 适用范围与适用条件

（1）适用范围：

① 噪声污染，包括建设噪声和交通噪声等；空气污染和水污染；

② 其他影响舒适性和居民福利的环境影响；

③ 对居民生活有较大影响的建设工程选址，道路交通的选线规划；

④ 棚户区改造效果评价。

（2）适用条件：

① 人们重视环境质量并愿意为环境质量的提示支付费用；

② 有较为完整、准确的房地产市场价格数据和周边环境质量变化数据；

③ 房地产市场公平交易、有序运行，没有严重的价格扭曲。

3. 存在的问题与局限性

内涵资产定价法在使用中需要大量的数据，计算方法也比较复杂，在使用时主要存在以下几个问题：

（1）当房地产市场运行受挫、活跃度欠佳时，难以获得可靠的数据。

（2）数据需求量大，某些环境数据无法准确测量，且数据处理方法较为复杂，涉及统计和计量经济学方法。

（3）价值评估的结果受限于函数形式和估算技术，因此回归函数的选择十分重要。

（4）房地产的价格还会受到市场预期的影响，不能完全反映真实的环境状况。

4.3.3　其他揭示偏好法

1. 工资差额法

工资差额法（Wage difference method）是指利用不同环境质量条件下劳动者工资水

平的差异来衡量估算环境质量变化造成的经济损失或经济收益的方法。影响工资水平差异的因素很多，例如工作性质、技术水平、风险程度、环境质量（工作条件、生活条件）等，这些因素一般都可以识别。

直接估算环境质量对个人收入的影响很困难，但可以采用提高工资的方法补偿在污染环境中工作的劳动者。因此，工资的差异可以用来估计环境质量变化所造成的经济损益。在工资差额法中不同环境质量的隐含价值是依据工资差异进行估算的。需要说明的是，运用工资差额法应具备一个基本条件，即存在一个完全竞争的劳动力市场。也就是劳动者可以自由地选择职业，选择他认为对其收益最大的职业和工作。这个完全竞争平衡的条件，在实际中是很难实现的。同时如何确定劳动者工资与其工作周围的环境质量之间的关系，也需要进一步研究和探讨。所以工资差额法的理论和实际应用还存在很多困难。

2. 旅行费用法

旅行费用法（Travel cost method，TCM）是根据消费者为了获得对自然景观和人文景观的娱乐享受，通过消费这些环境资源所花费的旅行费用，来评价旅游资源和娱乐性环境商品效益的分析方法。旅行费用法主要用来评价那些没有市场价格的自然和人文景观的环境资源价值，它要评价的是旅游者通过消费这些环境商品或服务所获得的效益，或者说对这些旅游资源的支付意愿。需要注意的是使用旅行费用法评估的前提条件是，评估的工程项目例如公园、博物馆、遗址等本身没有直接门票或者收费很低。

旅行费用法适用于评价的环境资源有各种适于观赏、娱乐、休闲的自然景观与人文景观，例如自然保护区、山岭、森林、草原、湿地，以及公园、博物馆遗址、水库等。旅游者对这些环境资源物品或服务的需求并不是无限的，要受到从出发地到环境资源的旅行费用等因素的制约。

4.3.4 揭示偏好法的适用范围与局限

1. 适用范围

揭示偏好法是以被观察到的人们的现实选择为基础来评估环境资源价值，是一种比较成熟的方法，适用于无法直接通过市场获取环境价值，或市场不完全但能够观察或找到替代某种生态服务功能的情况，特别适用于评估间接使用价值。在揭示偏好法中，防护支出法用于评估企业、服务业生产损失、居民正常生活影响损失等；旅行费用法用于评价市场价格的自然景观和环境资源的价值；内涵资产定价法用于推断具有房屋属性的环境服务的价值，广泛应用于噪声、水质、空气质量等环境因素的经济价值评估；工资差额法适用于不同环境质量条件下工人工资存在显著差异的情况。

2. 局限性

(1) 为了提高评估的可靠性，使用揭示偏好法进行环境评估对基础数据需求量较大(内涵资产定价法在所有方法中数据需求量最大)，需要进行大量的数据调查。

(2) 环境的某些服务功能无法被完全替代，甚至是无法替代的。例如，为了修建一个工程项目需要开发一片原始森林。虽然原始森林作为木材的使用价值部分可以被人工林替代。但是，原始森林本身独特的生态功能（包括生物多样性等）则无法被任何人造林完全替代，而原始森林存在价值的部分则更是无法替代的。

（3）揭示偏好法通过观察人们与市场的相关行为，来推断人们对环境的偏好。在这个过程中可能存在取样偏差，选择的对象不具代表性，就无法正确推断主体对环境的偏好。

4.4 意愿调查价值评估法

在无法获得实际市场数据，且通过观察人与市场相关行为来估计环境资源价值时，还可以采用陈述偏好法。陈述偏好法是通过构建假想市场来引导人们给出对非市场物品变化的支付意愿，以支付意愿衡量环境资源价值。典型的陈述偏好法包括意愿调查价值评估法（Contingent valuation method，CVM）与选择实验（Choice experiments，CE）。在工程项目环境经济评价中主要使用的是意愿调查价值评估法，本节着重介绍意愿调查价值评估法。

1947 年，美国资源经济学家提出意愿调查价值评估法。直到 1963 年这种方法才首次运用到实践中，研究了缅因州林地宿营、狩猎的娱乐价值。20 世纪 80 年代以后，意愿调查价值评估法引入英国、挪威、瑞典以及法国等欧洲国家，在公共决策方面发挥了很大作用。20 世纪 90 年代以来，这种方法被广泛运用于休闲娱乐价值和生态环境价值评价研究，例如水质、空气质量、森林保护、废物处理、生物多样性、卫生健康和自然资源退化等环境影响评价。

意愿调查价值评估法又称为条件价值评估法，运用调查评价的方法对有关专家及环境资源的使用者进行调查，询问他们对于一项环境改善措施或防止环境恶化措施的支付意愿（WTP，即得到为改善环境质量使用者愿意支付的最大金额），或者要求其给出一个对忍受环境恶化而接受的赔偿意愿（WTA，环境质量下降使用者愿意接受赔偿的最小金额），从而取得评估环境资源损益的经济数据。这是一种主观定性与定量综合的评估方法。不同于直接市场法和揭示偏好法，意愿调查价值评估法不是基于直接或间接的市场行为，而是基于受访者的回答，明确其在假设的情况下将采取的行动。调查过程常常通过问卷或面谈的方式进行。为了得到准确的答案，意愿调查应基于两个条件，即环境收益具有“可支付性”特征和“投标竞争”特征。

意愿调查价值评估法分析的步骤为：

① 识别和描述拟评价的工程项目环境质量特征或者待估的健康环境影响；

② 确定并选取调查对象；

③ 设计问卷，对受访者进行预调查；

④ 通过面谈、电话或者信函的方式进行问卷调查；

⑤ 分析结果，汇总问卷结果，估计调查群体看待环境改变所能带来的价值水平。

意愿调查价值评估法采用的评估方法大致可以分为三类：

① 直接询问受访者的支付意愿；

② 询问调查受访者对反映支付意愿的商品或服务的需求量，并根据反馈推断出受访者支付意愿；

③ 通过对有关专家进行访问的方式评定环境资产的价值。

意愿调查价值评估法的分类 表 4-3

评估法种类	具体方法
直接询问支付意愿	投标博弈法
	比较博弈法
询问选择的数量	无费用选择法
	优先评价法
询问专家意见	专家评估法

如表 4-3 所示，根据三类评估方法，又可以选择不同的具体方法。本节主要介绍投标博弈法、比较博弈法、无费用选择法和专家评估法。

4.4.1 投标博弈法

投标博弈法通过对环境资源使用者进行访问，根据假设的情况应用投标方式，获取个人对环境的支付愿望或赔偿意愿作为评估环境资源或环境质量的货币度量值。投标博弈法可以分为单次投标博弈和收敛投标博弈。

单次投标博弈中，调查者首先要向被调查者解释清楚进行估价的环境物品或服务的特征及其变动带来的影响，然后请被调查者一次性说出他对不同水平的环境物品或服务的支付意愿或接受赔偿意愿。

收敛投标博弈中，被调查者不必自行确定唯一的支付意愿或赔偿意愿，而是被问及是否愿意对某一物品或服务支付给定的金额，然后根据被调查者的回答不断调整这一数值，直至得到最大支付意愿或最小接受赔偿意愿。

除了用环境影响而采取防护措施的费用来评估环境损害的经济损失之外，也可以依据居民为避免环境影响而寻求环境质量较好的地方的支付愿望，来评价环境损害的经济损失。环境移民既可以看作一种防护支出，也可以看作为恢复环境质量的重置成本。

例如在某区域拟建一项工程项目，该项目的建设和使用将对环境产生污染，使附近居民受到影响。若采用收敛投标博弈法确定环境损失的价值，则需要对受影响的居民进行调查和询问，其基本过程和内容为：

（1）为了避免或减少该建设项目的环境影响，你是否愿意采取某些防护措施并支付相应的费用？询问至肯定为止（支付意愿）。

（2）若每年向你支付 10000 元（根据调查确定）作为环境影响的赔偿，你是否同意实施该项目？如果回答为肯定，则此问题结束；如果回答为否定，则赔偿金额逐步上升直到同意为止（赔偿意愿）。

（3）为彻底摆脱该工程项目的环境影响，收到多少补偿时，你愿意搬离本区域？一直询问到肯定时为止（环境移民）。

在实际应用中，环境使用者的支付意愿和赔偿意愿还会受其个人收入水平、个人环境需求偏好等多种因素限制或影响，具有较大的主观性，需要调查者根据具体情况进行认真分析。

4.4.2 比较博弈法

比较博弈法又称为权衡博弈法。该方法预先给定一组（通常为两种）环境商品或服务以及相应的初始价格，然后要求受访者要对二者进行取舍。根据受访者的选择，不断提高（或降低）商品或服务的价格水平，直至其认为二者是等价的为止。随后，再给出另一组组合，例如同时提高环境质量和价格，然后重复上述步骤。经过几轮询问，对访问结果进行分析，就可以估算出受访者对环境质量变化的边际支付意愿。

案例分析：

某社区准备扩建社区公园，为获得社区居民对公园面积边际增量的支付意愿，对居民进行支付意愿调查。扩建前，社区公园面积为 1km^2，社区内居民总数为 20000 人。

第一步，选定被调查者，必须是足够多的有代表性的人群。在本案例中进行简化处理，假设选择了 6 个具有代表性的人；

第二步，详细介绍要评价的环境物品或服务的属性（这里要介绍公园功能、环境效益等）；

第三步，向被调查者提供两种选择方案。方案一：公园面积保持不变，居民无须支付费用；方案二：扩大公园面积，同时支付一定的扩建费用。不断地改变扩建费用金额的大小，直到被调查者对维持现状和扩建一定的面积并支付一定数量的金钱这两种方案的选择都无所谓为止。

在表 4-4 支出方案一中任意给出一个金额数（例如 10 元），向被调查者询问愿意选择哪一种支出方案？或者认为这两项支出有差别吗？如果被调查者选择方案二，那么就逐步提高支付水平（例如 11 元），如果选择方案一，那么就逐渐降低支付水平（例如 9 元）。反复询问被调查者直到他认为两种支出方案没有差异为止。假设在支付水平为 15 元时，被调查者对支出方案一和方案二的选择无差异，则可以把它解释为被调查者对公园面积扩大 1km^2 的支付意愿为 15 元。

利用比较博弈法估算社区居民对公园扩建的支付意愿　　表 4-4

	支出方案一	支出方案二
支付意愿(元)	0	10
公园面积(km^2)	1	2

重复上述过程，确定被调查者对公园面积不断扩大的支付意愿。假设扩大公园面积的方案共有 6 种选择：从 1km^2 到 6km^2，每次重复过程中，表 4-4 中的支出方案一保持不变，只改变支出方案二中公园面积和相应的支付金额。按照上述方法对 6 个被调查者进行访问，记录信息如表 4-5 所示。

对扩大公园面积不同方案的支付意愿　　表 4-5

公园扩建面积(km^2)	被调查者的支付意愿(元)							总支付意愿(万元)	扩建成本(万元)	净效益(万元)
	被调查者 1	被调查者 2	被调查者 3	被调查者 4	被调查者 5	被调查者 6	平均			
0	0	0	0	0	0	0	0	0	0	0
1	15	18	11	8	22	13	14.5	29	2	27
2	22	27	15	12	33	20	21.5	43	4	39
3	26	32	18	15	40	26	26.2	52.4	6	46.4

续表

公园扩建面积(km^2)	被调查者的支付意愿(元)							总支付意愿(万元)	扩建成本(万元)	净效益(万元)
	被调查者1	被调查者2	被调查者3	被调查者4	被调查者5	被调查者6	平均			
4	20	36	20	17	45	31	29.7	59.4	8	51.4
5	31	39	21	18	48	34	31.8	63.6	10	53.6
6	32	40	21	18	50	35	32.7	65.4	12	53.4

第四步，选择净效益最大的扩建方案。假设被调查者的支付意愿的平均值可以代表该社区居民的平均支付意愿，则该社区居民对公园扩建方案的总支付意愿为平均支付意愿乘以社区人数。假设公园扩建的成本随着公园面积的增加而线性增加，且每平方千米的扩建费用为20000元。将总支付意愿总值扣除扩建成本，就得到每个扩建方案的净效益。根据表4-5的计算结果，可以发现当公园扩建面积为5km^2时，净效益最大，为536000元。

4.4.3 无费用选择法

无费用选择法是指通过询问个人在不同物品或服务之间的选择来估算环境物品或服务的价值的方法。被受访者被要求在一笔补偿金（或商品）和一定数量的环境物品或服务之间进行选择。如果选择环境物品，则该物品的价值不少于被放弃的那笔补偿金（或商品），故可以将补偿金（或商品）的价值作为该环境物品的最低估价；如果受访者选择接受补偿金（或商品），则表明被评价的环境物品或服务的价值低于补偿金额。若保持环境质量不变，而改变补偿金的数额，就变成投标博弈法。两者主要区别为，在无费用选择法中调查的是受访者的受偿意愿而非支付意愿。从这个角度来看，对受访者而言是无费用的。

4.4.4 专家评估法

专家评估法是指通过专家获得环境资源相关价格信息，依靠专家的知识、经验和判断能力对某项活动的环境损益进行预测和评估。专家评估法可分为专家会议法、专家咨询法、德尔菲法等。

1. 专家会议法、专家咨询法、德尔菲法的概念

(1) 专家会议法是指根据确定的活动、内容与目的，召集有关方面的专家对某一事项召开讨论、进行评估的方法。专家会议法促进了信息交换，有利于相互启发、集思广益。但与会者可能相互影响，少数人的正确的意见容易受多数人或权威人士意见的影响。

(2) 专家咨询法是一种背靠背的咨询方法，通过独立地征询有关专家的个人判断，对需要分析的问题进行判断和评价。这种方法能充分发挥专家个人的专长和作用，避免专家意见的相互影响，是一种简单易行、应用方便的方法。但专家咨询法难免有片面性，选择的专家是否合适是决定评估结论质量的关键。

(3) 德尔菲法在一定程度上克服了专家会议法与专家咨询法的缺陷，本质上是一种反馈函询法，即利用函询形式进行意见征集和交流的方法。德尔菲法一般采用专家匿名发表意见的方式，即专家之间不发生横向联系，只与调查人员接触，避免决策过程中的相互影响。德尔菲法的基本做法是，在获得专家对预测问题的意见后，进行归纳整理、统计分

析，就获得的结果再次征求专家意见，持续进行意见的集中和反馈，直至取得专家们较为一致的结论，作为预测的结果。这种方法具有比较广泛的代表性，较为可靠。

2. 德尔菲法的基本步骤

(1) 根据预测问题及其涉及的专业知识领域，确定专家人选。专家人数应根据预测问题的难度、预测的精度确定，一般不超过20人。

(2) 向所有专家说明需要预测的问题及有关要求，例如某建设项目环境影响损益分析，应附上该项目所有背景材料，并根据专家要求及时提供必要的补充资料，然后由专家给出书面答复。

(3) 每位专家在研究所有资料后，提出自己的预测意见，并说明其预测的方法和依据。

(4) 调查人员对专家提交的调查表进行整理归类、对比分析后，将结果发送给各位专家，让专家对比不同意见，根据自己的判断对预测结果进行适当修改。经修改后的预测意见再分送给各位专家，以便专家进行第二轮预测调整。

(5) 德尔菲法的关键环节在于逐轮收集意见并将其反馈给参与专家，请专家再次评价和权衡，做出新的预测。收集意见和信息反馈一般要经过3～4轮，在这个过程中，专家们的意见逐渐趋向统一，即可作为预测评估的结果。

德尔菲法通常用于预测，但也适用于估计环境物品的价值，其准确度取决于专家组的水平、专家组反映社会价值的能力和专家实施这个方法的技能。其主要优点在于背靠背调查的特点以及专家组有计划地重新会面，可以作为一种检验常规调查结果的有用手段。

4.4.5 意愿调查价值评估法

意愿调查价值评估法评估环境价值的关键在于支付意愿（WTP）的引导技术，即问卷的设计。意愿调查价值评估法主要问卷模式有以下几种：重复投标博弈（Iterative bidding game，IB）、开放式问卷（Open-ended，OE）、支付卡问卷（Payment card，PC）和二分式问卷（Dichotomous choice，DC）。

连续型方法包括重复投标博弈、开放式问题格式和支付卡格式。重复投标博弈就是运用投标博弈法，让调查者不断提高和降低报价水平，直至得到最大支付意愿或最小接受赔偿意愿。在开放式问卷格式中，受访者自由说出自己的最大支付意愿。由于环境物品是非市场商品，所以被调查者可能也无法清楚地表达自己的最大支付意愿而形成无响应偏差和抗议性偏差。支付卡又分为锚定型支付卡和非锚定型支付卡。非锚定型支付卡要求被调查者从一系列给定的价值数据中选择他们的最大支付意愿数量，也可以写出他们自己的最大支付意愿数量；锚定型支付卡在询问支付意愿的同时，向受访者提供一些约束性背景数据。但是支付卡上提供的报价范围及其中点可能影响被调查者的支付意愿，形成起点偏差，因此使用支付卡格式时应通过预调查提前确定数值范围及其中点。

离散型条件价值评估中，二分式选择问题格式被美国国家海洋和大气局（NOAA）认为是最合适的CVM问卷格式。它有单边界（Single-bound）二分式选择、双边界（Double-bound）二分式选择（或公民复决投票，Referendum）等多种问题格式。在二分式选择问卷格式中，被调查者被要求就给定的最大支付意愿回答“是”或“不是”，并不能提供最大支付意愿的直接估计。双边界二分选择格式根据第一个问题的答案的是或否，接着询问更高或者更低的价格。二分式选择问题格式的优点是模拟消费者熟悉的市场定价行为，能激励受调查者说出其真实意愿，但是设计投标数量的范围和计算支付意愿比较复杂。表 4-6 列出意愿调查价值评估法的主要问卷模式及其特征。

意愿调查价值评估法的主要问卷模式　　表 4-6

问卷模式		主要特征
连续型	重复投标博弈	不断调整投标数额，以使受访者表达其支付意愿； 可以获得最大值； 调查人员必须全程参与，调查成本高； 容易产生起点偏差
	开放式问卷	受访者直接表达其最大支付意愿； 无起点偏差，但获得的价值水平倾向于较低的保守值； 容易产生无响应偏差和策略偏差
	支付卡问卷	受访者从给定的一组价值数额中选出其最大支付意愿； 可获得最大值； 容易形成起点偏差
离散型	单边界二分式	给定受访者一个投标数额，询问其是否能够接受； 便于回答，策略偏差小； 存在起点偏差
	双边界二分式	比单边界更加有效； 样本容量大，调查成本高； 存在起点偏差、肯定性回答偏差，受访者倾向于同意调查者的观点而忽略自己的意愿

4.4.6 意愿调查价值评估法的适用范围与局限

1. 适用范围

意愿调查价值评估法适用于环境变化对市场产出没有直接影响且难以通过观察人与市场相关行为获取人们对物品或服务的偏好信息的工程项目，对这类工程实施造成的周边环境空气、水质量、生物多样性、生命和健康条件、交通条件的改变以及供水、卫生设施和污水处理进行价值评估。在使用该方法时需要充足的资金、人力和时间进行相关研究，还要注意选取调查对象时样本人群要具有代表性。

2. 局限性

(1) 意愿调查价值评估法的最大局限性在于它依赖于被调查者的看法，具有较强的主观性。被调查者的回答中会存在大量很难避免的偏差，包括假想偏差、信息偏差、支付方式偏差、起点偏差、部分-整体偏差、策略性偏差、无响应偏差、肯定性回答偏差/抗议反应偏差等，从而影响评价结果。

① 假想偏差（Hypothetical bias）：由于调查建立在一系列假设之上，回答者对假想市场问题的回答与对真实市场的反映不一样，导致与调查结果出现偏差。

减少偏差的方法：通过提前进行预调查完善问卷，以充分模拟市场；采取匿名调查方式；给予回答者适当的报酬，反映其估价信息的价值以模拟市场。

② 信息偏差（Information bias）：被调查者的回答在很大程度上受已知环境信息的影响，受访者支付意愿受到环境信息数量、质量和提供顺序的影响。信息缺失会降低回答者提供的支付意愿的合理性。例如受施工扬尘影响的居民并不太了解空气污染对健康的影响，当他们深入了解空气污染对人体的伤害时可能会增加支付意愿数额。

减少偏差的方法：尽可能使提供的信息和情景更加具体并且贴近所要评估的环境物品或服务的真实情况。

③ 支付方式偏差（Instrument bias）：是指支付方式可能会影响被调查者支付意愿的表示。例如有研究表明，为保护景区自然资源，相较于支付门票，人们更倾向于以所得税的形式支付保护费。

减少偏差的方法：在设计问卷时考虑各种支付方法并实施预调查，选择比较“中性”的支付方式；也可以全面调查多种支付方式下的支付意愿，综合分析。

④ 起点偏差（Starting point bias）：是指问卷中提出的支付意愿和接受赔偿意愿的初始价格所引起的回答范围的偏差。例如在收敛投标博弈中，调查者给出的初始价值的高低，会直接影响到被调查者的回答。

减少偏差的方法：可通过预调查确定支付意愿的初始值和数值间隔及范围，尽可能减小起点偏差。

⑤ 部分-整体偏差（Part-whole bias）：是指被调查者只将环境资源作为更广泛群体环境的其中一部分而忽略其作为特定环境的价值所产生的偏差。

减少偏差的方法：提醒回答者明确和注意自己的收支限制，估价整个物品而不是物品的一部分。

⑥ 策略性偏差（Strategic bias）：被调查者为影响调查结果和相关决策，有意隐瞒真实支付意愿，给出过高或过低的回答，这种偏差称为策略性偏差。意愿调查价值评估法中主要的两类策略性偏差包括搭便车和过度承诺。搭便车是指当个人认为如果其他人支付足够多时，则他不需要支付；过度承诺是指若个人认为他表达的支付意愿将影响物品的提供时，个人将倾向于夸大支付意愿。

减少偏差的方法：对调查结果进行处理，剔除边缘投标（即超过收入5%～10%的投标）以减少误差。

⑦ 无响应偏差（Non-response bias）：受到环境影响但对调查不感兴趣的人拒绝参与调查，导致样本不具代表性。

减少偏差的方法：通过沟通使受访者充分了解调查的重要性，设计问卷时尽量简洁、便于回答。

⑧ 肯定性回答偏差/抗议反应偏差（Yes-saying bias/Protest response bias）：肯定性回答偏差是指在回答离散型问卷时，受访者倾向于同意调查者的观点而忽略自己的真实意愿；抗议反应偏差是指由于不认同假想市场或支付工具或不了解被评估的环境物品，受访者表现出零支付意愿。

减少偏差的方法：肯定性回答偏差在访问过程中要注意提醒受访者根据实际作答；对于抗议反应偏差应通过查询拒绝支付的原因筛选出抗议性零支付样本，并将其剔除。

(2) 在支付意愿和接受赔偿意愿之间存在极大的不对称性。有研究表明：支付意愿通常比接受赔偿意愿更低。从原理上讲，支付意愿适用于估价效益，而接受赔偿意愿同费用分摊有关。虽然意愿调查价值评估法给出了诸多的假设和情景，但人们对环境质量定价的观点仍然有很大差异。把环境变化作为收益还是作为损失进行度量在很大程度上影响着环境价值的评估。

（3）意愿价值评估法的评估结果还有赖于被调查者如何理解工程项目带来的环境危害以及这些危害对其自身的影响。因此，这种方法更适合评估区域性的环境问题而不适用于评估超大范围的环境问题。

基于意愿调查价值评估法的局限，1993 年美国大气与海洋管理局两位诺贝尔经济学奖获得者肯尼斯·约瑟夫·阿罗（Kenneth J. Arrow）和罗伯特·索洛（Robert M. Solow）负责的“蓝带小组”就环境价值损失评估意愿调查价值评估法的问卷设计与研究提出了著名的 15 条原则，他们认为问卷的格式、预调查和提供的环境信息等都可能对研究结果产生影响。以下列举 15 条原则中的部分要求：

① 环境价值损失评估研究中应采用概率抽样方式；

② 尽量避免邮寄问卷或电话访问，建议采用面对面的调查方式；

③ 提前进行预调查，通过进行预调查的方式克服调查者偏差；

④ 明确规定抽样无响应率；

⑤ 对受访者的不确定回答应估计其保守数值；

⑥ 用支付意愿而不是赔偿意愿作为价值测度尺度；

⑦ 采用“take it or leave it”（二分式）问卷格式的支付意愿引导技术而不是开放式问卷，并要求受访者在回答表决问题之后表明回答的具体原因；

⑧ 向受访者提供计划项目或政策的详细相关信息，提醒受访者关于受损环境物品可能的替代品及其状态；

⑨ 在问卷调查中提示被调查者考虑收入限制等社会经济信息变量。

4.5 评估方法的选择

面对众多的评估方法，使用者可以依据工程项目造成的环境影响的类型或是评估所需的信息的可得性，选择最适合的评估方法。

4.5.1 选择评价方法的原则

环境经济评价的方法多种多样，在选择时应遵循以下几点原则：

1. 适用性原则

能较真实地反映工程对环境资产、环境功能的影响程度和范围，环境影响评估结果与实际影响结果不能有较大的偏差。方法的适用条件与范围能够满足环境经济评价需要。

2. 实用性原则

评估方法的选择要立足实际，由浅入深，抓大放小，既满足工程项目环境经济评价的客观需要，又充分考虑评估费用和难度以及所需数据的可得性和准确性，做到经济实用。

3. 独立性原则

评估特定环境功能或损害的方法有很多种，但只能选择一种相对适用和实用的方法，避免重复计算。如需采用多种方法计算时，可比较计算结果的偏差，但不能累计。

4. 客观性原则

评价方法的选择应符合项目所在地区域资源环境质量要求及工程项目目标，评价结果能基本反映项目建设的环境影响，并结合实际情况分析，采用成果参照法判断方法的适用性和可行性。

4.5.2 选择评价方法的依据

1. 依据环境影响的类型

(1) 当环境变化对生产力产生影响时，首选方法就是直接市场评估法。直接市场评估法能够通过市场价值直接估算工程环境污染造成的生产损失。例如在建设工程生命周期的建材生产和构配件加工过程中，可能出现水污染、土壤污染，从而造成农作物减产。当人们为缓解这种工程环境影响而采取防护措施时，也可以采用防护支出法、机会成本法以及重置成本法。

(2) 当工程项目的环境影响造成人体生命健康伤害时，可以采用人力资本法、防护支出法或意愿调查价值评估法估算损失。人力资本法以收入的减少以及直接的医疗费用为基础进行估算，所获得的价值是环境质量价值的最低限值。防护行为（例如为躲避施工噪声迁出该地区）和防护支出（例如安装双层玻璃窗以降低噪声）也可以用来评估健康影响。目前，越来越多的环境健康影响研究选择采用意愿调查价值评估法，评估人们对预防或减少伤害（或风险）和经济损失的支付意愿以及对生命价值的认可程度。

(3) 对于舒适性的影响，旅行费用法基于到达某地的旅行费用进行评估；而内涵资产定价法基于环境原因造成的财产价值的差别进行测算。除此之外，对舒适性偏好的评价还可以采用意愿调查价值评估法。

(4) 意愿调查价值评估法是唯一能够揭示环境资源非使用价值的方法，因为其他方法考虑的都是使用者的各种直接和间接成本与效益。

各种环境影响适用的评估方法如表 4-7 所示。

环境影响及其价值评估方法选择　　表 4-7

环境影响	评估方法选择
生产力	直接市场法
	防护支出法
	重置成本法
	机会成本法
健康	人力资本法
	防护支出法
	意愿调查价值评估法
舒适性	旅行费用法
	内涵资产定价法
	意愿调查价值评估法
存在价值	意愿调查价值评估法

2. 依据信息的可得性

在选择方法时，除了考虑环境影响的类型外，还需要考虑信息获取的难易程度和费用多少。

（1）可交易物品在市场上流通，数据比较容易获取，可以选择直接市场法；当评估对象市场缺失或者市场调控不完善，可以根据有关产品的用途和种类寻找调查对象的替代品及其市场价格，为直接市场法提供数据支持。

（2）当难以获得环境影响的数据信息时，通常参考现有案例的历史经验或者征求专家意见。在这种情况下，可以根据经验数据采用防护支出法和重置成本法进行估算。

（3）对于没有在市场上进行交换或者直接信息非常缺乏的物品或服务，宜采用意愿调查价值评估法。意愿调查价值评估法和旅行费用法均以调查为基础，因此对调查人员有较高的调查和统计能力要求。在所有方法中，内涵资产定价法对数据的需求量最大，因此降低了其适用性。

3. 研究经费和时间

在实际工作中，工程项目环境经济评价方法的选择还不得不考虑评估方法耗时长短以及研究经费水平。在评价方法的选择上，与资源稀缺、时间有限的研究项目相比，具有充足时间和资金供给的研究项目可以有更多的选择。而当资金和时间有限时，可以从其他项目（或研究成果）以及具有可比性的其他国家或地区获得数据，还可以从当地专家的意见、历史记录以及对有关人群进行调查分析中获得比较粗略的数据，并选择相对简单的评估方法。当项目时间充裕、资金供应充足时，可以采用一些更加复杂和精确的方法。例如，采用意愿调查价值评估法、旅行费用法和内涵资产定价法等。

▸▸▸ 第5章 工程项目绿色施工管理 ◂◂◂

5.1 绿色施工定义

我国法规关于绿色施工的定义，主要有以下几种：

2007年，建设部颁布的《绿色施工导则》认为，“绿色施工是指工程建设中，在保证质量、安全等基本要求的前提下，通过科学管理和技术进步，最大限度地节约资源与减少对环境负面影响的施工活动，实现四节一环保（节能、节地、节水、节材和环境保护）。”

2010年，住房和城乡建设部颁发的《建筑工程绿色施工评价标准》GB/T 50640—2010对绿色施工的定义与《绿色施工导则》的定义一致，“在保证质量、安全等基本要求的前提下，通过科学管理和技术进步，最大限度地节约资源，减少对环境负面影响，实现‘四节一环保’（节能、节材、节水、节地和环境保护）的建筑工程施工活动。”

2018年，住房和城乡建设部发布的《建筑工程绿色施工评价标准》（征求意见稿）中对绿色施工的定义为“在保证质量、安全等基本要求的前提下，以人为本，因地制宜，通过科学管理和技术进步，最大限度地节约资源，减少对环境负面影响的工程施工活动。”

根据以上关于绿色施工的定义可以看出，在权威的国家标准方面，随着时代的发展，绿色施工的定义既有所承接，又有所发展。

承接方面是绿色施工必须是在保证质量与安全的前提下进行，而绿色施工的目的都是为了最大限度地节约资源与减少对环境负面影响。

而在发展方面，则是在强调科学管理和技术进步的基础上，进一步强调以人为本，因地制宜的发展理念。

在市场经济飞速发展的今天，人的因素对企业的影响至关重要，“员工是企业最宝贵的资源”已被越来越多的企业所接受，现代企业拥有了人才，并合理使用、开发人才，使其发挥最大的潜能和作用，谁就会在市场竞争中占据有利地位。在建筑行业，长期以来没有真正树立“以人为本”的管理观念，建筑施工企业人力资源管理工作缺少统一性、长远性。另外建筑施工企业员工工作条件艰苦、工作环境恶劣、薪酬待遇低、社会地位低等。故而基于上述几方面的考虑，在绿色施工的定义中纳入了“以人为本”的理念，这在《建筑工程绿色施工评价标准》中最直接的体现就是将“人力资源节约与保护评价指标”单列一节作为要素评价指标进行量化考核。

而建筑业作为我国国民经济支柱产业，涉及的经济链条很长，其规划设计、建设和使用等全过程会涉及交通、土木、建材、化工、轻工等20多个上下游产业链。因此，绿色建筑倡导因地制宜，充分利用地区自然气候条件、建材资源和建筑技术，其实施和发展可以带动当地与建筑相关的产业发展，催生当地具有特色的绿色低碳经济。

5.2 绿色施工管理框架

5.2.1 绿色施工实施原则与组织

建筑工程绿色施工应遵循以人为本、因地制宜、环保优先、资源高效利用的原则。

1. 以人为本

人类生产活动的最终目标是创造更加美好的生存条件和发展环境，生产活动必须以尊重自然、顺应自然、保护自然为目标，以物质财富的增长为动力，实现人类的可持续发展。绿色施工重在把人的因素摆在核心位置，关注施工活动对人类生产生活的负面影响，不仅包括对施工现场内的工作人员，也包括对周边人群和全社会的负面影响。

2. 因地制宜

环境对绿色建筑的规划和设计起到举足轻重的作用，而绿色施工作为绿色建筑的直接建造过程，同样需要对当地的资源情况，包括绿色建材，能源结构、建筑技术等有充分的认识。

3. 环保优先

生态环境是人类赖以生存发展的前提和基础。我们每天呼吸的空气、饮用的水、吃的食物，都得益于大自然的馈赠，都是生物多样性带来的福祉。因此，保护自然就是保护人类自己。没有良好的生态环境，人类的生存发展无从谈起。而建筑业往往是人类对生态环境的直接改造，更加要求在建筑生产活动中重视环保优先。

4. 资源高效利用

建筑业是典型的资源消耗型产业。而我国作为一个发展中的人口大国，在未来相当长的时期内，建筑业还将保持较大规模的需求，这将持续消耗大量的资源。故而资源的高效利用是绿色施工的内在要求。

绿色施工牵涉众多的利益干系人，要组织绿色施工必须建立包含政府相关职能部门、建设方、设计方、监理方、施工方和材料、设备供应方的全方位组织管理责任体系。

1. 政府相关职能部门

政府相关职能部门主要是制定绿色施工的总体战略和总体发展方向，制定关于绿色施工的相关强制性或指导性的法规制度，营造绿色施工的良好氛围。建立绿色施工信息平台，搭建便于各方沟通的网络，在具体项目实施过程中，行使行政监管职能，促使工程项目实施绿色施工，建设社会化服务体系，为绿色施工提供便捷。

2. 建设方

工程项目建设单位往往是工程项目的出资方、投资者，处于主导地位。建设单位通过工程建设项目而获益，自然应承担控制工程建设带来的环境负面影响的责任。因此发展绿色建筑、倡导绿色施工，应成为其主导责任。在项目策划阶段，建设单位应发挥其对项目的控制能力，慎重选择项目地址，更应主动提出按照绿色建筑、绿色施工要求，借助市场手段选择设计方、施工方和监理方等。在施工招标过程中，应提出对绿色施工的相关要求，明确要求投标方列支绿色施工费用。

必须强调的是，建设单位的重视关乎绿色施工能否真正落实。如果建设单位高度重视绿色施工，其他各参与方自然会做出积极响应，就会切实开展绿色施工；反之，绿色施工的开展就会流于形式，难以取得实效。

3. 设计方

目前在一些工程项目中，我国实行的是设计与施工分离的建设模式，造成设计方在设计过程中，对施工的可行性、便捷性等考虑不足。绿色施工需要设计方和施工方密切沟通交流。以设计为基础，为绿色施工的开展创造良好条件，协同施工方进行设计优化和施工方案优化。

4. 施工方

施工方是绿色施工的实施主体，全面负责绿色施工的组织和实施。施工总承包单位应对项目的绿色施工负总责，并应对专业分包单位的绿色施工实施管理与监督。工程项目部应建立以项目经理为第一责任人的绿色施工管理体系，制定绿色施工管理制度，进行绿色施工教育培训，定期开展自检、联检和评价工作。编制绿色施工组织设计、绿色施工方案、绿色施工技术交底等文件。

5. 监理方

监理方受建设单位委托，按照相关法律法规、工程文件、有关合同与技术资料等，对工程项目的设计、施工等活动进行管理和监督。在工程项目实施绿色施工的过程中，监理方对工程绿色施工承担监理责任，应参与审查绿色施工策划文件、施工图绿色设计以及绿色施工专项方案等，并在实施过程中参与或组织绿色施工实施与评价。

6. 材料、设备供应方

材料、设备供应方应提供相应材料、设备的绿色性能指标，以便在施工现场实现建筑材料和设备的绿色性能评价，绿色性能相对优良的建筑材料和设备能够得到充分利用，从而使建筑物在运行过程中尽可能节约资源、减少污染。

5.2.2 绿色施工策划

工程项目开工前，施工单位应明确绿色施工目标，并应进行绿色施工影响因素分析。绿色施工目标要根据企业和项目实际情况，具体制定绿色施工目标，明确绿色施工任务，进行绿色施工策划、实施、控制与评价。表5-1列举了几种绿色施工目标选项。

绿色施工目标 **表5-1**

序号	目标名称	环境目标阐述
1	能源	控制电、煤、油品等能源的有效利用
2	资源	控制水电、纸张、材料等资源消耗，施工垃圾分类处理，尽量回收利用
3	噪声	噪声排放达标，符合《建筑施工场界环境噪声排放标准》GB 12523—2011 规定
4	粉尘	控制粉尘及废气排放，符合现行重庆市地方标准《大气污染物综合排放标准》DB 50/418 规定
5	固体废弃物	减少固体废弃物的产生，合理回收可利用建筑垃圾
6	污水	杜绝生产及生活污水无组织排放，符合《污水综合排放标准》GB 8978—1996 规定

绿色施工影响因素识别，借鉴风险管理理论的方法，可采用统计数据法、专家经验法、模拟分析法等方法识别绿色施工影响因素。

1. 统计数据法

企业层面可以按照主要分部分项工程结合项目所在区域、结构形式等因素，对施工各环节的绿色施工影响因素进行识别与归类，通过大量收集、归纳和统计相关数据与信息，能够为后续工程绿色施工因素识别提供宝贵的信息积累。

2. 专家经验法

借助专家的经验、知识等分析工程施工各环节的绿色施工影响因素，这在实践中是非常简单有效的方法。

3. 模拟分析法

针对庞大复杂、涉及因素多、因素之间关联性复杂等大型工程项目，可以借助系统分析的方法，构建模拟模型（也称为仿真模型），通过系统模拟识别并评价绿色施工影响因素。绿色施工影响因素识别是制定绿色施工策划文件的前提，是极其重要的。

项目部应依据绿色施工影响因素的分析结果进行绿色施工策划，并应对绿色施工评价要素中的评价条款进行取舍。绿色施工策划的基本思路和方法可参照计划制定方法（5W2H）。5W2H 分析法又称为七何分析法，在“二战”中由美国陆军兵器修理部首创。该方法简单、方便，易于理解、使用，富有启发意义，广泛用于企业管理和技术活动，非常有助于决策和计划制定，也有助于弥补考虑问题的疏漏。

“5W2H”的基本内容为：

（1）WHAT——是什么？目的是什么？做什么工作？

（2）HOW——怎么做？如何提高效率？如何实施？方法如何？

（3）WHY——为什么？为什么要这么做？理由何在？原因是什么？造成这样的原因是什么？

（4）WHEN——何时？什么时间完成？什么时机最合适？

（5）WHERE——何处？在哪里做？从哪里入手？

（6）WHO——谁？由谁来承担？由谁来完成？谁负责？

（7）HOW MUCH——多少？做到什么程度？数量如何？质量水平如何？费用产出如何？

应用 5W2H 分析法开展绿色施工策划，可以有效保障策划方案能够从多个维度保障绿色施工的全面落实。绿色施工策划应通过绿色施工组织设计、绿色施工方案和绿色施工技术交底等文件的编制实现。绿色施工组织设计应包括但不限于下列内容：工程概况、编制依据、绿色施工目标、绿色施工管理组织机构及职责、绿色施工部署、绿色施工具体措施、应急预案措施、附图等。绿色施工方案应包含工程概况、绿色施工目标、环境保护、节材与材料资源利用、节水与水资源利用、节能与能源利用、节地与土地资源保护、人力资源节约和保护以及创新与创效等方面的具体技术细节。

应开展技术和管理创新创效活动，并将相应措施列入绿色施工组织设计和绿色施工方案中。

5.2.3 绿色施工管理要求

施工单位应对绿色施工项目实施管控。绿色施工项目应符合表 5-2 的规定。

绿色施工项目规定 **表 5-2**

序号	要求	规定	目的
1	健全	绿色施工管理体系和制度	约束

续表

序号	要求	规定	目的
2	齐全	绿色施工策划文件	约束
3	清晰醒目	绿色施工宣传标识	约束
4	专业、有实施记录	绿色施工培训制度	约束
5	记录完整，评价频次符合要求	绿色施工批次和阶段评价	评价
6	保证覆盖面	绿色施工典型图片或影像资料	评价
7	齐全	批次和阶段评价中持续改进的资料	评价
8	推广、重视	建筑业十项新技术，"四新技术"	推广
9	合同约束	绿色施工指标要求	约束

发生下列事故之一，不得评为绿色施工合格项目：发生安全生产死亡责任事故；发生重大质量事故，并造成社会影响；发生群体传染病、食物中毒等责任事故；施工中因"环境保护与资源节约"问题被政府管理部门处罚；违反国家有关"环境保护与资源节约"的法律法规，造成社会影响；施工扰民造成社会影响，此处社会影响是指施工活动对附近居民的正常生活产生很大影响的情况，例如造成相邻房屋出现不可修复的损坏、交通道路破坏、光污染和噪声污染等，并引起群众性抵触活动。

图纸会审时，相关方应对工程施工图进行绿色化审视，应进行施工图和绿色施工组织设计及绿色施工方案的优化。施工图设计应融入绿色施工要求。

5.3　工程项目绿色施工评价

5.3.1　绿色施工评价框架体系

为便于工程项目施工阶段定量考核，将单位工程按形象进度划分为三个施工阶段：地基与基础工程、结构工程和装饰装修与机电安装工程。绿色施工评价要素均包含控制项、一般项、优选项三类评价指标。针对不同地区或工程应进行环境因素分析，对评价指标进行增减，并列入相应要素进行评价。绿色施工应积极开展技术创新和创效活动。技术创新和创效宜在以下方面开展：

（1）装配式施工技术；

（2）信息化、数字化施工技术；

（3）地下资源保护及地下空间开发利用技术；

（4）建材与施工机具绿色性能评价及选用技术；

（5）高强钢与预应力结构等新型结构施工技术；

（6）高性能及多功能混凝土技术；

（7）新型模架开发与应用技术；

（8）现场废弃物减排及回收再利用技术；

（9）人力资源保护及高效使用技术；

（10）其他先进施工技术。

绿色施工评价框架体系如图 5-1 所示。

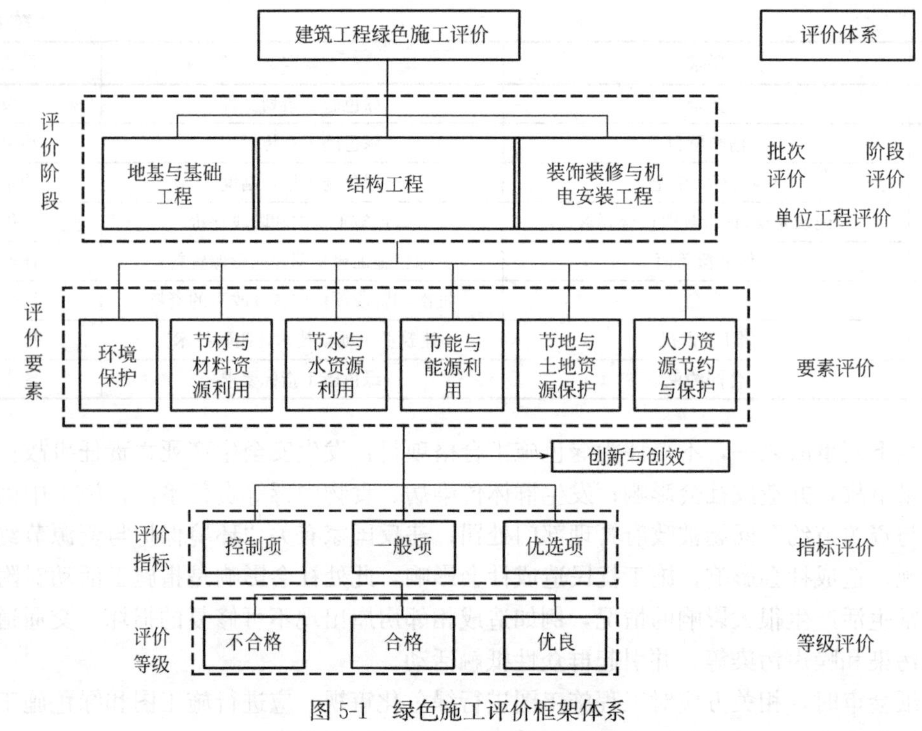

图 5-1　绿色施工评价框架体系

图 5-1 显示，建筑工程绿色施工评价框架体系由批次评价、阶段评价、单位工程评价、要素评价、指标评价、等级评价等构成。评价阶段宜按地基与基础工程、结构工程、装饰装修与机电安装工程进行。绿色施工评价应按批次评价、阶段评价和单位工程评价进行。

绿色施工指标体系如图 5-2 所示。

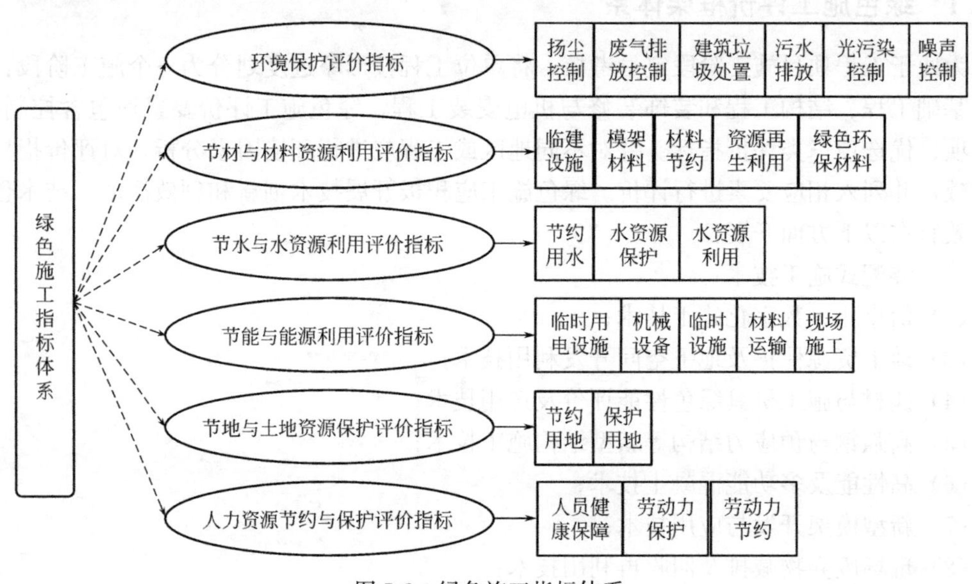

图 5-2　绿色施工指标体系

图 5-2 所示绿色施工指标体系所列选项为一般项。例如扬尘控制的一般项控制：现场应建立洒水清扫制度，配备洒水设备，并有专人负责；对裸露地面、集中堆放的土方应采取抑

尘措施；现场进出口应设车胎冲洗设施和吸湿垫，保持进出现场车辆清洁；易飞扬和细颗粒建筑材料应封闭存放，余料回收；拆除、爆破、开挖、回填及易产生扬尘的施工作业应有抑尘措施；高空垃圾清运应采用封闭式管道或垂直运输机械；现场使用散装水泥、预拌砂浆应有密闭防尘措施；遇有六级及以上大风天气时，应停止土方开挖、回填、转运及其他可能产生扬尘污染的施工活动；现场运送土石方、弃渣及易引起扬尘的材料时，车辆应采取遮盖措施；弃土场应封闭，并进行临时性绿化；现场预拌应设有密闭和防尘措施。

5.3.2　评价方法

绿色施工项目批次评价次数每月不应少于1次，且每阶段不应少于1次。绿色施工项目评价应先进行绿色施工管理评价。绿色施工管理评价可按施工准备策划、施工过程、验收总结三个阶段进行，绿色施工管理评价应符合要求。

1. 控制项评价方法

控制项指标应全部满足；控制项评价方法应符合表5-3的规定。

控制项评价方法　　**表5-3**

评分要求	结论	说明
措施到位，全部满足考评指标要求	符合要求	进入评分流程
措施不到位，不满足考评指标要求	不符合要求	一票否决，为非绿色施工项目

2. 一般项评价方法

一般项指标应根据实际发生项执行情况计分；一般项评价方法应符合表5-4的规定。

一般项评价方法　　**表5-4**

评分要求	评分
措施到位，满足考评指标要求	2
措施到位，基本满足考评指标要求	1
措施不到位，不满足考评指标要求	0

3. 优选项评价方法

优选项指标应根据实际发生项执行情况计分，优选项评价方法应符合表5-5的规定。

优选项评价方法　　**表5-5**

评分要求	评分
措施到位，满足考评指标要求	2
措施到位，基本满足考评指标要求	1
措施不到位，不满足考评指标要求	0

4. 要素评价

要素评价得分应符合下列规定：

(1) 一般项得分应按百分制折算，并应按式（5.1）进行计算：

$$A=\frac{B}{C}\times 100 \tag{5.1}$$

式中，A——一般项折算得分；

B——实际发生项目实际得分之和；

C——实际发生项目应得分之和。

(2) 优选项加分应按优选项实际发生条目加分求和。

(3) 要素评价得分应按式 (5.2) 计算：

$$F=A+D \tag{5.2}$$

式中，F——要素评价得分；

A——一般项折算得分；

D——优先项加分。

5. 批次评价

批次评价得分应符合下列规定：

(1) 批次评价要素权重系数应按表 5-6 的规定分阶段进行确定。

批次评价要素权重系数表 **表 5-6**

评价要素	地基与基础、结构工程、装饰装修与机电安装各阶段权重系数(ω_1)
环境保护	0.30
节材与材料资源利用	0.15
节水与水资源利用	0.15
节能与能源利用	0.15
人力资源节约与保护	0.15
节地与土地资源保护	0.10

(2) 批次评价得分应按式 (5.3) 计算：

$$E=\sum (F\times\omega_1) \tag{5.3}$$

式中，E——批次评价得分；

F——要素评价得分；

ω_1——要素权重系数，按表 5-6 取值。

6. 阶段评价

阶段评价得分应按式 (5.4) 计算：

$$G=\frac{\sum E}{n} \tag{5.4}$$

式中，G——阶段评价得分；

E——各批次评价得分；

n——批次评价次数。

7. 单位工程绿色评价

单位工程绿色评价基本得分应符合下列规定：

(1) 单位工程评价权重系数应按表 5-7 的规定按阶段确定。

单位工程评价权重系数表 **表 5-7**

评价阶段	建筑工程 ω_2
地基与基础工程	0.30

续表

评价阶段	建筑工程 ω_2
结构工程	0.40
装饰装修与机电安装工程	0.30

注：建筑工程地基与基础工程是指结构标高±0.000以下。

其他土木工程单位工程权重 ω_2 的取值宜按下列规定：

① 道桥工程：地基与基础为0.45，结构工程为0.45，桥面及附属设施为0.10；

② 隧道工程（矿山法施工）：开挖为0.60，衬砌与支护为0.30，附属设施为0.10；

③ 隧道工程（盾构法施工）：始发为0.20，区间为0.50，接收为0.20，附属设施为0.10。

(2) 单位工程绿色评价基本得分应按式（5.5）计算：

$$W_1=\sum(G\times\omega_2) \tag{5.5}$$

式中，W_1——单位工程绿色评价基本得分；

G——阶段评价得分；

ω_2——单位工程阶段权重系数，按表5-7取值。

8. 单位工程评价总分计算

单位工程评价总分计算方法应符合下列规定：

(1) 技术创新与创效加分可根据结果单项加1～3分，总分最高加10分。

(2) 单位工程评价总分应按式（5.6）计算：

$$W=W_1+W_2 \tag{5.6}$$

式中，W——单位工程评价总分；

W_1——单位工程绿色评价基本得分；

W_2——技术创新与创效加分。

9. 单位工程绿色施工等级

单位工程绿色施工等级应按下列规定进行判定：

(1) 符合下列情况之一时，应判定为不合格：

① 控制项不满足要求；

② 单位工程总得分（W）小于65分；

③ 权重最大阶段得分小于65分。

(2) 全部符合下列情况时，应判定为合格：

① 控制项全部满足要求；

② 单位工程总得分 $65\leqslant W<85$ 分，权重最大阶段得分≥65分；

③ 至少每个评价要素各有一项优选项得分，优选项总分≥15分；

④ 创新与创效至少得3分。

(3) 全部符合下列情况时，应判定为优良：

① 控制项全部满足要求；

② 单位工程总得分 $W\geqslant 85$ 分，权重最大阶段得分≥85分；

③ 至少每个评价要素中有两项优选项得分，优选项总分≥30分；

④ 创新与创效至少得6分。

5.3.3 评价组织

单位工程绿色施工评价应由建设单位组织，项目施工单位和监理单位参加，评价结果应由建设单位、监理单位和施工单位三方签认。单位工程绿色施工阶段评价应由项目建设单位或监理单位组织，建设单位、监理单位和施工单位参加，评价结果应由建设单位、监理单位、施工单位三方签认。单位工程绿色施工批次评价应由项目施工单位组织，建设单位和监理单位参加，评价结果应由建设单位、监理单位、施工单位三方签认。企业应对本企业范围内绿色施工项目进行随机检查，并对项目绿色施工完成情况进行评估。项目部会同建设单位和监理单位应根据绿色施工情况，制定改进措施，由项目部实施改进。项目部应接受建设单位、政府主管部门及其委托单位等的绿色施工检查。

5.3.4 评价程序

单位工程绿色施工评价应在批次评价、阶段评价和过程检查评价的基础上进行，没有经过过程检查评价的项目不能进行验收评价。单位工程绿色施工验收评价应由施工单位书面申请，在工程竣工取得五方验收后进行；单位工程绿色施工验收评价结果应由验收组织单位备案。单位工程绿色施工过程检查评价应在批次评价、阶段评价的基础上进行。单位工程绿色施工过程检查评价应由施工单位书面申请，在工程竣工前进行评价；单位工程绿色施工过程检查评价结果应由过程检查组织单位备案。企业根据检查意见完成后续工程绿色施工。

5.4 工程项目场地管理工程项目评价指标

针对各评价要素：环境保护、节材与材料资源利用、节水与水资源利用、节能与能源利用、人力资源节约与保护、节地与土地资源保护。其控制项、一般项与优选项如表5-8～表5-13所示。

工程项目场地管理 **表5-8**

	控制项	一般项	优选项
工程项目场地管理	1. 建立节地与土地资源保护管理制度。 2. 绿色施工策划文件中应涵盖节地与土地资源保护的内容。 3. 应了解施工场地及毗邻区域内人文景观、特殊地质及基础设施管线分布情况，制订相应的用地计划和保护措施，并报请相关方核准。 4. 应合理布置施工场地，并实施动态管理。 5. 未经相关政府管理部门许可，不得在农田、耕地、河流、湖泊、湿地弃渣。 6. 在生态脆弱地区施工完成后，应进行施工区域内的植被和地貌复原	1. 节约用地应符合下列规定： (1)施工总平面应根据功能分区集中布置； (2)应根据现场条件和使用需求，合理设计场内交通道路； (3)应利用原有及永久道路为施工服务，施工现场临时道路设置综合确定； (4)临时办公和生活用房应采用多层装配式活动板房、箱式活动房等； (5)对垂直运输设备布置方案应进行优化，减少垂直运输设备占地； (6)应利用施工产出的矿渣及废渣，减少弃土用地。 2. 保护用地应符合下列规定： (1)应覆盖施工现场裸土，防止土壤侵蚀、水土流失； (2)应合理利用山地、荒地作为取、弃土场的用地； (3)施工现场非临建区域应采取绿化措施，减少场地硬化面积； (4)应优化基坑施工方案，减少土方开挖和回填量； (5)工程施工完成后，应进行地貌和植被复原； (6)应合理调配路基等土石方工程，力求挖填方平衡，减少取土挖方量	1. 宜利用既有建筑物、构筑物和管线或租用工程周边既有建筑为施工服务。 2. 宜集中拌和地基处理物料。 3. 办公室外场地及现场道路宜采用钢板铺装。 4. 人行道宜采用透水路面

工程项目能源管理　　**表 5-9**

	控制项	一般项	优选项
工程项目能源管理	1. 应建立节能和能源利用管理制度。 2. 绿色施工策划文件中应涵盖节能与能源利用的内容。 3. 应编制施工设备总体耗能计划，对进场重大设备进行能耗评估，设备进场后建立主要耗能设备清单。 4. 施工现场的办公区、生活区、生产区用电应单独计量，并建立台账	1. 临时用电设施应符合下列规定： (1)应合理规划线路铺设、配电箱配置和照明布局； (2)应采用节能型设施； (3)现场照明设计应符合现行行业标准《施工现场临时用电安全技术规范》JGJ 46 的规定； (4)办公区和生活区应100%采用节能照明灯具。 2. 机械设备应符合下列规定： (1)应选择能源利用效率高的施工机械设备； (2)应合理安排施工工序和施工进度，共享施工机具资源； (3)高耗能设备应单独配置电表，定期监控能源利用情况，并有记录； (4)应建立机械设备技术档案，定期检查保养； (5)应选择功率与负载相匹配的施工机械设备，避免大功率施工设备长时间低负载运行； (6)施工作业停工应及时关机。 3. 临时设施应符合下列规定： (1)应结合日照和风向等自然条件，合理采用自然采光、通风措施； (2)应使用热工性能达标的复合墙体和屋面板，顶棚采用吊顶； (3)应采取外窗遮阳、窗帘等防晒措施。 4. 材料运输应符合下列规定： (1)建筑材料设备的选用应根据就近原则，500km以内生产的建筑材料设备重量占比应大于70%； (2)应合理布置施工总平面图，避免现场二次搬运； (3)应制定切实措施，减少垂直运输设备的耗能； (4)应采用重力势能装置，运输建筑垃圾。 5. 现场施工应符合下列规定： (1)采用能耗少的施工技术和施工工艺； (2)减少夜间作业、冬期施工和雨期施工时间； (3)合理安排施工机械，避免集中使用大功率设备； (4)地下大体积混凝土基础应采用溜槽或串筒浇筑； (5)钢结构安装应采用高强度螺栓连接技术	1. 宜利用太阳能或其他可再生能源。 2. 临时用电设备宜采用自动控制装置。 3. 施工通道及无直接采光的施工区域照明宜分别采用声控、光控、延时等自动照明控制。 4. 宜采用无功补偿设备提升施工临时用电系统的功率因素。 5. 单位工程单位建筑面积的用电量宜比定额节约10%。 6. 长期集中施工人员居住区，宜采用合同能源管理模式实现节能目标。 7. 沥青混合料加热宜采用天然气、煤改气等清洁能源。 8. 施工期宜采用集中供电、电网供电、油改气、温拌沥青等节能方法

工程项目水资源管理　　**表 5-10**

	控制项	一般项	优选项
工程项目水资源管理	1. 应建立水资源保护和节约管理制度。 2. 绿色施工策划文件中应涵盖节水与水资源利用的内容。 3. 应制定水资源消耗总目标和不同施工区域及阶段的水资源消耗指标。 4. 施工现场的办公区、生活区、生产区用水应单独计量，并建立台账。	1. 节约用水应符合下列规定： (1)管道打压应采用循环水； (2)混凝土养护应采用覆膜、喷洒等节水工艺和措施； (3)生活区用水应采用节水器具，配置率应达到100%； (4)喷洒路面、绿化浇灌应采用非自来水水源； (5)现场临时用水系统应设计合理，无渗漏。 2. 水资源保护应符合下列规定： (1)基坑抽水应采用动态管理技术，减少地下水开采量；	1. 中水进行生化处理达标后宜合理利用。 2. 混凝土标准养护室宜采用蒸汽设施自动养护。 3. 现场混凝土预制构件宜采用自动控制系统进行养护。 4. 场内集中预制的混凝土构件宜采用喷淋设备进行喷水养护。 5. 设置在海岛海岸的无

续表

	控制项	一般项	优选项
工程项目水资源管理	5. 施工现场供水线路及末端不得有渗漏。 6. 签订标段分包或劳务合同时，应将节水指标纳入合同条款	(2)危险品、化学品存放处应采取隔离措施； (3)污水排放管道不得渗漏； (4)应采用无污染地下水回灌方法； (5)机用废油应回收，不得随意排放； (6)不得向水体倾倒垃圾； (7)水上和水下机械作业应有作业方案，采取安全和防污染措施。 3. 水资源利用应符合下列规定： (1)施工废水与生活废水应有收集管网、处理设施与利用措施； (2)现场冲洗机具、设备和车辆的用水，应采用经处理后的施工废水和收集的雨水； (3)非传统水源应经过处理和检验合格后作为施工、生活用水使用； (4)根据工程地域特点，施工现场用水经许可后，应采用符合标准的江、河、湖、泊水源； (5)应储存并高效利用回收的雨水和基坑降水产生的地下水	市政管网接入条件的工程项目，宜采用海水淡化系统。 6. 无市政管网接入条件的工程项目，宜因地制宜，采用非自来水水源。 7. 宜采用基坑封闭降水施工技术

工程项目材料管理 **表 5-11**

	控制项	一般项	优选项
工程项目材料管理	1. 应建立材料采购、限额领料、建筑垃圾再生利用等管理制度。 2. 绿色施工策划文件中应涵盖节材与材料资源利用的内容。 3. 应具有满足工程进度要求的具体材料进场计划。 4. 应就近选择工程材料，并有进场和运输消耗记录	1. 临建设施应符合下列规定： (1)应采用可周转、可拆装的装配式临时住房； (2)应采用装配式场界围挡和临时路面； (3)应采用标准化、可重复利用的作业工棚、试验用房及安全防护设施； (4)应利用既有建筑物、市政设施和周边道路。 2. 模架材料应符合下列规定： (1)应采用管件合一的脚手架和支撑体系； (2)应采用高周转率的新型模架体系； (3)应采用钢或钢木组合龙骨。 3. 材料节约应符合下列规定： (1)应利用粉煤灰、矿渣、外加剂等新材料，减少水泥用量； (2)现场应使用预拌砂浆； (3)墙、地块材饰面应预先总体排版，合理选材； (4)对工程成品应采用保护措施； (5)应采用闪光对焊、套筒等无损耗连接方式； (6)应采用 BIM 技术，深化设计、优化方案、节约材料。 4. 资源再生利用应符合下列规定： (1)建筑垃圾应分类回收，就地加工利用； (2)现场办公用纸应分类摆放，纸张双面使用，废纸回收； (3)建筑材料包装物回收率应达到 100%； (4)应再生利用改扩建工程的原有材料； (5)施工应选用绿色、环保材料	1. 主要建筑材料损耗比定额损耗率宜低 30%以上。 2. 宜采用建筑配件整体化和管线设备模块化安装的施工方法。 3. 混凝土结构施工宜采用自动爬升模架。 4. 现场废弃混凝土利用宜达到 70%。 5. 现场混凝土拌合站宜配置废料收集系统，加以回收利用。 6. 爆破施工宜采用高效安全爆破工艺，节约材料。 7. 宜采用钢筋工厂化加工和集中配送。 8. 大宗板材、线材宜定尺采购，集中配送。 9. 石方弃渣宜用于加工机制砂和粗骨料

工程项目环境管理　**表 5-12**

	控制项	一般项	优选项
工程项目环境管理	1. 应建立环境保护管理制度。 2. 绿色施工策划文件中应包含环境保护内容。 3. 施工现场应在醒目位置设置环境保护标识。 4. 项目部应对施工现场的古迹、文物、墓穴、树木、森林及生态环境等采取有效保护措施，制定地下文物应急预案。 5. 施工现场不应焚烧废弃物。 6. 土方回填不得采用有毒有害废弃物	1. 扬尘控制。 2. 废气排放控制。 3. 建筑垃圾处置。 4. 污水排放。 5. 光污染控制。 6. 噪声控制	1. 施工现场宜设置可移动环保厕所，并定期清运、消毒。 2. 现场宜采用自动喷雾(淋)降尘系统。 3. 场界宜设置扬尘自动监测仪，动态连续定量监测扬尘(TSP、PM_{10})。 4. 场界宜设置动态连续噪声监测设施，显示昼夜噪声曲线。 5. 建筑垃圾产生量不宜大于210t/万 m^2。 6. 宜采用地磅或自动监测平台，动态计量固体废弃物重量。 7. 现场宜采用雨水就地渗透措施。 8. 宜采用生态环保泥浆、泥浆净化器反循环快速清孔等环境保护技术。 9. 宜采用装配式方法施工。 10. 施工现场宜采用湿作业爆破、水封爆破、水炮泥封堵炮眼、高压射流等先进工艺。 11. 土方施工宜采用湿作业方法。 12. 现场生活宜采用清洁燃料

工程项目人力资源节约与保护管理　**表 5-13**

	控制项	一般项	优选项
工程项目人力资源节约与保护管理	1. 应建立人力资源节约和保护管理制度。 2. 绿色施工策划文件中应涵盖人力资源节约与保护的内容。 3. 施工现场人员应实行实名制管理。 4. 现场食堂应有卫生许可证，炊事员应持有效健康证明。 5. 关键岗位人员应持证上岗。 6. 应针对空气污染程度采取相应措施；严重污染时，应停止施工	1. 人员健康保障。 2. 劳动力保护。 3. 劳动力节约	1. 宜采用现场免焊接技术。 2. 宜采用机械喷涂抹灰等自动化施工设备。 3. 宜采用清水混凝土技术。 4. 宜采用内墙免抹灰技术。 5. 宜模块化安装管道设备。 6. 宜整体化安装建筑部件。 7. 宜建立食堂熟食留样制度和台账。 8. 员工宿舍宜设置报警、防火等安全装置。 9. 宜建立实名制信息管理平台。 10. 超大平面工程施工时，宜采用集中拌和法施工。 11. 宜采用数字化管理和人工智能技术

第6章　工程项目环境保护管理法律制度

6.1　工程项目环境保护管理法律制度概述

6.1.1　工程项目环境保护管理法律制度的概念

工程项目环境保护管理是整个环境保护工作的重要环节，是治理老污染源、控制新污染源、保持经济可持续发展的有效方法。它通过对项目的规划、选址、环境影响评价、防治污染设施的建设与使用等方面的管理，尽可能地预防和减少建设项目对环境的污染和破坏，从而达到经济效益、社会效益以及环境效益的统一。

而工程项目环境保护管理主要依托于建设项目环境保护管理法律制度，其法律制度是由环境影响评价制度、环境保护设施建设和法律责任等构成，贯穿于建设项目的整个过程，其对调整工业布局和产业结构，防止建设项目可能发生的环境危害，保障经济与环境的全面协调发展起到重要作用。

6.1.2　工程项目环境保护管理法律制度的特征

工程项目环境保护管理是环境管理的重要组成部分。而推动我国环境保护事业的发展，需要探索环境保护管理发展的一般规律，并结合环境保护实践，找出适合我国国情的、具有中国特色的环境管理模式。

改革开放以来，我国在工程项目环境保护管理领域形成一套完整的制度和做法，而且这些制度相互呼应、互相配合，体现了环境管理的预防性、连续性、普遍性等特征，在控制建设项目环境污染和生态破坏等方面发挥着举足轻重的作用。

工程项目环境保护管理法律制度关乎社会、环境、经济、法律等各个方面，在时间和空间两个维度上分别表现出广泛性、超前性、社会性、一致性的特点。

1. 广泛性

环境问题在空间分布上的普遍性决定了建设项目环境保护管理对象的多样性，而管理对象的多样性又决定了建设项目环境保护管理法律制度的广泛性。

环境问题在空间分布上的普遍性是指建设项目对环境的普遍污染或破坏。从宏观角度看，是一个普遍性问题，并不是哪一个项目或行业所独有的，是所有项目在开发建设及投产使用过程中相伴而生的事物，而项目间的区别仅在其影响程度上有轻重之分。建设项目对环境的普遍污染或破坏这一特点造成建设项目环境保护管理的对象是全社会所有开发建设活动的整体。所以，工程项目在其选址、设计、施工、竣工验收、试生产及投产使用的完整流程中都应符合相应的法律法规，尽可能降低其对环境的污染与破坏。

2. 超前性

法律制度不但需要“惩治已发生的事”，而且要能够“防患于未然”，需要具备一定的超前性，预防可能发生的法律问题，且环境问题即时发生的属性更需要建设项目环境保护管理法律制度具有一定的超前性。

很多开发建设活动对环境的污染和破坏伴随着开发建设活动同步发生。生产装置运转或新建工程投入运行之后，废渣、废水、废气、噪声、电磁波等污染物也会伴随发生。所以，为了防患污染物对环境的影响与破坏，建设项目环境保护管理须作用于建设行为之前，以预防为主，防患于未然。我国颁布实施的《建设项目环境保护管理条例》及其他建设项目环境保护管理法律法规，正是本着环境管理的超前性这一特点制订的。

3. 社会性

环境问题形成原因的多重性和受害对象的多元性导致建设项目环境保护管理法律制度的社会性。一个建设项目对环境造成影响或破坏或许有很多角度的原因：选址不合理、领导决策失误、设计错误、厂内布局不合理、管理水平低、施工质量差、操作人员素质低等。而受害者则包含一定范围内的人群与生态系统。为了防止发生环境问题，建设项目环境保护管理工作理应涉及与该项目相关的各部门，理应从与建设项目相关的项目干系人的环境意识和行为着手。对具体管理者实施坚持不懈地宣传和引导，提高其对保护环境的自觉度，在建设项目环境保护管理中各尽其事，为环境保护尽义务。

4. 目的一致性

环境问题的经济属性导致建设项目环境保护管理法律制度与经济工作的目的一致性。从本源上说，环境问题是一个经济问题，它最先产生于人类的社会经济活动，所以最终必须通过经济手段才能解决。而建设项目环境保护管理的目的是让环境、经济、社会三者有效有序地发展，环境保护部门严格防范环境污染，其根本原因也是为生产力可持续发展而服务。

6.1.3 建设项目环境保护管理法律制度的发展及问题

1. 发展现状

我国实施环境保护已经40多年，在控制新污染、保护生态环境和实现可持续发展等方面都获得骄人的战绩，建设项目环境保护管理法律制度也在不断完善。

1978年，国务院关于《环境保护工作汇报要点》的报告中首次指出进行环境影响评价工作的思路。

1986年，国务院环境保护委员会等颁布《建设项目环境保护管理办法》。

1987年3月20日，国家计划委员会、国务院环境保护委员会颁布《建设项目环境保护设计规定》。

1998年11月29日，国务院发布实施了《建设项目环境保护管理条例》，将原有的《建设项目环境保护管理办法》上升为国务院的行政法规。这是我国建设项目环境保护管理的第一个行政法规，对我国建设项目环境影响评价制度和“三同时”制度进行了更加具体和明确的规定。

2001年12月27日，国家环境保护总局公布了《建设项目竣工环境保护验收管理办法》。

2002年10月28日，九届全国人大常委会第三十次会议通过《中华人民共和国环境影响评价法》，也设专章规定了建设项目环境影响评价制度。

2016～2017年，为了改善建设项目环境管理法律制度存在的诸多矛盾，为了良好地适应新形势要求，国务院立法工作计划先后两次将建设项目环境保护管理列为全面深化改革急需的立法项目。

2017年7月16日，李克强总理签署第682号国务院令，公布《国务院关于修改〈建设项目环境保护管理条例〉的决定》（以下简称《决定》），根据该《决定》，《建设项目环境保护管理条例》对相关内容进行了修改，予以重新公布，并自2017年10月1日起施行。

2. 存在的问题

以上法律法规的颁布与政府部门的影响相辅相成。长此往来，政府不仅是建设项目环境保护管理的创始者和拥护者，亦是建设项目环境保护管理的重要监督人，就算是在环境法治日益完备、环境保护纠纷主要通过法律程序解决的今天，因为某些特定的制度规定（例如行政首长负责制）和没有充分细分的社会结构和公众参与欠佳的法治观念，在工作实操中，政府依旧是环境保护的主要领导者和负责人，由此引发一系列问题。

首先是政府主导过度的问题。因为环境问题的公共属性，世界上很多国家的环境保护管理在某种意义上也都拥有政府主导的特点。而在我国，环境保护管理几乎是由政府全权主导。过度包揽行政权力，这点在建设项目环境保护管理方面较为突出。一方面，建设项目环境保护管理立法太多且强调政府负责，即令建设项目环境保护管理立法在行政立法的范畴，但这种集环境保护管理立法、执法和法律监督等职权于一身的模式，不可避免地存在不少弊端，这种过度依赖政府及其相关部门实现环境管理的制度亟须改革，环境保护管理立法的地位应当予以提高，由权力机关制定法律来规范政府部门的职责。

其次是职权设置的问题。从建设项目环境保护管理的机构设置来看，无论是从中央到地方各级政府职能部门的纵向结构，还是从政府部门的规划局、环境保护局、原计委、土地管理局等的横向结构来看，各部门为了扩大自己在经济和社会上的职权，通过各种立法捷径为相关部门的活动设置路障，实行权力分割，为保持管理者内部利益而损害公众的环境权益。

3. 建设项目环境保护管理法律制度的意义

建设项目环境保护管理法律制度的发展与完善，对于目前行政部门在可持续发展模式的运作上具有重要意义。环境保护管理主要通过政府的行政手段实现，在可持续发展理念的方针下，其法律的重点是环境权的保障。法律规则只有与它所规范的社会现象联系起来时，才有确定法律规则的性质和作用，才能对特定的社会关系产生调节作用。具体来说主要有两点：

首先，建设项目环境保护管理法律制度是对传统经济发展形式的变革，它可以使得经济建设、社会效益和环境保护协调统一。传统的建设项目的决策，主要侧重社会效益和经济增长情况，主要侧重研究影响上述条件的外部因素，例如交通运输、资源状况、产销关系、材料供应等，却忽视了对生态环境的破坏，其结果使得经济发展过程中环境问题凸显，让社会经济效益与环境保护之间的对立日趋紧张。实施建设项目环境保护管理法律制度，可以让决策研究不但从建设项目的外部因素研究对经济发展是否有好处，还要想到建设项目本身对周边环境的作用，以及这种作用的反馈作用，并且采取必要的防范措施。这样就可以完全将各种开发建设活动的社会效益、经济效益和环境效益统一起来，实现社会发展与环境保护的协调统一。

其次，建设项目环境保护管理法律制度是遵循“预防为主”原则和行政法规生态化的重要体现。生态破坏和环境污染一经产生，通常很难消除和恢复，甚至具有不可恢复性。如果造成环境污染和生态破坏后再寻求解决办法，通常要耗费很多经济成本，从经济成本上来说很不划算。而且，环境问题在时间和空间两维度上的可变性强，再加上科学技术发展的局限性，人类活动对环境的损害造成长远影响和后果，通常难以被及时发现和认知，而破坏一旦出现则通常为时已晚，甚至不可逆转。“预防为主，防治结合”就是借鉴国内外的经验教训和针对环境问题的特点提出来的环境保护法基本原则。所以，建设项目开展环境保护管理，是在正确认识环境保护与人类经济活动互相制约、互相作用的基础上，尽力做到使经济建设遵循环境规律，合理调整工农业生产、城市和人口结构，将人类活动对环境的破坏降到最低程度。

6.2　建设项目环境影响评价制度

6.2.1　环境影响评价制度的概念

环境保护是我国的一项基本国策。保护环境，重在预防。加强对建设项目的环境保护，是贯彻预防为主策略的关键，实质办法是实行建设项目环境影响评价制度。而环境影响评价制度是由环境影响评价逐渐发展而来的法律制度，要明确环境影响评价制度的概念，首先需要了解环境影响评价的含义。

环境影响评价，是学者们于1964年在加拿大召开的国际环境质量评价会议上提出的概念，是指在一项工程动工兴建之前，对它的选址、设计以及在建设施工过程中和建成投产后可能对环境造成的影响进行预测和估计，又称为环境影响分析。

根据《环境科学大辞典》的定义，环境影响评价是指对建设项目、区域开发计划及国家政策实施后可能对环境造成的影响进行预测和估计。《环境影响评价技术原则和方法》则定义为：狭义地说，环境影响评价是对特定建设项目在动工兴建以前即在可行性研究阶段对其选址、设计、施工等过程，特别是运营或生产阶段可能带来的环境影响进行预测和分析，同时规定防治措施，确保生态环境维持良性循环；广义地讲，又是指人类在进行某项重大活动（包括开发建设、规划、计划、政策、立法等）之前，通过环境影响评价预测该项活动对环境可能带来的不利影响。

尽管相关文献对环境影响评价的定义各不相同，但基本含义和目的都是相同的。环境影响评价的目的都是确保拟开发项目在环境方面是合理的、适当的，并确保任何环境损害在项目建设前期得到重视，同时在项目设计中予以落实。

在此基础上，《中华人民共和国环境影响评价法》第二条规定："本法所称环境影响评价，是指对规划和建设项目实施后可能造成的环境影响进行分析、预测和评估，提出预防或者减轻不良环境影响的对策和措施，进行跟踪监测的方法与制度。"

由此通过立法的方式，我国确定了环境影响评价在法律中的定义。

环境影响评价制度首先是从建设项目领域开始的，预防或者减轻因建设项目实施后对环境造成不良影响，就是要求建设单位在建设项目动工兴建之前，对它的选址、设计以及在建设施工过程中和建成投入运行后可能对环境造成的破坏进行预测和评估，提出相应的环境保护对策和措施。

这里需要注意的是，环境影响评价并不等价于环境影响评价制度。环境影响评价本身只是一种科学方法、一种技术手段，并通过理论研究和实践检验，一直在不断改进、拓展和完善，属于学术研究、讨论的范畴。而环境影响评价制度属于上层建筑的范畴，是一个法律上的概念。一旦国家（政府）把环境影响评价作为开发建设活动和制订方针政策的重要决策依据，并通过法律规定了进行环境影响评价的程序、分类、审批以及违反环境影响评价要求的法律责任，就建立了环境影响评价制度。

6.2.2 环境影响评价制度的历史与现状

1969年美国国会通过的《国家环境政策法》把环境影响评价作为联邦政府在环境管理中必须遵循的一项制度。同年，瑞典在《环境保护法》中以及1974年澳大利亚在《联邦环境保护法》中，亦分别效法美国，规定了环境影响评价制度。之后，新西兰、加拿大、德国、菲律宾、印度、泰国、印度尼西亚等国家也相继于20世纪70年代建立环境影响评价制度。目前，世界上已经有100多个国家和地区在开发建设活动中推行环境影响评价制度。

在我国，环境影响评价制度的建立也有一个历史过程。1972年联合国斯德哥尔摩人类环境会议后，我国首先由高等院校从国外引进"环境影响评价"这一概念，并陆续进行环境影响评价工作的研究。

1979年9月，五届全国人大常委会第十一次会议原则通过《中华人民共和国环境保护法（试行）》并公布试行，该法第六条明确规定："在进行新建、改建和扩建工程时，必须提出对环境影响的报告书，经环境保护部门和其他有关部门审查批准后才能进行设计"，从而通过立法首次在我国建立了环境影响评价这项法律制度。

1986年，国务院环境保护委员会、国家计划委员会、国家经济贸易委员会联合发布的《建设项目环境保护管理办法》，对在我国实行的环境影响评价制度做了比较全面、比较具体的规定。

1996年，国务院在《国务院关于环境保护若干问题的决定》（国发〔1996〕31号）中明确规定：建设对环境有影响的项目必须依法严格执行环境影响评价制度和环境保护设施与主体工程同时设计、同时施工、同时投产的"三同时"制度。

1998年11月29日，国务院发布施行的《建设项目环境保护管理条例》在《建设项目环境保护管理办法》有关规定的基础上，对建设项目环境影响评价制度做了进一步的修改和完善。

2002年10月28日，九届全国人大常委会第三十次会议通过的《中华人民共和国环境影响评价法》对环境影响评价的范围、原则、规划和建设项目的环境影响评价具体要求做了规定。此后，许多环境保护法律法规相继出台，都毫无例外地对环境影响评价制度做了规定，并使该制度不断完善。

《中华人民共和国环境影响评价法》和《建设项目环境保护管理条例》作为规范建设项目环境影响评价和相关管理工作方面的专项法律法规，自施行以来，对于预防建设项目实施后对环境造成不良影响，促进经济社会和环境的协调发展，发挥了重要作用。但也有一些问题存在：一是"串联审批"程序烦琐，行政效率低下，责任不清；二是建设项目环境影响评价未批先建问题突出；三是环境影响评价制度与其他环境管理制度不衔接等。

为进一步完善环境影响评价制度，2014 年 4 月十二届全国人大常委会第八次会议修订的《中华人民共和国环境保护法》明确规定，未依法进行环境影响评价的建设项目，不得开工建设；同时，加大了对建设项目环境影响评价未批先建的处罚。

2016 年 7 月 2 日，十二届全国人大常委会第二十一次会议通过了《全国人民代表大会常务委员会关于修改〈中华人民共和国节约能源法〉等六部法律的决定》。其中新修改的《中华人民共和国环境影响评价法》在建设项目环境影响评价方面，修改内容包括：将第十八条第三款修改为环境影响评价计划包含具体建设项目的，计划的环境影响评价结论作为建设项目环境影响评价的重要依据，建设项目环境影响评价的内容应根据计划的环境影响评价意见简化；将第二十五条修改为建筑项目环境影响评估文件未依法由审批部门审批或审批后未批准的，建设部门不得开工建设；将第二十九条修改为计划编制机构违反本法规定，未组织环境影响评价，或在组织环境影响评价时虚假或有失职行为，环境影响评价严重失实，直接负责的主管或其他直接负责人等。

纵观现行法律法规关于建设项目环境影响评价制度的规定，主要明确了三点：

一是建设污染环境的项目，必须遵守国家有关建设项目环境保护管理的规定；

二是国家根据建设项目对环境的影响程度，对建设项目实行分类管理；

三是建设项目的环境影响评价文件，必须对建设项目实施后可能造成的环境影响做出分析、预测和评估，提出预防或减轻不良环境影响的对策和措施，并按照国家规定的程序报环境保护行政主管部门批准或者备案。

6.2.3　环境影响评价制度的内容与程序

1. 环境影响评价制度的内容

经过几十年的实践，各国的环境影响法规对环境影响评价文件涉及的评价内容做出明确要求（表 6-1）。

部分国家或组织对环境影响评价文件内容的要求　　表 6-1

国家或组织	文件内容	来源
中国	1. 建设项目概况； 2. 建设项目周围环境现状； 3. 建设项目对环境可能造成影响的分析、预测和评估； 4. 建设项目环境保护措施及其技术、经济论证； 5. 建设项目对环境影响的经济损益分析； 6. 对建设项目实施环境监测的建议； 7. 环境影响评价的结论	中国《中华人民共和国环境影响评价法》

续表

国家或组织	文件内容	来源
美国	1. 建设项目的环境影响； 2. 项目实施后可能产生的不可避免的不良环境后果； 3. 备选方案； 4. 短期环境开发与长期持续发展的关系； 5. 项目实施后产生的不可逆的资源消耗	美国《国家环境政策法》
欧盟	1. 建设项目概况(地点、规模、工艺、污染物排放)； 2. 建设项目环境影响(人群健康、动植物、土壤、水、空气、遗迹、景观等)； 3. 主要环境影响及其预测方法； 4. 避免、减少、修复不良环境影响的措施； 5. 备选方案； 6. 环境影响评价结论	欧盟《公有、私营项目环境影响评价指令》
日本	1. 建设项目及周边环境概况； 2. 公众参与意见； 3. 确定评价范围、项目； 4. 环境调查、预测、评价方法； 5. 环境调查、预测、评价结果； 6. 环境保护措施	日本《日本环境影响评价法》

2. 环境影响评价制度的程序

我国颁布的《环境影响评价技术导则—总纲》将环境影响评价分为三个阶段，即前期准备、调研和工作方案阶段，分析论证和预测评价阶段，评价文件编制阶段。为完成法律规定的环境影响评价内容，我国设计了相应的环境影响评价程序，图 6-1 是我国环境规划部门设计的环境影响评价程序。

6.2.4 环境影响评价制度的评价方法与标准

1. 环境影响评价的方法

20 世纪 90 年代以来，我国陆续出台了一系列评价技术导则（Technical guidelines for environmental impact assessment），10 种环境要素中的 5 种要素评价技术导则已经颁布（表 6-2），导则规定了各要素评价的原则、程序、方法、要求。

导则中的预测方法、评价方法均以定量分析的数学模型为主，例如大气污染单源预测模型 Screen3、河水非持久污染物混合段预测模型 Streetr-Phelps 等，这些模型也越来越被广泛地应用于其他国家的环境评价中。

从表 6-2 中可以看出，目前我国颁布并实施了地面水、地下水、大气、声、电磁辐射、生态等环境要素的评价技术导则，而且地面水、大气、声环境、生态影响、地下水等导则都陆续经过修订。地面水、大气和声环境导则是首先制定和执行的 3 个导则，至今已有 20 多年历史。地面水、大气和声环境也是我国评价体系重点考察的评价对象。

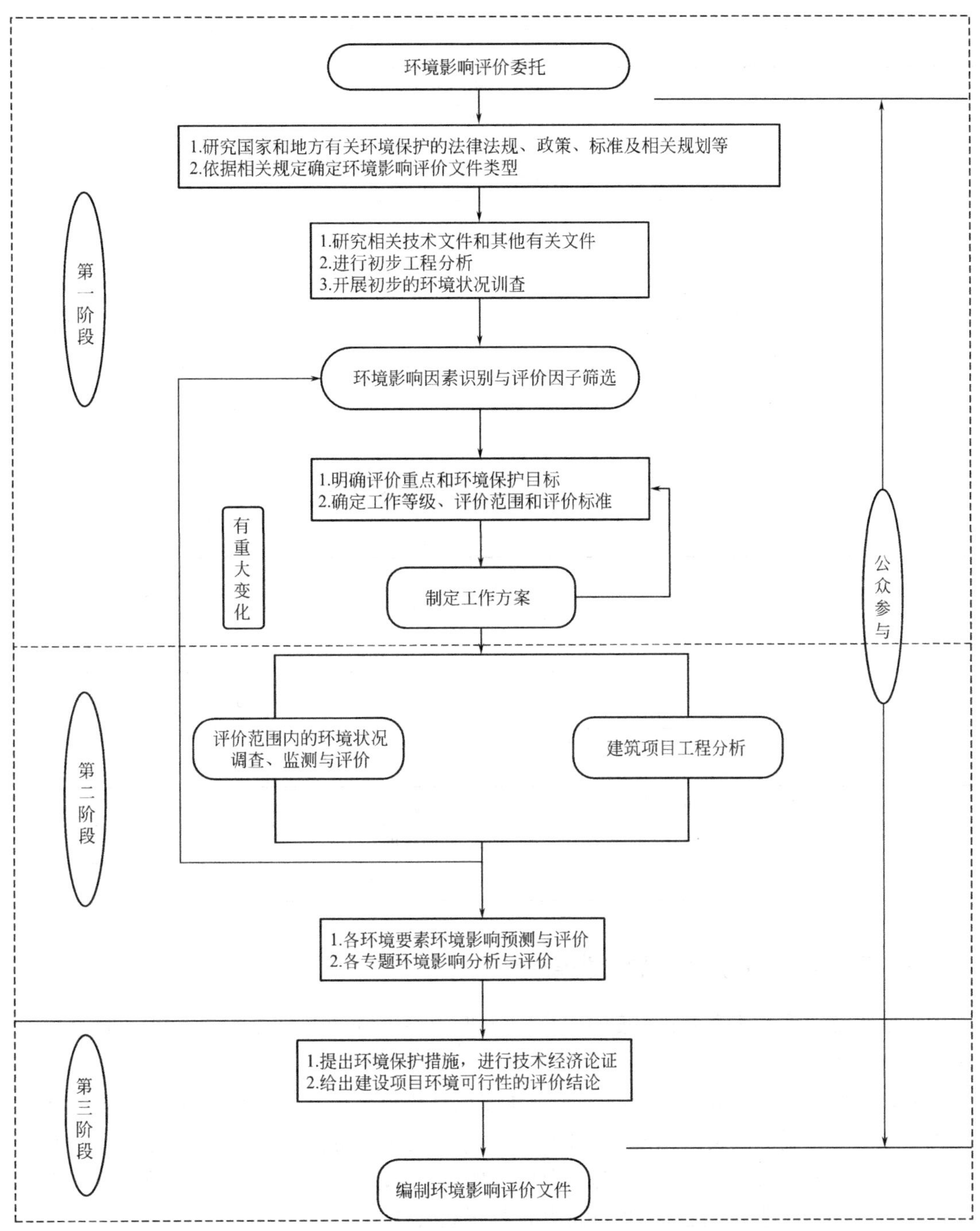

图 6-1　我国环境影响评价程序图

我国已实施的环境要素评价技术导则　　**表 6-2**

导则编号	导则名称	发布时间	实施时间
HJ 2.3—2018	环境影响评价技术导则　地面水环境	2018-10-08	2019-03-01
HJ 2.2—2018	环境影响评价技术导则　大气环境	2018-07-31	2018-12-01

续表

导则编号	导则名称	发布时间	实施时间
HJ 2.4—2009	环境影响评价技术导则　声环境	2009-12-23	2010-04-01
HJ/T 10.3—1996	辐射环境保护管理导则 电磁辐射环境影响评价方法与标准	1996-05-10	1996-05-10
HJ 19—2011	环境影响评价技术导则　生态影响	2011-04-08	2011-09-01
HJ 610—2016	环境影响评价技术导则　地下水环境	2016-01-07	2016-01-07

2. 环境影响评价的标准

环境影响评价中采用的标准主要有排放标准与质量标准。排放标准对排入环境的有害物质做出限制性规定，主要用于污染源的防控，它由综合性排放标准和行业性排放标准组成；质量标准对环境中有害物质做出限制性规定，用于衡量环境现状的优劣程度。我国环境影响评价中常使用的环境标准见表 6-3。

我国环境影响评价中常用的环境标准示例　　表 6-3

标准类别	标准号	标准名称	评价对象
质量标准	GB 3095—2012	环境空气质量标准	评价区大气环境
	GB 3838—2002	地表水环境质量标准	评价区地表水环境
	GB 3096—2008	声环境质量标准	评价区声环境
	GB 15618—2018	土壤环境质量　农用地土壤 污染风险管控标准(试行)	评价区土壤环境
	GB 36600—2018	土壤环境质量　建设用地土壤 污染风险管控标准(试行)	评价区土壤环境
综合性排放标准	GB 16297—1996	大气污染物综合排放标准	大气污染物
	GB 8978—1996	污水综合排放标准	废水
	GB 12348—2008	工业企业厂界环境噪声排放标准	厂界噪声

6.2.5　环境影响评价制度的分类管理

根据建设项目对环境影响程度的大小，对建设项目环境保护实行分类管理，是世界各国的通行做法。

例如在加拿大，根据 1994 年颁布的《加拿大环境评价法案》，加拿大将建设项目环境保护分成四类管理：A 类为只需登记的项目，要求进行一般性评价；B 类为综合研究项目，要求进行较详细的评价；C 类为公众协商项目，要求进行公众参与的评价；D 类为专家审查项目，要求进行广泛深入的评价并进行正式公证。

在我国香港特别行政区，根据 1997 年 2 月颁布的《环境影响评估条例》的规定，工程项目分为进行环境影响评估和经批准直接申请环境许可证两类，凡是工程不可能有不良环境影响且缓解措施符合技术备忘录规定的项目，都可以不进行环境影响评价，直接申请环境许可证。

此外，一些国际金融组织也根据建设项目对环境影响的程度，对向其贷款的项目规定了不同类型的环境影响评价。例如，世界银行《环境影响评价工作指南》就依据拟建设项目的类型、地点、环境敏感程度、项目规模及其潜在环境影响的性质和大小，对建设项目筛选分类为A、B、C三类：A类需要进行完整的环境影响评价；B类不需进行完整的环境影响评价，但需进行环境分析；C类不需进行环境影响评价和环境分析。

在我国，1998年11月29日国务院发布的《建设项目环境保护管理条例》，在总结我国建设项目环境管理实践经验和借鉴国外通行做法的基础上，通过公布名录的方式，对建设项目环境保护实行分类管理，最终通过立法将建设项目环境影响评价分类管理作为一项法律制度确定下来。

一般来讲，建设项目对环境的影响程度与建设项目的性质、规模、所在的地点、所采用的生产工艺以及所属的行业等密切相关，这些都是实施建设项目环境影响评价分类管理需要考虑的因素。同时，建设项目所处环境的敏感性质和敏感程度也是确定建设项目环境影响评价类别的重要依据。《建设项目环境保护管理条例》根据不同建设项目对环境影响的程度，将建设项目环境影响评价分为以下三类规定：

1. 第一类规定

建设项目对环境可能造成重大影响的，应当编制环境影响报告书，对建设项目产生的污染和对环境的影响进行全面、详细的评价。

要正确理解本项规定，必须把握住两点：

一是本项规定的是必须进行环境影响评价的建设项目，这类建设项目不仅要进行环境影响评价，而且要求进行全面、详细的环境影响评价。

二是这类项目是对环境可能造成重大影响的建设项目。至于对环境可能造成重大影响的建设项目的具体范围，则需由国务院环境保护行政主管部门即生态环境部制定并公布名录来加以明确。

2. 第二类规定

建设项目对环境可能造成轻度影响的，应当编制环境影响报告表，对建设项目产生的污染和对环境的影响进行分析或者专项评价。

要正确理解本项规定，同样需要把握住两点：

一是第二类规定也是必须进行环境影响评价的建设项目。与第一类规定不同的是，本类规定的建设项目所需进行的环境影响评价与第一类规定的建设项目相比，是相对简单的环境影响分析或者专项环境影响评价。所谓专项环境影响评价，是指针对某一个或者几个环境要素（例如大气、水等）进行的环境影响评价。

二是本类规定的是对环境可能造成轻度影响的建设项目，至于对环境可能造成轻度影响的建设项目的具体范围，同样需要由生态环境部制定并公布名录来确定。

3. 第三类规定

建设项目对环境影响很小，不需要进行环境影响评价的，应当填报环境影响登记表。

根据这一类规定，对环境影响很小的建设项目，不需要另外进行环境影响评价，但必须履行环境影响登记表的填报手续。至于有些建设项目对环境影响很小，可以不需要进行环境影响评价，不能由建设单位说了算，而必须由生态环境部制定并公布的名录来具体明确。

6.2.6　环境影响评价制度的补充—后评价制度

1. 环境影响后评价的主要内容

环境影响后评价是环境影响评价的拓展，补充和完善了环境影响评价制度。通过进行环境影响后评价，可以对建设项目的实地环境影响做出评价，验证环境影响评价的正确性和环境保护措施的落实情况，监督项目建设单位落实环境保护措施，督促环境影响评价机构提高环境影响评价质量和水平，同时补充预测的内容和减缓影响的对策措施，从而提高环境管理的科学性。

环境影响后评价，即编制环境影响报告书（表）的建设项目在通过环境保护设施竣工验收且稳定运行一定时期后，对其实际产生的环境影响以及污染防治、生态保护和风险防范措施的有效性进行跟踪监测和验证评价，并提出补救方案或者改进措施，提高环境影响评价有效性的方法与制度。

根据我国颁布的《中华人民共和国环境影响评价法》，环境影响后评价不是研究和改进评价技术方法和理论，其目的主要是分析和掌握项目实施阶段和投产运营阶段对区域环境质量的影响情况，检查环境保护措施的实施情况，根据反馈情况提出补救建议与措施。因此，针对法定的环境影响后评价，其研究内容包括现场监测、环境评估以及建议等主要部分，其流程一般为环境监测、检查与评估、环境管理三个部分，详见图 6-2。

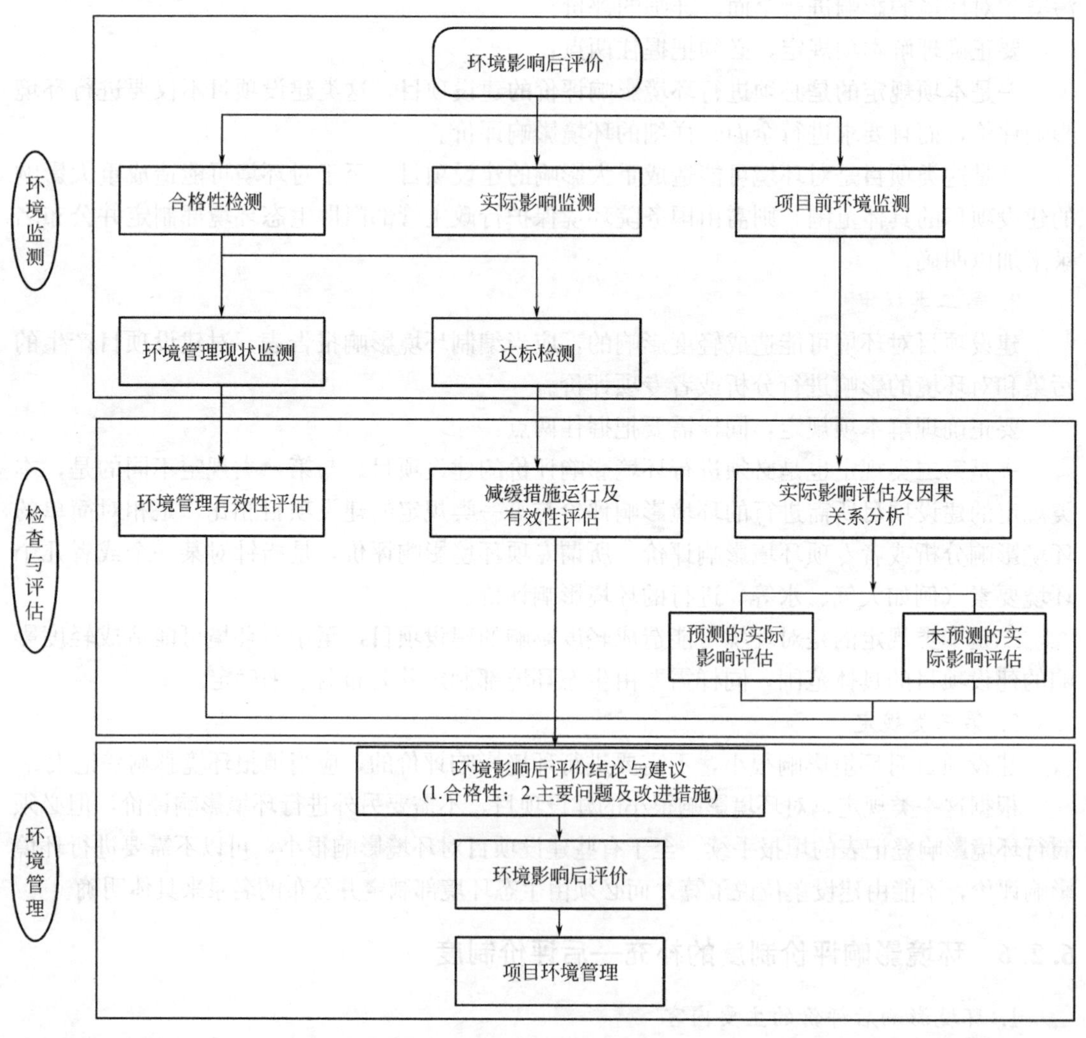

图 6-2　环境影响后评价流程

环境监测内容主要包括工程项目对大气、水、声、生态等方面的影响调查，污染防治措施效果，公众意见调查等。

检查与评估包括环境管理有效性评估、减缓措施运行及有效性评估、实际影响评估及因果关系分析（包括预测的和未预测的环境影响评估），旨在环境监测的基础上对环境影响评价中提出的环境保护措施、建议和项目或规划实施中的环境管理的效果进行检验，并对环境影响评价工作进行评估。

进行建设工程项目环境影响后评价，主要是为了对环境影响的实际程度进行系统调查、评估分析，考察环境影响评价结论的可靠性与正确性，以及评价提出的环境保护措施的有效性，对一些评价时段尚未认识到的影响进行研究分析，以改进环境影响评价技术和管理水平，并对问题进行补救，以致消除不利影响。

2. 环境影响后评价的管理措施

《建设项目环境影响后评价管理办法（试行）》规定了环境影响后评价的具体管理措施，即建设项目环境影响后评价应当在建设项目正式投入生产或者运营后三至五年内开展。原审批环境影响报告书的环境保护主管部门也可以根据建设项目的环境影响和环境要素变化特征，确定开展环境影响后评价的时限。对未按规定要求开展环境影响后评价，或者不落实补救方案、改进措施的建设单位或者生产经营单位，审批该建设项目环境影响报告书的环境保护主管部门应当责令其限期改正，并向社会公开。环境保护主管部门可以依据环境影响后评价文件，对建设项目环境保护提出改进要求，并将其作为后续建设项目环境影响评价管理的依据。

3. 环境影响后评价的识别

哪些建设项目需要进行环境影响后评价，应根据建设项目对环境影响的特点确定，一般为存在累积性环境影响的建设项目、存在持续变化环境影响的建设项目、验收阶段尚未显现效果的建设项目和存在较大影响或争议的建设项目。

4. 环境影响后评价的作用

虽然对建设工程项目进行环境影响后评价不是一项政府强迫的任务，但对于环境保护部门加强环境管理工作以及建设单位强化环境保护意识都具有实质性的作用。

（1）环境影响后评价对环境保护行政部门的作用：

① 强化了环境保护机关对项目的监督管理，利于环境保护部门健全管理机制和实现长效管理。

② 对环境保护部门及时了解建设项目的环境保护动态有好处，方便环境保护规划工作。

③ 能够验证环境影响评价报告和其结论的正确性，并改正现有的不足之处，而总结环境影响后评价的工作可以更加健全和完善环境影响评价方法和相关制度。

④ 环境影响后评价工作主要是一个不断循环和改进的环境影响评价过程，它主要是评价在某一时期内建设工程项目具体环境影响状态，既对前期环境影响评价工作做出评价，又对当前阶段环境质量情况做出监测，即“环境质量现状评价（未实施规划/建设项目前）、环境影响预测评价、环境影响后评价”。所以，环境影响后评价工作可以修缮环境保护工作。

（2）环境影响后评价对建设单位的作用：

① 利用环境影响后评价工作，能够提高建设单位环境保护意识，改进环境保护行为，

确保环境保护措施正常运行，使得大气环境、水环境、固体废弃物等能够达标。

② 能够加强建设单位内部环境管理和外部环境保护，且增长工程项目效益。环境影响后评价工作不仅能够节约建设单位能源和资源，提高资源利用率，还能够找到项目运行阶段环境保护工作的遗漏，让建设单位能够有针对性地开展环境保护工作。

5. 环境影响后评价与环境影响评价的区别

环境影响后评价与环境影响评价在评价原则和方法上有相似之处，但也存在一些区别：

一是目的差异。环境影响评价的目的是从环境的角度判断项目可行性。环境影响后评价的目的是检查、总结项目实施过程中的环境保护工作，预测项目未来环境影响和环境保护效果的变化和发展趋势。

二是阶段差异。环境影响评价属于项目前期工作的决策阶段，而环境影响后评价是在项目投入运营生产的使用阶段。

三是内容差异。环境影响评价主要是对拟建项目可能的环境影响以及环境、经济、社会效益的协调统一性进行评价，而环境影响后评价是对项目的决策和项目实施的环境效果等进行评价。

此外，在比较的组织实施和标准等角度，环境影响评价与环境影响后评价也存在明显差异。

6.2.7 环境影响评价制度的意义

《中华人民共和国国民经济与社会发展第十四个五年规划和2035年远景目标纲要》中关于生态环境的目标是“广泛形成绿色生产生活方式，碳排放达峰后稳中有降，生态环境根本好转，美丽中国建设目标基本实现。”用好环境影响评价制度对于目标的实现，把环境要素的防治要求体现到行业环境管理中，落实到一个个具体的建设项目建设、运营全过程至关重要。特别是对于建设项目的类型及其选址、布局、规模，这些内容一旦确定并建设就很难调整，如果对环境质量产生较大影响，将难以通过后续监管、加强末端治理补救，这都需要通过环境影响评价制度严格把关。

例如，《中华人民共和国大气污染防治法》规定：在高污染燃料禁燃区，禁止新建和扩建燃用高污染燃料的设施；在集中供热管网覆盖地区禁止新建和扩建分散燃煤供热锅炉。《中华人民共和国水污染防治法》规定：禁止新建不符合国家产业政策的小型印染、造纸、染料、制革、炼砷、炼焦、炼硫、炼江、农药、炼油、水泥、电镀、石棚、钢铁、玻璃、火电加上除此的严重污染水环境的生产项目；禁止在饮用水水源一级保护区内新建、改建以及扩建与供水设施和保护水源无关的建设项目；禁止在饮用水水源二级保护区内新建、改建以及扩建排放污染物的建设项目。《中华人民共和国自然保护区条例》规定：禁止在自然保护区内进行放牧、砍伐、捕捞、狩猎、采药、烧荒、采石、开垦、开矿、捞沙等活动；核心区和缓冲区内不得建设任何生产设施，在自然保护区的实验区内不得建设污染环境以及破坏资源或者景观的生产设施等。

而有关环境保护的法律法规也需要通过严格的环境影响评价审批来确保落实，这样既有利于环境保护工作，也能避免由于违反相关法律法规规划而导致的关闭、拆除、改造等不必要的经济和社会成本。

由此，2016年环境保护部制定的《“十三五”环境影响评价改革实施方案》，明确在项目环境影响评价中建立生态保护红线、环境质量底线、资源利用上线和环境准入负面清单（以下简称“三线一单”）的约束机制。《关于以改善环境质量为核心加强环境影响评价管理的通知》进一步要求建立项目环境影响评价审批与规划环境影响评价、现有项目环境管理、区域环境质量联动的“三挂钩”机制。强化改善环境质量目标管理，发挥“三线一单”中环境质量底线对建设项目的约束作用，强化环境质量底线作为国家和地方设置的大气、水和土壤环境质量管理目标，在项目环境影响评价审查过程中对照区域环境质量目标及改善目标要求，深入分析、预测项目建设对环境质量的影响，加强建设项目配套的污染防治措施和污染物排放控制要求，确保建设项目实施后环境质量“只能变好，不能变坏”。

总之，环境影响评价制度不仅针对污染物排放、建设项目类型、总量管控、区域环境状况、环境影响等方面，还进一步强化了环境质量空间管控。一方面，通过环境影响评价审批推动建设项目，提出最佳的污染防治措施以及环境影响减缓措施，逐渐改善环境质量；另一方面，改善环境质量还能倒逼地方调整产业结构、优化产业布局。

6.3　建设项目环境保护设施建设

最近几年，环境影响评价改革明确以改善环境质量为核心的指导思想，坚持在放权上求实效、在监管上求创新、在服务上求提升，将事中事后监管作为环境影响评价改革的重点领域。建设项目环境保护事中事后监管不断深化改革、完善机制、强化执法、加强监督，取得了重要进展，但是仍存在主体责任不落实、环境监管不到位、体制机制不顺畅等问题。其中，“三同时”制度落实不到位，就是一个非常突出的问题。在2016年出台的《“十三五”环境影响评价改革实施方案》中，将不断强化事中事后监管作为重要内容，提出了创新“三同时”管理、落实监管责任的工作思路。

6.3.1　“三同时”制度

1.“三同时”制度的概念

“三同时”制度是指建设项目需要配套建设的环境保护设施，必须与主体工程同时设计、同时施工、同时投产使用的环境保护管理法律制度。

同时设计，是指环境保护设施必须与主体工程一体设计，同步规划。本条对初步设计提出环境保护要求，目的是落实“三同时”中的“建设项目需要配套建设的环境保护设施与主体工程同时设计”的要求。环境影响评价报告书（表）及其对建设项目确定的各项环境保护措施，必须通过初步设计加以落实，以保证最终建成的环境保护设施，符合经批准的环境影响评价报告书（表）的规定要求，达到竣工验收标准。

同时施工，是指建设单位在委托施工任务时，应同时委托环境保护设施的施工任务，并保证其建设进度和资金落实。施工单位在接收建设项目的施工任务时，应同时接受环境保护设施的施工任务，否则不得承担施工任务。在施工阶段，建设单位和施工单位必须将环境保护工程的施工纳入项目施工合同，并按照计划分步落实。

同时投产，是指建设项目需要配套建设的环境保护设施，必须与主体工程同时投产使用；分期建设、分期投入生产或者使用的建设项目，其相应的环境保护设施应当分期验收。建设项目需要配套建设的环境保护设施经验收合格，该建设项目方可正式投入生产或者使用。

根据《建设项目环境保护管理条例》中的有关规定，建设项目的初步设计，应当按照环境保护设计标准的要求，编制环境保护篇章，并根据经批准的建设项目环境影响报告书或者环境影响报告表，在环境保护篇章中落实防治环境污染和生态破坏的措施以及环境保护设施投资概算。建设项目的主体工程完工后，需要进行试生产的，其配套建设的环境保护设施必须与主体工程同时投产试运行。建设项目试生产期间，建设单位应当对环境保护设施运行情况和建设项目对环境的影响进行监测。建设项目竣工后，建设单位应当向审批该建设项目环境影响报告书、环境影响报告表或者环境影响登记表的环境保护行政主管部门，申请该建设项目需要配套建设的环境保护设施竣工验收。环境保护设施竣工验收，应当与主体工程验收同时进行。需要进行试生产的建设项目，建设单位应当自建设项目投入试生产之日起 3 个月内，向审批该建设项目环境影响报告书、环境影响报告表或者环境影响登记表的环境保护行政主管部门，申请该建设项目需要配套建设的环境保护设施竣工验收。分期建设、分期投入生产或者使用的建设项目，其相应的环境保护设施应当分期验收。环境保护行政主管部门应当自收到环境保护设施竣工验收申请之日起 30 日内，完成验收。建设项目需要配套建设的环境保护设施经验收合格，该建设项目方可正式投入生产或者使用。

2. "三同时"制度存在的问题

(1) 企业未能充分落实环境保护"三同时"制度。

"三同时"制度作为一项环境管理法律制度，环境保护部门主要发挥监督管理作用，具体实施的主体是企事业单位或者个体经营户，但主要还是占经营主体绝大多数的企业。所以，重点得从企业角度分析。

首先，环境保护项目的建设占用企业一部分资金，环境保护设施运行和维护也需要很大一部分资金，这使得很多企业不愿意将资金投入到该部分，特别是经济不发达地区的企业和经济发达地区的中小企业，他们在生产经营过程中本身就缺乏资金，让他们将一部分甚至绝大部分资金投入环境保护设施和设备的建设和运行之中，很可能造成企业无法正常生产经营。在实践中，一些中小企业因为环境保护法律和政策的压力不得不停产停业，特别是传统行业，例如钢铁、煤炭、纺织、印刷等行业。这些行业属于高污染行业，环境污染比较严重，环境保护工作稍有放松就会给环境带来难以弥补的损失。由于这些传统行业很早就在我国兴起，在他们兴起之初并未受到过多的环境保护法律意识的熏陶，这就造成企业在整个生产发展过程中对环境保护工作的轻视。一些企业甚至认为环境问题无关紧要，对于环境保护部门的强制性要求不予理睬，任由环境问题发生而不顾。

其次，环境保护设施和设备的运行和操作需要较专业的技术人员，这些专业技术人员不仅薪酬高，而且人手也较为短缺，即使企业愿意花钱聘请这些高薪技术人员但是却请不到能完全胜任该工作的技术人员。企业没有合格的操作人员，环境保护设施和设备就不能正常处理环境污染和破坏问题，企业为了继续发展生产，不得不通过违法手段处理环境问题。由于我国整体环境保护技术发展水平还比较低，环境保护队伍比较短缺，因此，环境保护部门对企业面临的技术问题也是爱莫能助。为了迎合地方经济的发展，环境保护部门不得不“暂时”让企业在未落实“三同时”制度的情况下进行建设，甚至投入生产使用。

总之，企业在落实“三同时”制度时主要面临两个方面的问题：一是资金问题；二是人才问题。解决这两个方面的问题，企业实施“三同时”制度的积极性应该会有很大的提高。

(2) 环境保护部门未能有效发挥监管职责。

我们知道政府的环境职责主要由地方人民政府及其环境保护部门负责，人民政府负责保障当地的环境质量，地方环境保护部门及其他相关部门负责监督政府的环境政策及其环境行为、监管企业或者其他生产经营者在生产经营过程中的环境行为。具体来说，有以下几个方面：

首先，地方政府负有保障当地环境质量的职责，环境保护部门是地方政府的执行机关，负责监管当地的环境质量。虽然目前国家高度重视环境保护工作，政府的环境保护意识也在不断加强，但是受当地经济发展的制约，地方政府在处于环境保护和发展经济的双重矛盾中时，有些地方政府最终还是会选择优先发展经济。

其次，环境保护又需要投入大量的人力、物力和财力，在中央财政和地方财政分权的情况下，地方政府必须发展经济，从而以支撑当地的环境保护事业。由于我国环境保护事业正处于发展阶段，各方面发展还不太成熟，地方政府环境保护法律意识还有待提高，特别是经济欠发达地区和经济发达地区中环境保护意识薄弱地区的人民政府，环境保护工作做得并不到位，经常出现带头违法现象。

由于当前体制机制问题，使地方环境保护部门无法发挥出更有效的监管职责，在环境执法过程中“畏首畏尾”，对查处的环境违法行为通常也不由地方环境保护部门来执法，环境保护部门并不是执法行为的最终决定者，这就使得环境执法的权威大打折扣，影响环境执法人员监督执法的积极性和主动性。

同时，在环境保护法律法规和政策实施的过程中，地方政府为了当地经济的发展，更是对环境法律的实施予以变通甚至曲解法律制定，以期为经济发展铺垫一条更加顺畅的道路。一些地方政府利用环境保护法律存在的空白和漏洞，通过其享有的自由裁量权，往往会在“不违反”环境保护法律的情况下尽最大可能地发展地方经济。

3. “三同时”制度的改善措施

(1) 改进配套立法。

借鉴国内外的经验和做法，我国2002年制定了《中华人民共和国环境影响评价法》，标志着我国环境与资源立法进入一个新台阶。但环境管理制度比环境影响评价制度实施更早，并没有一部专门的法律对“三同时”制度做出规定。所以，有必要通过专门立法对“三同时”制度中部分规定进行解释和规范，进而细化“三同时”验收、审批的程序，明确“三同时”制度的验收条件、标准，配套规定“三同时”制度的监督检查制度。

(2) 结合“三同时”制度与其他环境管理制度。

① 结合“三同时”制度与环境影响评价制度。

我国虽然在2014年通过了《中华人民共和国环境保护法》（以下简称《环境保护法》），但依然缺少必要的支持实施系统，如何将环境影响评价和“三同时”有效结合、合理衔接是目前亟须解决的问题。由于我国对建设项目实行环境影响评价与“三同时”这两种环境管理制度，所以环境影响评价制度和“三同时”制度不是相互独立的，二者通过相互作用发挥各自的功能。两种制度功能的发挥程度不仅与自身的完善性联系，还取决于与其他部分的协调作用。

2014 年《环境保护法》赋予环境保护部门更多有强制力的执行权，并规定环境影响评价机构、环境监测机构等机构在有关环境服务活动中弄虚作假、对造成的环境污染和生态破坏负有责任的，承担连带责任，这有利于环境保护从注重事前准入向常态化的环境监察过渡。

② 结合“三同时”制度与集中治理制度。

集中治理制度表明社会化、集约化处理污染物的模式，突出市场经济条件下企业经济成本最小化的市场规则。2014 年《环境保护法》第二十一条规定：“国家采取财政、税收、价格、政府采购等方面的政策和措施，鼓励和支持环境保护技术装备、资源综合利用和环境服务等环境保护产业的发展。”为企业有选择执行“三同时”提供了依据，把专业的问题让专业的企业去做，这样既可以节省环境保护投资，提高处理效率，又可以采用先进工艺，进行现代化管理，有显著的社会、经济、环境效益。企业在执行“三同时”制度之前，可以算一笔经济账。针对经济实力不好的企业，可以选择就近市场化的污染物处理手段，允许带来较小环境影响的企业，借助其他单位的污染防治设施实施同步建设。这样可以避免企业建设污染物防治设施一次性投入太高的隐患。建设项目中防治污染的设施，在执行同时设计时，可以选择附近有剩余污染物处理能力企业治理污染，只要能够保证同时投产即可。对于经济实力较好的企业可以选择自己建设污染物防治设施，严格执行“三同时”制度。

两者的结合不但降低了基建投资和运行的费用，减少了污染治理占地，还可以巨幅减轻管理治污设施的压力。对相关政府监管部门来说，它既可以保证投资的环境效益，也能大大简化对分散企业的监督管理。

(3) 强化“三同时”执法机关的能力。

2014 年《环境保护法》授予环境保护部门更多新的监督权力，一方面环境监察部门可以进行现场检查，对严重污染环境企业的设备可以查封扣押，对超标排污单位可以责令限产、停产整治。另一方面规定领导干部虚报、谎报、瞒报污染情况将会引咎辞职。好法的出台只是成功的一半，成功的关键是另一半执行程度。倘若没有钢铁般的执行力，再好的目标都有落空的危险。“史上最严”的《环境保护法》的出台，只是万里长征的第一步。在任重道远的环境保护长征中，环境保护执法能否尽职尽责，至为关键。因此，“史上最严”的《环境保护法》还需要加强执行力度。

(4) 促进企业提高环境守法意识和公开环境信息。

① 提高企业管理者的环境守法意识。企业是遵守环境管理“三同时”制度的第一责任主体，作为污染的主要制造者，其对“三同时”制度重要性的认识程度直接关系到该制度的执行率。2014 年《环境保护法》责任主体中出现最多的为企业，但仅有强制性的他律机制约束企业环境行为是不够的，还有必要通过环境教育促进企业利益相关人环境行为的自觉自律。企业执行“三同时”制度是否自觉自律，关键看企业管理者是否认同企业环境责任。为此，可以通过企业环境伦理教育，培育企业利益相关人的环境忧患意识、环境

责任意识和环境保护参与意识，帮助企业正确认识“三同时”制度与企业发展的关系，以提高“三同时”执行率。

② 公开企业环境信息与公众监督相结合。按照《环境保护法》有关规定，按照自愿与强制性相结合，督促企业将污染防治建设和运行情况等信息向社会公开。企业环境信息的公开能够加强公众、舆论对企业环境治理的监督。媒体与群众代表监督企业环境保护义务履行情况，加大对未落实“三同时”制度、环境保护设施停运以及引发重大环境事故等行为的曝光力度，着力营造全社会广泛关注、支持、参与、监督“三同时”监管工作的良好氛围。有针对性地开展“三同时”制度宣传、讲解，让不同层面的群众在喜闻乐见中学法、知法、守法。只有充分了解“三同时”制度，才能更好地监督。同时，环境保护机关建立有奖举报制度，开设环境违法投诉热线，让违反“三同时”的行为在社会监督下无处藏身。

总之，“三同时”制度是具有中国特色的环境管理制度，与环境影响评价制度一起构成建设项目管理的两个紧密相关的环节，是体现“预防为主”原则的重要法律制度，既是建设项目实施阶段的管理手段，也是落实环境影响评价的措施。

6.3.2　建设项目竣工环境保护验收制度

环境保护验收是指项目竣工后，建设责任单位依据国家有关规定和环境保护验收监测或调查结果，通过现场检查等手段，考核建设项目环境保护要求满足情况的活动。

2002 年 2 月 1 日起施行的《建设项目竣工环境保护验收管理办法》是国家环境保护总局令第 13 号颁布实施的管理办法。该办法是为加强建设项目竣工环境保护验收管理，监督落实环境保护设施与建设项目主体工程同时投产或者使用，以及落实其他需配套采取的环境保护措施，防治环境污染和生态破坏。

建设项目竣工环境保护验收制度是“三同时”环境保护管理制度的重要组成部分，是监督建设项目落实环境影响评价文件要求的保障性措施，在我国环境保护工作中发挥过重要作用。

1. 验收工作的要求

环境保护验收监测是项目竣工环境保护验收的主要技术依据。建设项目竣工后，建设单位应依据相关管理规定和技术标准对建设项目的环境保护设施的调试、管理、使用效果和污染物排放情况进行查验、监测，在建设项目竣工试生产或试运行期间，委托有资质的监测单位或调查单位开展验收监测或调查工作。如果建设项目为分期建设，应当对其相应的环境保护设施进行分期验收。以《建设项目竣工环境保护验收技术指南 污染影响类》为例，对环境保护验收工作的新要求进行详细说明：

（1）验收工作程序。程序应明确验收工作具体内容，验收监测工作按过程实施顺序分为启动、自查、编制项目验收监测方案、实施实地监测与检查、最后编制验收监测报告。其中，验收监测内容的确定、监测评价标准、验收质量保证措施、报告编写等为验收监测的重点环节。在启动过程中，需查阅项目立项文件、环境影响评价报告书（表）及其审批部门审批决定、环境保护设计资料、施工合同（环境保护部分）、环境监理报告等资料；为便于了解工程概况和项目实施地周围区域环境特点、必要时可开展现场踏勘工作，为初步验收工作方案的制定提供依据。

（2）开展验收自查。自查内容有项目建成情况、环境保护手续履行情况、环境保护设施建设情况等。结合前期的资料查阅和现场踏勘情况，充分清晰地对比批建情况的一致性。其中手续不全的，需及时依法依规办理；发生重大变动的，但环境影响报告书（表）未经重新批准的，应及时依法依规办理相关手续；未同步建成的，要及时整改。

（3）工况要求调整。在建设项目验收监测时，应在项目运转稳定后，且监测时项目实际运转负荷应高于设计运转负荷75%的工况下进行验收监测。《建设项目竣工环境保护验收暂行办法》规定，在主体工程调试后、运转稳定、环境保护设施正常运行的情况下进行验收监测，并如实记录监测时的工况和数据。同时，国家或地方有关的污染物排放标准或者行业验收技术标准，对项目监测工况、生产负荷的要求另有规定的，按其规定执行。该技术指南给出相关工况记录的推荐方法。

（4）验收标准的执行。明确标准执行规定，实现新旧标准衔接。该技术指南分别针对污染物排放标准、环境质量标准和环境保护设施处理效率三方面进行明确规定。其中就污染物排放标准，原则上执行环境影响报告书（表）及批复的要求，例如环境影响报告书（表）审批后发布或修订的新标准，按该标准的时限要求执行。

（5）优化监测内容与频次。对环境质量影响监测的监测内容与频次进行详细规定，采样监测过程遵循相关技术标准提出要求，包括海水、地表水、地下水、空气、土壤、噪声的监测。

（6）质量保证和质量控制。验收监测的采样方法和分析方法，质量保证和控制要求，执行《排污单位自行监测技术指南总则》，目的是实现建设项目竣工环境保护验收监测与排污单位自行监测有效衔接。

（7）验收工作内容。作为验收的后续工作，明确验收工作内容，包括成立验收工作组、现场核查、形成验收意见。明确验收意见具体内容，要求形成科学合理的验收意见。为了提高验收的合理性，《建设项目竣工环境保护验收暂行办法》规定，在项目验收过程中，建设单位可成立项目验收工作组，以资料查阅、现场检查、召开验收会议等方式，协助开展验收工作。验收工作组可由项目设计单位、项目施工单位、项目环境影响报告书（表）编制机构、项目验收监测（调查）报告编制机构等的单位代表以及相关专业技术专家组成。

（8）“其他需要说明的事项”单列。该技术指南明确“其他需要说明的事项”的具体内容和要求。《建设项目竣工环境保护验收暂行办法》指出，建设单位应如实记录的内容包括：环境保护设备的设计、施工及验收过程概况、环境影响报告书（表）和审批决定中提出的除了对环境保护设施要求以外的其他环境保护对策措施实施情况等。

（9）信息公开、平台登记与建立档案。建立档案明确该工程立项至验收完成全部环节的材料存入档案。《建设项目竣工环境保护验收暂行办法》指出，除涉及国家保密项目或内容外，建设单位应向社会及时公开项目信息，信息公开方式应便于公众知晓，例如网站、报纸或其他媒体，公开信息内容应包含竣工日期、调试起止日期、公开验收报告及公示的期限以及对验收期限进行明确定义。

2. 验收意见

建设项目竣工环境保护验收意见包括项目基本情况、调整情况、工程变更情况、环境保护设施落实情况、试运行情况存在问题及建议、验收结论等。其中存在问题应包括现场检查出的问题和《竣工环境保护验收报告》存在的问题。

(1) 项目基本情况。主要描述建设单位情况、项目立项批复情况、项目建设目标、主要原材料、主要工艺、主要污染物或排放物等。

(2) 工程变更或调整情况。主要描述项目建设过程中在工艺、设备或设施、建筑工程等方面的调整情况。

(3) 环境影响评价情况。主要描述项目环境影响评价开展情况及提出的相关措施和建议。

(4) 环境保护设施落实情况。主要描述项目根据环境影响评价和有关标准所采取的环境保护设施实施落实情况。

(5) 试运行情况。主要描述项目试运行期间在工艺稳定性、设备设施运转、污染排放等方面的情况，核查实际运行与环境保护检测的一致性。

(6) 存在问题及建议。主要描述现场检查过程中发现的相关问题及需采取的对策或措施，同时对《竣工环境保护验收报告》进行核查，提出在内容、格式、深度上的建议。

(7) 验收结论。根据国家和地方有关规定，按照有关标准，明确项目竣工环境保护验收是否通过。

3. 整改报告内容

整改报告应对验收意见提出的问题、建议措施等逐项进行落实。主要包括问题描述、建议措施、整改落实情况、整改后的效果等，可用整改前后的图片补充说明。

4. 项目总体竣工验收对环境保护管理检查要求

项目全部建设完成后就要开始总体竣工验收，建设项目总体竣工验收包括对各项单项竣工验收的检查，其中，总体竣工验收检查的重点是建设项目环境保护管理。

根据国防科技工业固定资产投资项目建设竣工验收的有关管理规定，依照建设项目环境保护管理有关制度，项目总体竣工验收对环境保护管理现场检查主要应关注以下内容：

(1) 建设项目是否纳入建设单位的日常环境保护管理。

建设项目环境保护管理是国家环境保护管理的重要组成部分，建设单位应将环境保护管理纳入本单位环境保护管理工作中。

检查内容：建设单位是否制订建设项目环境保护管理制度；建设单位固定资产投资项目建设管理制度中是否有环境保护管理的要求；建设单位的日常环境保护检查是否包括对建设项目的环境保护检查等内容。

(2) 项目环境保护管理程序的合规性。

检查建设项目环境保护管理工作程序的合规性就是检查环境影响评价、环境保护设施设计、竣工环境保护验收的工作流程是否全面具体、合规完整、规范有效。

检查内容：是否按照国家环境保护管理规定和军工建设项目管理规定开展工作；环境影响评价是否取得备案或批复；环境保护设施设计专篇是否开展并进行评审、环境保护措施是否落实；竣工环境保护验收及审查是否开展并进行整改等。

(3) 竣工环境保护验收发现的问题是否整改落实。

竣工环境保护验收发现的问题主要包括两个方面：

① 编制的项目《竣工环境保护验收报告》中出现的问题；

② 环境保护设施现场竣工验收检查中发现的问题。

第一类问题由建设单位在修改完善《竣工环境保护验收报告》时进行整改落实；第二类问题由建设单位进行整改落实并形成书面文件，由报告编制单位纳入《竣工环境保护验收报告（备案版）》中或单独归档备查。

检查内容：竣工环境保护验收审查会意见和专家个人意见；竣工环境保护验收检测和《竣工环境保护验收报告》编制过程中发现的问题清单及整改落实书面文件；《竣工环境保护验收报告》审查现场检查发现的问题清单及整改落实书面文件等。

（4）评价及检测等机构资质的符合性。

项目建设单位必须保证环境影响评价、竣工环境保护验收检测、竣工环境保护验收报告编制机构的资质符合性，资质符合性检查主要是保密资质、业务资质等。

检查内容：建设项目环境影响评价、竣工环境保护验收检测、竣工环境保护验收报告编制的资质；业务资质范围是否与建设项目建设内容匹配；保密资质是否具备承担建设项目条件，保密业务委托是否符合建设单位保密规定或经过建设单位保密部门审查等。同时检查承担建设项目环境影响评价和竣工环境保护验收报告编制机构是否符合相关要求，不能由一家机构承担。

（5）检测及验收范围的全面性。

军工建设项目具有统筹建设和部分调整的特点，因此，需重点检查环境保护管理各阶段的评价范围是否覆盖项目建设全部内容，以确保评价的全面性。

检查内容：环境影响评价范围是否与批复的建设内容相符合；竣工环境保护检测范围与初步设计批复的建设内容和调整的建设内容的一致性；建设内容相关设备设施、建（构）筑物是否进行检测；多个项目统筹建设内容是否进行覆盖等。

总之，建设项目竣工环境保护验收制度实施以来，对于促进建设项目环境保护设施建设和运行、防治污染、减少生态破坏，发挥了重要作用。随着建设单位对建设项目环境保护管理的主体责任不断加强，建设单位应进一步强化环境保护意识，提高认识，按照国家、地方有关环境保护管理规定，从业务工作实际需求出发，制定相关制度，进一步规范项目的环境保护管理工作，确保项目环境保护管理规范、有序、合规。

6.3.3 监督检查制度

加强对建设项目环境保护情况的监督检查，是各级环境保护部门的法定职责。《中华人民共和国环境保护法》第十条第一款规定："国务院环境保护主管部门，对全国环境保护工作实施统一监督管理；县级以上地方人民政府环境保护主管部门，对本行政区域环境保护工作实施统一监督管理。"

若要建设项目环境影响评价能够真正起到预防和减轻不良环境影响的效果，不仅环境影响评价必须尽可能做到准确与客观，且在此基础上提出的环境保护对策和措施须切实有效地真正落实。环境保护设施验收行政许可取消后，为避免建设项目环境影响评价制度流于形式，维护其权威性、有效性，环境保护行政主管部门应当对建设项目环境保护设施设计、施工、验收、投入生产或者使用情况，以及有关环境影响评价文件确定的其他环境保护措施的落实情况，进行监督检查。这意味着环境保护行政主管部门要调整建设项目的监管策略，从过去采取验收行政许可这种一次性的监管方式调整为对建设项目从设计到施工再到投产使用的全过程监管方式，提升建设项目事中事后监管效力，更加突出环境保护行政主管部门的监管责任。

需要说明的是，实施监督检查的环境保护行政主管部门，不仅指审批该建设项目环境影响评价文件的环境保护行政主管部门，还指对该建设项目负责监督管理职责的所有环境保护行政主管部门。《中华人民共和国环境保护法》和有关环境保护法律规定，环境保护行政主管部门对环境保护工作实施统一监督管理。这是法律赋予环境保护行政主管部门的职责。因此，对建设项目环境保护设施“三同时”执行情况进行监督检查，是各级环境保护行政主管部门必须履行的职责之一。

6.3.4 诚信管理规定

《建设项目环境保护管理条例》第二十条规定，环境保护行政主管部门应当将建设项目有关环境违法信息记入社会诚信档案，及时向社会公开违法者名单。

环境保护行政主管部门将建设项目有关环境违法信息记入社会诚信档案，及时向社会公开违法者名单，这是对诚信管理的要求，反映了当前创新环境治理模式的新思维。从我国的国家治理体系发展来看，这有利于立足“政府—市场—社会”三分结构，理顺各治理主体之间与内部的权责关系，形成企业守法、政府监管、社会监督的共治局面。

6.4 建设项目环境保护法律责任

按照《建设项目环境保护管理条例》和《中华人民共和国环境影响评价法》，建设项目环境保护主要针对未批先建、违反设计施工要求、违反验收规定、技术评估单位、环境影响评价单位、执法人员等几方面，违法方应承担相应的法律责任。具体规定如下：

1. 未批先建

按照《建设项目环境保护管理条例》第二十一条规定：

建设单位有下列行为之一的，依照《中华人民共和国环境影响评价法》的规定处罚：

(1) 建设项目环境影响报告书、环境影响报告表未依法接批或者报请重新审核，擅自开工建设；

(2) 建设项目环境影响报告书、环境影响报告表未经批准或者重新审核同意，擅自开工建设；

(3) 建设项目环境影响登记表未依法备案。

2. 违反设计施工要求

按照《建设项目环境保护管理条例》第二十二条规定：

(1) 违反本条例规定，建设单位编制建设项目初步设计未落实防治环境污染和生态破坏的措施以及环境保护设施投资概算，未将环境保护设施建设纳入施工合同，或者未依法开展环境影响后评价的，由建设项目所在地县级以上环境保护行政主管部门责令限期改正，处 5 万元以上 20 万元以下的罚款；逾期不改正的，处 20 万元以上 100 万元以下的罚款。

(2) 违反本条例规定，建设单位在项目建设过程中未同时组织实施环境影响报告书、环境影响报告表及其审批部门审批决定中提出的环境保护对策措施的，由建设项目所在地县级以上环境保护行政主管部门责令限期改正，处 20 万元以上 100 万元以下的罚款；逾期不改正的，责令停止建设。

3. 违反验收规定

按照《建设项目环境保护管理条例》第二十三条规定：

（1）违反本条例规定，需要配套建设的环境保护设施未建成、未经验收或者验收不合格，建设项目即投入生产或者使用，或者在环境保护设施验收中弄虚作假的，由县级以上环境保护行政主管部门责令限期改正，处20万元以上100万元以下的罚款；逾期不改正的，处100万元以上200万元以下的罚款；对直接负责的主管人员和其他责任人员，处5万元以上20万元以下的罚款；造成重大环境污染或者生态破坏的，责令停止生产或者使用，或者报经有批准权的人民政府批准，责令关闭。

（2）违反本条例规定，建设单位未依法向社会公开环境保护设施验收报告的，由县级以上环境保护行政主管部门责令公开，处5万元以上20万元以下的罚款，并予以公告。

4. 技术评估单位违规

按照《建设项目环境保护管理条例》第二十四条规定：

违反本条例规定，技术机构向建设单位、从事环境影响评价工作的单位收取费用的，由县级以上环境保护行政主管部门责令退还所收费用，处所收费用1倍以上3倍以下的罚款。

5. 环评单位违规

按照《建设项目环境保护管理条例》第二十五条规定：

从事建设项目环境影响评价工作的单位，在环境影响评价工作中弄虚作假的，由县级以上环境保护行政主管部门处所收费用1倍以上3倍以下的罚款。

6. 执法人员违规

按照《建设项目环境保护管理条例》第二十六条规定：

环境保护行政主管部门的工作人员徇私舞弊、滥用职权、玩忽职守，构成犯罪的，依法追究刑事责任；尚不构成犯罪的，依法给予行政处分。

总之，建设项目环境管理相关方需要严格按照《建设项目环境保护管理条例》和《中华人民共和国环境影响评价法》的规定，承担起相应的法律责任。

第7章　工程项目环境管理计划与执行

为应对日益凸显的环境问题，国际金融组织（例如世界银行、亚洲开发银行等）规定达到相应层级的项目必须设计一套具体的计划用来保证提出的环境影响削减措施和环境监测要求在整个项目的后续实施阶段能够得到执行。在贷款执行和监督过程中，国际金融组织将评估项目在环境管理计划中关于削减措施和监测要求的执行情况。

7.1　国际金融组织援助贷款对中国发展的作用和贡献

1978年的中国是一个十分封闭和贫穷的国家，人均GDP仅相当于低收入国家平均水平的一半，既缺少经济建设资金，又缺乏经济改革经验。同时，中国还面临农业、能源、交通等行业发展水平低下的问题，企业技术装备和经营管理水平落后，科技人员和熟练工人严重不足，“文盲”和“半文盲”人口占总人口的三分之一，农村有数亿贫困人口，中国正处在百废待兴、经济起飞和转轨的初期。在十一届三中全会之后，我国决定加入世界银行（WB，以下简称世行），充分利用国际金融组织（IFC）贷款，让世界了解中国，让中国融入世界。

几十年来，中国已成为国际金融组织最大的项目贷款受援国之一，截至2019年底，我国实际利用国际金融组织贷款总额达1109.49亿美元，用于支持我国1089个项目建设。全球范围内，世行贷款在2009年后平均每年达到400亿美元，2018年10月世行董事会批准了史上最大的增资方案，2019年贷款451亿美元，未来10年平均每年贷款总规模有望达到1000亿美元以上。亚洲开发银行在1968～2017年累计贷款总额2493亿美元，2018年主权贷款达到216亿美元。国际金融组织向中国许多关键领域提供了卓有成效的发展援助。

国际金融组织贷款的作用可以概括为以下三个方面：

1. 种子作用

20世纪80年代国际金融组织贷款对中国的国家建设起到“雪中送炭”的作用，帮助中国打破发展瓶颈。20世纪90年代以后中国改革进入攻坚阶段，这些组织提供了中国改革过程中所需的发展知识与技术援助，更多地发挥了“知识银行”的作用。

2. 示范作用

国际金融组织贷款的项目由于符合中国政府制定的发展战略，具有较强的可行性和重复性，因而具有很好的示范作用和推广作用。

3. 催化作用

国际金融组织贷款在局部范围内直接促进受援地区和受援人群的发展，例如提供必要的基础设施、改善基本生活条件、创造良好的投资环境等。技术援助、政策咨询则起到重要的知识传播作用，在更大范围或整体上促进了中国的改革与发展。

国际金融组织贷款对中国经济发展的推动和促进还表现为以下六大贡献：

1. 发展观的贡献

这是国际金融组织贷款的最大贡献。国际金融组织提出“可持续发展”“全面综合发展”（1999年世界银行）、“千年国际发展目标”（2000年联合国）以及“尊重人的尊严”（2002年联合国、世界银行等），成为中国政府提出以人为本的新发展观、五个统筹发展新战略的重要国际背景，起到积极的促进作用。

2. 投资增长贡献

国际金融组织贷款带来的投资增长贡献体现在两个方面：一是直接作用。在20世纪80年代贷款资金直接弥补了国家建设的资金缺口，资金量相对于国内预算资金，比例相当高。二是间接作用。贷款的诱致性投资效果十分明显，即通过改善基础设施、公共服务来创造良好的投资环境，有效增加外国直接投资、国内私人投资以及总投资。目前中国已经成为发展中国家私人投资和外国直接投资流入量最大的国家。

3. 基础设施建设贡献

国际金融组织贷款项目能够改善中国交通、城市建设、能源、供水处理、污水等行业的状况。其中世界银行和亚洲开发银行在促进中国铁路建设和高速公路建设方面发挥了重要作用。通过贷款项目，中国采用世界先进技术，引进使用者收费等激励制度，使中国仅用20多年时间就成为世界铁路与高速公路总里程数排名第一的国家。

4. 减少贫困贡献

这是国际金融组织从20世纪90年代起对华援助的重点，也是最有成效的发展援助和功绩，帮助中国成为过去20年世界上减贫人口最多的国家。

5. 促进知识、制度发展贡献

国际金融组织发挥的另一重要作用是利用其高素质专家、广泛的国际经验、全球知识网络、政策咨询报告，为中国改革发展起到提供知识的作用。对中国而言，他们不仅是资金的贷款者，还是全球性发展知识和经验的提供者和传播者。为支持中国经济转型，世界银行、亚洲开发银行提出多项制度建设，涉及各个领域，例如国有企业、社会保障、政府治理结构、金融、财政改革等。

6. 可持续发展贡献

国际金融组织在这一方面的贡献体现在实施保护生态、防治污染的绿色援助战略，积极支持中国从资源高消耗、污染高排放的传统增长模式转向环境保护型的新型增长模式，转向资源节约型的绿色发展，帮助中国在较低收入条件下提前进入绿色发展模式。

国际金融组织如世界银行和亚洲开发银行都将生态环境问题视为援助战略的重点，致力于积极推动中国从资源掠夺性向资源保护性发展转变。国际金融组织贷款项目不仅着眼于扩大生产能力，例如供水和交通能力，更重要的是通过制度建设来提高效率。

7.2 工程项目国际化的趋势

7.2.1 “一带一路”、RCEP助力国际工程

自2013年“一带一路”倡议提出以来，国际工程项目一直是“一带一路”合作的重

要载体。中国对外承包工程规模、效益与影响力与日俱增，境外重大项目、基础设施互联互通已成为共建“一带一路”的重要支撑。“十三五”期间，中国企业在“一带一路”沿线国家累计新签合同33878份，新签合同额6435.5亿美元，完成营业额4095.4亿美元，分别占中国对外承包工程新签合同总额和完成营业总额的54.6%和52.9%。由此可见，基于共建“一带一路”倡议和全球基建供给需求，国际工程行业的发展拥有重大机遇。我国的工程项目国际化的趋势主要有以下几点：

(1)“一带一路”倡议深入推进，国际合作不断深化，“一带一路”国际合作高峰论坛成果丰硕，以基础设施等重大项目建设和产能合作为契机，为中国企业的国际工程事业提供了发展机会和历史机遇，成为中国企业“走出去”的内生动力。

(2) 中国政府对企业“走出去”的支持不断加大。2017年3月，对外工程承包资质取消，使得中国企业得以参与国际工程市场的竞争。依托论坛、峰会、高层出访等推动，中国企业在国际重大基础设施项目多有斩获。中国政府在金融、信用保险、对外投资、司法保障等多领域为中国企业“走出去”提供了政策支持。

(3) 全球基础设施建设市场虽然出现短期下行趋势，但长期向好，交通、住宅、电力、新能源等领域的基建需求依然旺盛。为促进发展，各国竞相推出经济发展规划，增加基础设施投入，创新合作模式，大部分发展中国家致力于发展基础设施和互联互通，推动工业化进程。

(4) 全球基础设施投资需求巨大。据亚洲开发银行预计，亚太地区基础设施投资需求每年高达1.7万亿美元。非洲开发银行预计非洲基础设施领域每年投资需求达1300亿～1700亿美元。2018年，中国企业在“一带一路”沿线对56个国家非金融类直接投资156.4亿美元，同比增长8.9%，占同期总额的13%，主要投向新加坡、老挝、越南、印度尼西亚、巴基斯坦、马来西亚、俄罗斯、柬埔寨、泰国和阿联酋等国家。随着2019年非洲大陆自贸区的建成和发展，非洲势将成为中国企业投资的热土。

(5) 中国企业已成为国际工程市场的主力军。在最新的2019年美国《工程新闻纪录》(ENR)“全球最大250家国际承包商”排名中，中国企业以75家位列第一，创下1980年中国企业入围以来的最高纪录。其中，中国交通建设集团有限公司、中国电力建设集团有限公司、中国建筑集团有限公司分别名列第3、第7、第9位。土耳其以43家位居第二，美国以37家位居第三，意大利和韩国各以12家位并列第四。依托多年在国内的发展和壮大，中国企业在基础设施建设、设计咨询、装备制造等方面具有较强的综合竞争优势。随着中国的资本、装备、技术和建设得到国际社会的认可，中国企业的国际竞争力不断增强。

此外，2020年11月15日，第四次区域全面经济伙伴关系协定领导人会议以视频方式举行，会后东盟10国和中国、日本、韩国、澳大利亚、新西兰共15个亚太国家正式签署了《区域全面经济伙伴关系协定》(Regional Comprehensive Economic Partnership, RCEP)。这份协定的签署，标志着当前世界上人口最多、经贸规模最大、最具发展潜力的自由贸易区正式启航。

RCEP与“一带一路”倡议相得益彰，相互促进，共同发展。RCEP的多数成员国也是“21世纪海上丝绸之路”的重要节点国家，可以说正是“一带一路”建设的成功推进，紧密了中国与RCEP成员国间的经贸关系，成为助力RCEP成功签署的重要因素。同时，

RCEP 实施后将更充分地发挥重要平台作用，不断发挥自身的制度性安排优势，源源不断地释放红利，助力成员国间深化合作、互利共赢，提升区域内产业链、供应链、价值链的稳定性和互联互通，不断扩大“一带一路”的朋友圈，使更多国家、企业参与到“一带一路”建设中来，扩大“一带一路”的影响力和成效。从这个意义上说，RCEP 不仅是中国构建自由贸易区网络进程中的重要事件，也是推动共建“一带一路”的一个重要里程碑。作为全球巨型自贸协定的重要代表，RCEP 建成后将成为“一带一路”上最大的制度化和机制化的合作平台，各成员国将在这个平台上逐步向区域内的产业、贸易、投资和金融的自由化和便利化迈进，特别是将带动尚未签署“一带一路”合作文件的 RCEP 成员国更深层次地参与到“一带一路”建设中来，从而在亚洲地区形成 RCEP 和“一带一路”双轮驱动的经济合作发展新格局。

除了东盟和中国之外，RCEP 的成员国还包括日本、韩国、澳大利亚和新西兰，而这四个成员国都是经济发展水平、自由化程度均较高的发达经济体。这些成员国的参与可以激活和放大区域内的贸易和投资红利，以强大的外溢能量推动区域经济一体化的发展，与“一带一路”相互促进、共同发展。

由此可见，“一带一路”战略的实施带给中国大量承接海外工程的机遇，而 2020 年签订的 RCEP 将会助力“一带一路”战略的进一步推进。未来，工程项目会越来越趋向于国际化，中国将有机会在这片舞台上大显身手。

7.2.2 海外“新基建”业务的拓展

2020 年 4 月 20 日，国家发展改革委首次就“新基建”概念和内涵做出正式解释：新型基础设施是以新发展理念为引领，以技术创新为驱动，以信息网络为基础，面向高质量发展需要，提供数字转型、智能升级、融合创新等服务的基础设施体系。其包括三个方面：一是信息基础设施，主要是指基于新一代信息技术演化生成的基础设施，例如以 5G、物联网、工业互联网、卫星互联网为代表的通信网络基础设施，以人工智能、云计算、区块链等为代表的新技术基础设施，以数据中心、智能计算中心为代表的算力基础设施等；二是融合基础设施，主要是指深度应用互联网、大数据、人工智能等技术，支撑传统基础设施转型升级，进而形成的融合基础设施，例如智能交通基础设施、智慧能源基础设施等；三是创新基础设施，主要是指支撑科学研究、技术开发、产品研制的具有公益属性的基础设施，例如重大科技基础设施、科教基础设施、产业技术创新基础设施等。在政府的大力推动下，“新基建”已经成为国内经济发展的新引擎。而针对海外市场，在“一带一路”战略实施与《区域全面经济伙伴关系协定》（RCEP）签署的情况下，中国海外“新基建”业务发展将面临前所未有的机遇。

1. 发展中国家城镇化建设需求

近年来，发展中国家城市化进程不断推进，并且要求不断提升，为海外“新基建”业务提供了发展机遇。部分国家提出大规模的新城建设计划，例如埃及新行政首都、赤道几内亚欧亚拉新城、印尼美加达新城、缅甸曼德勒产业新城、孟加拉国普巴乔新城和达卡南部新城、沙特 Neon 新城等。一方面，与人口高速增长、城市规模迅速扩大相伴的是“城市病”的出现，例如交通拥挤、住房紧张、供水不足、能源紧缺、环境污染、秩序混乱等问题，需要从城市规划建设初期就进行一定的超前设计，不断提高城市运行效率，改善人的居住环境。另一方面，受新冠肺炎病毒疫情影响，发展中国家基于对改善民生、优化投资环境、拉动经济发展以及应对公共卫生危机多方面考虑，或将优先完善医疗与康保设施，改善居住条件，更加注重环境保护产业和智慧城市建设，更加重视数字化技术的发展。“新基建”本质上是信息化、数字化的基础设施，以“新基建”为引领的新一轮工业革命、产业革命，为上述城市发展需求提供了支撑。

以埃及新首都项目为例，开罗现在已成为全世界最拥挤的城市之一，而大开罗区域的人口预计将在未来数十年内翻番，启动新首都项目的一个主要原因就是为了缓解开罗市人口和交通的巨大压力。新首都规划占地面积700km^2，将容纳500万～700万常住人口，建成后将成为埃及新的行政和金融之都，是一座绿色城市、可持续发展城市、可行走城市、智能城市、交通便利城市、宜居城市和商业城市。新首都项目将分期建设，一期总投资约450亿美元，包括埃及总统府、议会大厦、内阁大厦、政府部委区、外国使馆建筑群、中央商务区、大学城、高中低档住宅区及配套市政工程等。中国建筑集团有限公司承建的中央商务区一期投资规模为30亿美元，包括1栋约385.8m高的非洲第一高楼、若干栋高层商业办公楼、高层公寓楼、高档酒店及配套市政工程等，总建筑面积约170万m^2，将被打造成新首都城市中心。中国建筑集团有限公司以设计＋建造模式于2018年5月开工建设，计划于2022年全部建成。伴随着项目进展，各种市政设施、办公楼宇将逐步投入使用，如何运营和管理这座智慧的、新兴的城市，成为摆在埃及政府相关部门面前的困难和亟须解决的问题，也为“新基建”的进一步引入和应用提供了机遇。

新型城镇化的要求可以体现为建设智慧城市、绿色城市、森林城市、海绵城市、人文城市、宜居城市等一系列类型的现代化城市的要求，还体现在城市群、大都市圈建设的要求。城镇化过程中的“新基建”一方面包括全新的信息化、智能化、绿色化的城市基础设施，例如新一代智能信息网络，包括F5G（千兆光纤宽带）、5G、物联网、云计算、边缘计算、新型互联网交换中心等；另一方面利用新一代信息技术和绿色技术与交通运输、能源水利、市政、环境保护、公共卫生等传统城市基础设施进行融合，对传统城市基础设施进行数字化、网络化、智能化、绿色化升级而建设形成的新基础设施。未来城市群和大都市圈的基础设施建设需求量很大，这既包括城市群的城市和城市之间高速、便捷、绿色、智能的交通基础设施建设，还包括大都市圈中城市和郊区、中心城市和卫星城市之间交通、信息等基础设施以及各类公共设施。

2. 建筑业的全面转型升级

“新基建”倡导新绿色能源革命和可持续发展理念，而以劳动密集型、以现场工地现浇建造方式为主的传统建造方式提供的建筑产品已不能满足人们对高品质建筑的需求。根据麦肯锡公司的报告，新冠肺炎病毒疫情加速了建筑生态体系的破坏与重组，未来全球的建筑生态系统会更加向标准化、统一化和集成化发展，呈现工业化和规模化的趋势，例如装配式建筑带来的建筑工业化、新材料集中化生产和数字化建设等。2020年8月28日，住房和城乡建设部等9部门也联合发布了《关于加快新型建筑工业化发展的若干意见》，要以新型建筑工业化带动建筑业全面转型升级。

建筑工业化推动装配式建筑发展，建立先进建筑制造体系，实现建筑产业的绿色环保、质量标准、节约高效。装配式建筑以设计标准化、生产工厂化、施工装配化、装修一体化、管理信息化和应用智能化为典型特征，与传统建造方式相比，主要有生产效率高、建筑质量高、节约资源、减少能耗、清洁生产、噪声污染小等优点。例如中国建筑集团有限公司在国内承建的深圳长圳公共住房及其附属工程项目，是目前全国在建规模最大的装配式公共住房项目、全国最大的装配式装修和装配式景观社区，也是深圳市建设管理模式改革创新的试点项目。项目总投资 58 亿元，总建筑面积约 116 万 m^2，建成后将提供近万套人才安居住房，致力于打造公共住房优质精品标杆、绿色建造标杆、全生命周期 BIM 应用标杆、人文社区标杆、智慧社区标杆、科技住区标杆、高品质住区标杆和城市建设领域标准化运用标杆。建筑业的工业化趋势，与"新基建"的理念和发展方向不谋而合，相互促进；中国建筑产业的转型升级，为海外"新基建"项目的发展提供了行业技术支撑和更多实现的可能。

7.3 学习国外项目环境管理经验的必要性

30 多年前国际金融组织如同"雪中送炭"，不仅援助贷款帮助我国打开对外开放之门，为我国带来资金、技术、设备和管理经验，而且成为我国获取、学习、吸收市场经济和发展政策的重要来源之一，也对中国的制度安排、观念革新、知识技术形成非常广泛的影响，起到重要的示范作用和引导作用。2017 年 5 月，在"一带一路"倡议背景下，财政部联合世界银行（以下简称世行）、亚洲开发银行（以下简称亚行）、亚洲基础设施投资银行、欧洲复兴开发银行、欧洲投资银行、（金砖国家）新开发银行（以下简称新开行）共同签署《关于加强在"一带一路"倡议下相关领域合作的谅解备忘录》，旨在加强对基础设施和互联互通项目的支持，建立稳定、多元、可持续的金融机制。

我国与国际金融组织通过贷款援助等方式，多年来建立起各级合作框架。作为受援助方，应该对援助效果、经验和教训做出总结，积极地、科学地建立项目实施的经验和理论，并通过共享和普及使项目的成果和经验得以推广，增强其示范作用，快捷地把经验传递给其他项目，从而加速提高项目的成功率、有效性、回报率和可持续性，更加高效地促进各项事业的发展。

在国际金融组织贷款项目的实施过程中，借款国的各级管理机构非常注重国外项目管理经验的引入、制度创新和制度建设等方面的内容，从而起到良好的外溢效应、示范效果和社会带动作用，对同类项目的立项、管理、执行和评估等提供了丰富的经验和重要的借鉴作用。其中国际金融组织对项目管理过程中管理制度的创新、各级管理机构协调机制的建立等，都成为行业内同类项目运行的范例。

由于国际金融组织将生态环境问题视为援助战略的重点，因此多年来在贷款项目中积累了丰富的环境保护与管理经验，并且一直在不懈地探索更加完备的机制。通过贷款项目的技术援助，将国别环境分析、公众咨询、信息公开、累积影响、环境影响经济评价、环境管理计划等理念、思路、方法和技术带入我国，在我国的环境政策法规框架制定、加强环境评价方面扮演了重要的战略性角色。为进行能力方面的建设，亚行对工作人员培训提供援助，援助了 1996 年《中华人民共和国水污染防治法》修订案、1998 年《中华人民共和国土地管理法》、2002 年《中华人民共和国清洁生产促进法》等法律制度的起草，支持了环境保护基本法的审查以及自然资源法规框架的建立。亚行在环境评价领域的制度和经验，对从事亚行项目环境评价工作以及中国环境影响评价工作都具有综合的借鉴意义和指导作用，有很多地方值得中国环境影响评价工作者学习。因此，积极地总结和学习先进经验具有良好的机遇与空间。在未来，我国将有更多的企业走出去承接海外基础设施建设等业务，这就意味着需要大量的资金去开发。而从总体来看，世行、亚行和新开行在国际金融市场上享有最高信用等级，融资成本低，利率比国内市场利率低 3%～5%，其贷款被普遍认为是当前最优惠的开发性贷款。基于现行利率处于历史较低水平的机遇，通过利率掉期金融工具，可以大大降低国内广大企业“走出去”的资金成本。因此，弄清楚国际金融组织的贷款条件，针对环境管理方面制定翔实可行的环境管理计划方案，可大大降低向国际金融组织贷款的交易成本，更好地与国际金融组织形成战略合作伙伴关系。

另外，由于气候、地质条件、文化等自然人文环境的不同，世界各地的工程实施环境大相径庭。所以，中国企业积累的国内工程的环境管理方面的经验很难与世界各地的条件相匹配。国际金融组织提出的环境管理计划（EMP）恰好为环境管理制定出较为统一的方案，这套方案为环境评价工作设计出一套具体的计划，用来保证提出的环境影响削减措施和环境监测要求在整个项目的后续实施阶段能够得到执行。因此，弄清楚 EMP 对于向国际金融组织贷款和承接海外工程显得尤为重要。

7.4　环境管理计划概述

人类开发建设活动对环境的影响，随着开发建设的发展而日益深刻。为了减缓它的影响，协调社会经济发展与环境保护的关系，必须开展环境影响评价研究。环境影响评价是指对建设项目引起的环境变化（包括对自然环境和社会环境的影响）所进行的预测和评价，以及提出减缓环境变化的措施。从广义来讲，环境影响评价也属于环境管理的一种方式和手段；而从狭义来说，环境影响评价要为具体实施环境管理提供依据、制定措施、明确步骤。

建设项目在规划设计阶段开展的环境影响评价工作，就是为了识别和预测项目可能对环境产生的影响，并制定出相应的削减措施和监测计划。为了实现把项目对环境产生的影响降到最小限度的目标，环境影响评价工作中一项重要的任务就是，设计一套具体的计划用来保证拟定的环境影响削减措施和环境监测要求在整个项目的后续实施阶段能够得到执行。而 EMP 正是环境评价中起着这样作用的一项重要计划。环境管理计划制定出执行各项削减措施的机构设置、能力要求、职责分工、进度安排、监测方案和报告程序等内容，在项目施工和运行期间，作为保护环境、减缓不利影响的切实可行的指导手册。

根据我国《中华人民共和国环境影响评价法》的规定，任何类型的建设项目，其环境影响报告书均必须包括环境管理和监测计划的内容，这从法律上确立了建设项目环境影响评价中环境管理与监测计划的重要地位。显然，建设项目环境管理和监测计划是环境影响评价中的一个重要组成部分，是建设项目施工阶段和建成运行阶段能够实施量化管理的重要指标体系。

国际金融组织贷款的建设项目在此方面有更加翔实并具可操作性的要求。例如，世界银行在中国贷款的建设项目，除了编制建设项目环境影响报告书外，还必须编制建设项目环境管理计划，即《环境管理计划》(Environment Management Plan，简称 EMP)。EMP 包括以下相关内容：项目背景、法律法规框架、环境与社会管理计划实施机构设置及其职责、环境影响评价结论、影响减缓措施、现场环境监测、监测计划、培训计划、实施计划与监督、报告计划和环境管理计划费用预算等。除了世界银行，亚洲开发银行对其贷款项目同样要求设计一套具体的计划用来保证提出的环境影响削减措施和环境监测要求在整个项目的后续实施阶段能够得到执行。根据亚洲开发银行的《环境评价导则》，环境管理计划应包括以下主要内容：(1) 对潜在影响的概述；(2) 对拟定的削减措施的说明；(3) 对拟定的环境监测的说明；(4) 对拟定的公众咨询程序的说明；(5) 对实施削减措施和监测计划的责任和机构安排的说明；(6) 对报告和审查责任的说明；(7) 工作计划；(8) 环境友好采购计划；(9) 详细的费用估算；(10) 反馈和调整机制。一项完备的环境管理计划一旦制定，便独立于环境影响评价而贯穿于项目始终。

国际金融组织贷款项目的环境管理计划类似于我国建设项目环境影响报告书中的环境管理和监测计划。不同的是，国际金融组织更注重环境管理计划中的条款内容，并将其作为指导项目环境管理的法律文本，而列入计划中的条款一般都要在实施中得以认真贯彻执行。相比而言，我国目前建设项目环境影响评价中的环境管理和监测计划执行情况并不十分理想，大多数建设项目环境影响报告中的环境管理和监测计划更像是一种制式内容，由于缺乏落实和监督，使实际执行的效果大打折扣。因此，如何发挥建设项目环境影响评价中环境管理和监测计划的作用，值得环境影响评价单位、环境影响评价审批部门以及建设单位的深思。但更主要的是，环境影响评价单位应如何编制好建设项目环境管理和监测计划，使之能够更加符合建设项目的特点，并具有实际的可操作性和有效的可监督管理性。

EMP 是指导项目相关单位，包括项目实施单位、施工承包商、施工监理单位等非环境专业人员，按照有关政策要求，实施各项环境保护减缓措施的工作手册。该计划的语言应简洁明了，减缓措施易于实施，监测计划有针对性，培训计划结合实施组织安排，培训内容易于理解，各项措施落实到相关单位、相关人员，实施费用真正落实。该管理计划是一份以实施为导向的工作手册，培训内容应重点针对环境保护措施的工作培训，而不是环境保护的理论培训。

由于 EMP 具有必须实施的法律属性，作为项目协定履约的条款，在 EMP 报告内要求附上业主的承诺函，承诺函包括以下两个内容：一是要明确 EMP 中所提出的减缓措施、培训计划、监测方案、报告机制充分考虑了项目潜在影响的人群和社区，且应保证计划是同相关机构进行充分的公众参与、协商后制定的；二是要承诺在项目后续的实施阶段中安排资金、严格执行世行批准的 EMP，其中包含的各项政策、标准、减缓措施、培训和监测等任务将在项目实施和运营阶段逐一落实。

7.5 环境管理计划基本内容

针对不同等级的项目，EMP 的详细程度会有所差异。因此，弄清楚项目等级的分类是弄清楚 EMP 的前提。下面本书将以世界银行与亚洲开发银行为例，具体阐述两个国际金融组织对项目分类的要求以及 EMP 的基本内容。

7.5.1　世界银行项目的分类及环境管理计划基本内容

根据项目的类型、位置、敏感度、规模以及潜在的环境影响的特性和大小，世界银行将项目分为四类：A 类、B 类、C 类、F1 类。

项目类型主要是指项目本身特征及其具有的环境风险；位置主要是指考虑项目与周围重要的环境地区如湿地、森林和自然栖息地等的位置关系；敏感性主要是指是否有不可逆的潜在影响或影响到脆弱的少数民族、涉及非自愿移民安置或影响物质文化遗产等；规模是指根据具体情况，考虑环境和社会问题的范围；潜在的影响是指基于采取消减措施之前的影响。

世界银行贷款项目分类由专家会同地区环境部门确定，分类不是绝对的，与专业判断有关，且一个项目只能给予一个分类，不能使用双重类别。如果未能对项目进行正确地分类，会对自然环境和人群造成重大影响。在项目准备期间，允许世界银行工作组和地区环境部门根据项目调整情况和新的项目信息进行项目分类的调整。而国内项目环境影响评价根据项目的类型、规模地点（敏感性）和《建设项目环境影响评价分类管理名录》中量化的指标，规定了不同建设项目编制不同的环境影响评价文件类型。国内环境影响评价文件分为环境影响报告书、环境影响报告表和环境影响登记表。与世界银行项目分类由专家会同地区环境部门确定不同，专业能力不高的技术人员即可以根据《建设项目环境影响评价分类管理名录》确定国内环境影响评价文件类型。四种分类具体如下：

A 类项目：产生重大的不良环境影响，这些影响是敏感的、多种的或前所未见的，同时，环境影响的范围大于项目的厂址或设施范围的项目，类似于国内可能造成重大环境影响的、应当编制环境影响报告书的项目。通常大坝和水库、矿藏开发、机场铁路等交通设施建设、大型灌溉和排水等项目均为 A 类项目。

B 类项目：潜在的不良环境影响小于 A 类，这些环境影响仅限于厂址范围且很少是不可逆的，且设计缓解措施比 A 类项目更容易的项目，类似于国内可能造成轻度环境影响的、应当编制环境影响报告表的项目。一般来说，小型工业、小型公共设施、农业项目等为 B 类项目。

C 类项目：对环境的影响很小或没有影响的项目。类似于国内对环境影响很小，应当填报环境影响登记表的项目。常见的 C 类项目有教育、组织机构发展、卫生保健等。

F1 类项目：世界银行通过金融中介对子项目进行贷款，子项目可能会产生不良环境影响的项目。

对 A 类项目的环境评价，EMP 是组成要素；但对许多 B 类项目，EMP 可能是环境影响评价的仅有结果。要准备和制定一项管理计划，借款人及其环境影响评价人员需要：

（1）确定一系列针对潜在不良影响的具体措施。

（2）制定相关要求，以确保这些针对措施能够及时、有效地实施。

（3）描述为满足上述要求而采取的办法。

具体而言，EMP 应包括下列内容：

1. 削减措施

EMP 要找出可以将潜在重大不良环境影响降到可接受水平的措施，而且这些措施应当是可行的并符合成本效益原则。成本效益原则（Cost-benefit principle）规定，在会计系统中，一项活动的收益必须大于其成本。即在一个工程项目中，为了降低环境影响而采取的环境管理措施，其带来的效益需要大于其付出的代价。但不可能每次的缓解措施都能完美地解决问题，因此计划应该包括当削减措施不可行、效益低或不充分时采取的补偿措施。EMP 尤其应该：

（1）鉴别并总结所有预计发生的—重大不良环境影响（包括有关对少数民族或非自愿移民的影响）。

（2）对每一条削减措施进行详细描述，包括相关的影响类型及发生条件（例如连续的或偶然的），必要时还要包括技术设计、设备描述和操作程序。

（3）这些措施必须成为项目设计的一部分，它们必须包括一个环境的成本和收益分析。

（4）估计这些措施可能产生的任何潜在的环境影响。

（5）提出项目所需的其他相关削减计划（例如非自愿移民、少数民族或文物）。

2. 监测

在项目执行过程中的环境监测，可以提供项目环境方面的信息，尤其是项目的环境影响以及缓解措施的有效性。作为项目检查工作的一部分，这些信息使借款人和世界银行可以评价缓解措施的效果，同时在必要时可采取纠正行动。所以，根据项目环境影响评价报告中所列的环境影响和 EMP 所阐述的缓解措施，EMP 应确定监测的目标及监测类型。具体而言，EMP 的监测部分应包括以下内容：

（1）对监测措施（包括技术细节）的具体描述，包括监测的参数、监测方法、采样位置、监测频率、检测限制、需要采取补救行动的阈值定义。

（2）监测和报告程序，以便达到以下目的：

① 尽早及时发现存在的问题，例如需要采取特殊缓解措施的情况；

② 掌握实时工作进展与缓解措施实施的效果状况，实现监测的目的，达到管控的目的。

3. 能力建设和技术培训

为支持项目中环境内容和缓解措施及时有效的执行，EMP 吸收了环境影响评价中对现场的、部门的或其他相关环境机构的评价，其中包括对现状、职责和能力的评价。需要时，EMP 会建议设立或扩充上述环境机构，进行员工培训，保证环境影响评价建议的贯彻实施。EMP 还应有对机构安排情况的专门描述——谁负责执行缓解和监测措施（例如分别负责实行、监督、执行以及对执行情况的监测、补救行动、财务、报告和人员培训的机构）。为加强各项目执行机构的环境管理能力，大多数 EMP 还会涵盖下列题目中的一个或多个：

（1）技术援助内容。

（2）设备采购和供应。

（3）组织机构变化。

4. 实施进度和成本估算

针对上述三个方面（缓解措施、监测和能力建设），EMP 要包括：

（1）实施作为项目一部分的减缓措施的进度安排，该计划应体现分期实施原则以及与整个项目实施计划的协调。

（2）实施 EMP 的资本金以及经常性开支费用的估算和资金来源这些数字也应列入项目总费用表。

5. 将 EMP 与项目结合

EMP 能否得到有效贯彻是借款人决定是否进行一个项目、世界银行决定是否支持该项目的前提，因此，世界银行希望管理计划对缓解及监测措施的描述，以及对机构职责的安排应详细而准确，且环境管理计划必须与项目的总体规划、设计、预算和执行相结合。这种结合是将 EMP 作为项目一部分而实现的，这种有机的结合才能使管理计划与项目的其他部分一样得到资金和检查。

7.5.2　亚洲开发银行项目的分类及环境管理计划基本内容

亚洲开发银行在环境评价领域有着丰富的经验，其《环境政策》要求所有对环境有影响的建设项目都要进行环境影响评价，以确保项目不利影响最小化。亚洲开发银行《业务手册 20》对项目的环境影响分为 A、B、C 和 F1 四类。A 类项目的要求最严格且需要最高等级的投入和资源，B 类项目的要求较少，C 类项目的要求最少，相应的环境分类及基本要求见表 7-1。F1 类项目是从金融中介机构得到信用信贷或者以出让股份的方式得到贷款的项目，一般情况下无须进行初步环境评价或环境影响评价，如果子项目会导致任何的环境影响，金融中介机构也必须采取一种环境管理体系。

亚洲开发银行项目环境分类及基本要求　　表 7-1

类型	特点	环境评价基本要求
A类	建设项目可能对环境造成重大不利影响	(1)开展环境影响评价； (2)公众咨询(至少两次)； (3)编制《环境影响评价报告》(EIA)和《环境管理计划》(EMP)及预算； (4)在董事会审查的 120d 前将《环境影响评价摘要》(SEIA)提交董事会； (5)向公众公开《环境影响评价摘要》； (6)《环境影响评价报告》可供公众查阅
B类	建设项目可能会对环境造成一些负面影响，但程度不如 A 类严重	(1)开展初步环境评价； (2)公众咨询； (3)编制《初步环境评价报告》(IEE)； (4)其中被认定为具有环境敏感性的项目； (5)在董事会审查 120d 前将《初步环境评价摘要》(SIEE)提交董事会； (6)向公众公开《初步环境评价摘要》，编制《环境管理计划》(EMP)及预算； (7)《初步环境评价报告》可供公众查阅； (8)如果《初步环境评价摘要》没有呈交董事会，则通常作为行长建议报告书的一个重要附件
C类	建设项目不大可能对环境造成不利影响	(1)无需初步环境评价或环境影响评价； (2)将可能产生的环境问题总结到行长建议报告中

亚洲开发银行要求环境影响评价报告（A 类项目）和初步环境评价报告（环境敏感的 B 类项目）中要包含环境管理计划，在环境影响评价工作大纲中也明确要求环境影响评价

的主要成果要包括环境管理计划，由借款国或他们的咨询专家负责准备。在项目筹备和审批阶段，详细的建设和项目内容可能还未确定，因此达到一个有效的环境管理计划所要求的详细程序是比较困难或不大可能的，因此在此阶段制定一份最初的环境管理计划，作为环境影响评价报告的重要附件，并纳入贷款协议当中。贷款批复后，亚洲开发银行则要求借款国承诺在实施阶段初期进一步准备一份经过完善的环境管理计划，当建设和运行活动一经确定，环境管理计划就应作相应的修订，用于指导项目实施过程中实际的环境管理和监测工作。

具体而言，EMP应包括下列内容：

1. 环境影响汇总

一般在环境管理计划中会将在环境影响评价过程中预测的不利于环境和社会且必须加以缓解的影响进行汇总，以便于在项目后续阶段进行参考、对照和分析。

2. 推荐的削减措施

环境管理计划中将对环境影响削减措施提出详细的设计要求，以使项目满足排放标准并符合环境要求，从而将清洁生产整合到环境管理计划中；污染治理设施的安装和运行费用是整个项目预算中非常重要的一部分，最终会体现在项目的财务可行性研究当中。所有推荐的削减措施都要列出明确的、可实现的目标，还要包括削减措施效果的量化指标，同时简单说明削减措施对应的具体影响和采取该措施时相应的条件。所有这些内容都将为工程设计、开发建设活动、设备说明、运行程序和项目实施责任分工等提供参考。

3. 环境监测计划

环境监测是运用现代科学技术方法测取，运用环境质量数据资料的科学活动，是用科学的方法监视和检测反映环境质量及其变化趋势的各种数据的过程。环境监测用数据表征环境质量的变化趋势及污染的来龙去脉，它是环境保护工作的重要组成部分，是环境管理的基础。

环境监测工作的一般程序包括：(1) 制定调查和采样计划，用于系统收集与环境评价和项目环境管理有关的数据和信息；(2) 实施调查和采样计划；(3) 对所采集的样本和数据信息进行分析，并对数据和信息进行解释；(4) 编制监测报告为环境管理提供支持。环境监测应当具备明确的目标，按照具体情况设计调查和采样计划，从而获得有价值的数据和信息。此外，监测计划的设计要考虑其可行性，并包括紧急事件预案，从而保证在出现不利监测结果或趋势时能采取适当的行动。要说明监测工作是否符合国家和亚洲开发银行环境安全政策的要求，具体的监测和监督安排应征得亚洲开发银行和执行机构的同意，以保证发现需要采取补救措施时能够得到及时的支持。同时，应经常对监测计划进行检查，以确保其有效性。

4. 公众咨询活动

环境管理计划的公众咨询是介绍如何在环境管理计划中制定项目实施期间要开展的公众咨询活动。具体的咨询活动要视项目和当地情况而定，但通常会包括：(1) 工程活动将开工时要通知地方社区；(2) 向地方社区和其他有关方面公布监测的结果；(3) 在特殊情况下，引入独立的第三方监督。有潜在重大不利影响的项目意向需要征求公众关于环境影响削减措施的意见，并为公众提供参与环境监测的机会。在监测报告编制的最终定稿阶段，建议征询主要利益相关方的意见。

一般来说，环境评价报告中应包括社会发展专家进行的社会影响分析和影响程度评价，并提出相应的削减措施并纳入环境管理计划。因此，在环境管理计划中将探讨公众在项目环境管理和监测中的角色，建立一套相互交流的机制，从而在项目实施期间实现项目实施者同当地社区、居民、单位及其他利益相关方的对话与反馈。

如果项目的筹备和实施可以向公众完全公开，并准备接受公众的环境监测，那么关于环境管理计划的实施和监测结果就要向当地公众进行公布。当地公众、自然资源的最终使用者和受益者都可以作为监督人员，观测他们周围环境的变化，并向项目执行机构和监测机构提供相关信息、意见和建议，其中任何真实和的正确成分都要被项目加以考虑，从而对环境管理计划乃至项目的设计和实施进行必要的改进。另外，通过良好的宣传，公布项目的监测结果还可以促进当地公众保护他们赖以生存的自然资源。一般亚洲开发银行贷款实施期间要开展中期评估，此时亚洲开发银行会对执行机构的环境管理计划的执行情况和成绩进行检查和评价，同时也要会见当地公众，以探究任何在环境评价中没有预测到的不利的环境影响和社会影响，从而对环境管理计划采取必要的改进措施。

5. 机构安排与职责

在环境管理计划中要明确以下关于机构、职责与培训方面的内容：

（1）相关部门及职责。

在项目筹备和实施过程中，与环境管理有关的各种机构包括环境管理行政主管部门、执行机构、实施机构、环境影响评价机构、技术援助咨询机构、环境管理咨询专家、施工监理公司、设计单位和施工单位等都将参与到环境管理计划中。执行机构、实施机构和施工单位都将派出全职、合格的环境保护专职人员参与环境管理活动，保证有效地实施环境管理计划。因此在环境管理计划中要明确项目各阶段所涉及的部门及其承担的职责，为全面开展环境管理工作厘清思路。

（2）机构设置与人员分工。

在项目执行机构设立的项目管理办公室中应该有一个环境管理办公室（EMO）或其他类似机构，以领导和协调项目环境影响削减措施和环境监测要求的实施。为保证该机构的长期运转，建议环境管理办公室的工作人员由执行机构中具有永久编制的全职人员组成。环境管理办公室的主要职责是保证削减措施和监测要求能够按照原定计划得以实施。

（3）能力建设与培训。

亚洲开发银行非常注重项目管理的能力建设，特别是旨在提高人力资源发展和可持续发展的综合管理能力建设。通过提供技术援助，提供知识型产品，帮助建设适合市场经济的管理体制，支持地方行政管理机构的能力建设，提高其行政管理效率。

6. 报告和审查

环境管理计划的这部分内容旨在说明项目涉及的各方在报告的编制、提交、受理、审查和批准过程中所应负的职责。这些报告也应送达负责保证削减措施及时实施和承担补救措施的有关方面。另外，报告的结构、内容和时间安排也要加以详细说明，以便于监督、审查和批准。

7. 工作计划

在环境管理计划中，应制定明确的工作计划，详细说明环境管理办公室工作人员开展相关工作时间安排，以及相关政府机构可能参与的活动和相应的人员投入和时间安排。

另外，在工作计划中还要明确在各项目环境管理工作中对施工单位的要求和其应尽的职责，并将其纳入投标契约文件中，以保证中标人能够明确和履行其应尽的职责，其完成情况可以考虑与中标合同的支付条件挂钩。

8. 采购计划

环境管理计划中的采购计划应包括两方面内容：（1）采购安排，即购买环境管理计划中实施环境影响削减措施和监测计划所必需的具体物品和设备的计划；（2）采购程序的说明，以保证项目的采购工作与环境友好采购的要求一致。

所谓的环境友好采购是一套购买物品和服务的系统方法，其所购买的物品和服务较之其他具有同行功效的物品和服务对环境产生的损害更小。它要求采购决定和合同分配要兼顾环境标准及其他一些因素，例如价格、质量和实用性。同时还要考虑整个产品生命周期的环境总成本，包括产品生产、使用和废弃各个阶段。

环境友好采购和环境评价是环境管理体系的两个方面。将前者整合到环境评价程序中是在项目周期较早阶段进行环境友好采购分析的一种切实可行的方法。环境评价小组应与项目设计工程师、执行机构和亚洲开发银行工作人员共同工作，对环境友好采购标准做出建议。对某些特定项目，这些建议还要列入项目环境管理计划中，以确保正式的贷款文件中含有环境友好采购的建议。

环境友好采购可以被用来强化环境管理计划的执行。环境友好采购的原则可以延伸至合同的管理和支付。通过采购文件的规定从而保证订约人执行环境管理计划中所列出的环境影响削减措施和环境监测的要求。特别是对订约人的付款应直接与环境管理计划的成功执行结合起来，例如订约人不能完成环境管理计划时，其履约保函应被扣缴。

目前环境友好采购在亚洲开发银行内部也尚处于形成阶段，正在积极进行有关的方法、标准和实践方面的研究。

9. 费用估算

这一部分要将环境管理计划实施的费用细化，包括实施各项措施的启动资金和经常性支出，并且要确保这一部分费用已纳入总的项目预算中。所有费用，包括管理设计、咨询服务以及运行和维护费用在内，只要是为了满足工作要求或调整项目设计，都应该被计算在内。为保证费用的落实，还需要另附一个预算计划，以说明各项费用的出处。

10. 项目反馈和调整机制

项目反馈和调整机制是根据监测结果对项目进行调整的程序和机制。这属于一种反馈机制，不仅可以对削减措施和监测计划的有效性进行评估，同时还使执行机构、环境管理办公室以及亚洲开发银行对环境管理计划和项目的实施进行必要的调整和修改。

7.5.3 项目实例

EMP是国际金融组织贷款项目法律文本的重要部分内容，它涵盖项目施工期和营运期，是国际金融组织贷款项目生效的必要条件。以江苏省世界银行贷款淮河流域重点平原洼地治理项目以及亚洲开发银行的武汉市污水和雨水管理项目为例加以说明。

1. 江苏省世界银行贷款淮河流域重点平原洼地治理项目

EMP是世界银行贷款项目法律文本的重要部分，涵盖施工期和营运期，不仅是项目生效的必要条件，而且在世界银行贷款实施中，根据变化需要更新，在世界银行贷款关账时需要进行绩效评估。

现以世界银行贷款淮河流域重点平原洼地治理项目江苏省分项目中期计划调整报告中 EMP 的更新为例，进行以下工作：

（1）新增工程环境保护措施计划更新。

对新增工程环境保护措施计划进行更新，结论是新增工程参照以前的 EMP 实施。江苏省世界银行贷款项目中期计划调整新增工程与环境影响的情况，见表 7-2。

江苏省世界银行贷款项目中期计划调整新增工程与环境影响表　　表 7-2

序号	项目名称	所在位置	是否在评估时的环境影响范围内	是否涉及敏感环境问题	是否涉及不可逆环境问题	参照原来的环境措施是否能够将负面影响降到最低
1	大寨河、王敦河、许郑河 3 条支河整治	泰州市	是	否	否	是
2	涵闸 4 座	泰州市	是	是	否	是
3	排涝站 3 座	淮安市/泰州市	是	是	否	是
4	机耕桥 4 座	泰州市	是	是	否	是

（2）环境监测计划更新。

对涉及泰州市、淮安市项目区环境监测点位调整，该部分环境监测计划更新，见表 7-3。

江苏省世界银行贷款项目泰东河工程施工期环境监测计划表　　表 7-3

<table>
<tr><th>洼地名称</th><th colspan="2">环境要素</th><th>监测点位及数量</th><th>监测项目</th><th>监测频率</th></tr>
<tr><td rowspan="5">泰东河整治工程</td><td colspan="2">环境空气</td><td>淤溪居民区、时堰居民区</td><td>TSP</td><td>2 期/1 年、2d/期、2 次/d，1 年</td></tr>
<tr><td colspan="2">噪声</td><td>溱潼医院、溱潼中学、淤溪居民区、时堰居民区</td><td>Leq[dB(A)]</td><td>2 期/1 年，1d/期，昼夜各 1 次，1 年</td></tr>
<tr><td rowspan="3">水质</td><td>地表水</td><td>溱潼镇水厂取水口、东台镇饮用水水源保护区、姜堰市水产良种繁殖场</td><td>pH、DO、SS、氨氮、高锰酸盐指数</td><td>3 期/年，丰水期、平水期、枯水期各监测 1 期，3d/期，1 次/d，1 年</td></tr>
<tr><td>生产废水</td><td>读书址大桥工地、台广公路桥工地、张郭大桥工地（每个工地两个排放口计）</td><td>pH、SS、COD、石油类</td><td>3 期/年，1d/期，1 次/d，1 年</td></tr>
<tr><td>生活废水</td><td>读书址大桥施工营地、台广公路桥施工营地、张郭大桥施工营地</td><td>pH、SS、COD、氨氮，BOD</td><td>3 期/年，1d/期，1 次/d，1 年</td></tr>
</table>

续表

注地名称	环境要素	监测点位及数量	监测项目	监测频率
泰东河整治工程	疏浚底泥	泰东河口、淤溪大桥、读书址大桥、张郭大桥、泰东河与通榆河交叉口上游、幸福河与泰东河交叉口、先进河与泰东河交叉口	铜、铅、铬、镉、砷、汞、镍、锌	施工前监测1次
	人群健康体检饮用水	全部炊事员	病毒性肝炎	1次/(人·年)
		读书址大桥施工营地、台广公路桥施工营地、张郭大桥施工营地	《城市供水水质标准》CJ/T 206—2005 常规检测项目共40项	施工前监测1次

(3) 水土保持措施更新。

水土保持是水利类项目EMP的核心内容之一，按我国有关规程标准技术要求，必须由具有专项资质的咨询单位进行更新。对于项目区新增工程的弃土（渣）区、取土区、堤防工程区、涵闸、桥梁和泵站工程区，是水土保持的重点防治区域，兼顾一般防治区（施工营地和生产区、管理工程区、施工道路区、移民安置区），同时更新了相应的水土保持监测，监测重点是施工期间的新增工程的弃土区、堤防边坡区、围堰边坡区、取土区、临时堆土区等扰动地表比较剧烈的区域。采用定点观测、调查监测和巡查监测方法，对项目区内的土壤侵蚀环境因子、水土流失状况、水土流失量、水土流失危害以及水土流失防治效果等内容监测。

(4) 资金再分配。

该项目中调报告将环境保护、水土保持中项目管理费用拆分到项目管理费用中，同时增加了文物保护、工程监测评估及安全监测内容，增列了相应文物保护经费、工程安全监测、工程质量检测等项目管理费用。

总之，该项目中调报告依据世界银行安全保障政策，最大限度地保证项目区农民群众的利益。除了在项目区移民征地拆迁时，调高部分征地拆迁内容的标准，还通过对项目区工程实施过程发现的文物，进行抢救性考古发掘，加强工程安全监测点和工程质量检测强度。

2. 武汉市污水和雨水管理项目

项目区位于长江流域，尽管所在位置目前已高度城市化，但武汉市主城区内仍分布着大量的湖泊、池塘和水体，约占市区面积的25%。长江、汉江等地表水体是生活、商业、工业、农业和渔业用水的主要来源。经济发展造成武汉市水环境质量下降。2004年，武汉市每天产生约200万 m^3 污水，但武汉市现有的4个污水处理厂只能处理其中的27%。由于未处理污水的不断排入使这些水体的水质不断恶化。武汉市最大的饮用水源—汉江，曾发生多次严重的污染事故（1992年、1998年和2000年）。在另一个重要的饮用水源—长江，也在近岸区形成污染带，对净水厂的取水造成不利影响。

为了实现可持续污水治理和水资源保护，2005年亚洲开发银行启动了武汉市污水和雨水管理项目前期筹备技术援助，其目的是通过拟建项目的实施，帮助武汉市政府建立一套实际可行的改善城市环境服务的办法，并通过增强污水处理和雨水管理，引进水资源综合管理和污染控制的思想。该项目将使武汉市 2010 年污水收集和处理能力提高到 80%，同时洪涝现象发生的频率和严重程度也会随之降低，从而改善城市环境，减少对商业和社会活动的影响。

在该项目的前期筹备工作中，按照亚洲开发银行的要求在执行机构内部设置常务管理部门，即项目管理办公室（以下简称项目办），代表执行机构，与亚洲开发银行聘用的技术援助咨询机构密切协作，完成包括开展环境影响评价、制定环境管理计划在内的各项筹备工作。该项目在产生污水处理和雨水管理的巨大社会、经济和环境效益的同时，也将产生诸如臭味、污泥、噪声以及施工期影响等不利影响。所有这些影响都已经通过环境影响评价得到识别和分析，并制定相应的削减措施和监测计划。在开展项目环境影响评价期间，根据亚洲开发银行的环境要求以及项目设计的深度和精度，编制了该项目的环境管理计划，是项目筹备阶段环境影响评价的一个重要成果，也是环境影响评价报告的一个重要附件。但其作用并不仅限于此，环境管理计划最重要的作用是在项目后续阶段，作为独立于环境影响评价报告而存在的一个具体指导环境保护与管理工作的可操作性文件，其主要规定将被纳入贷款协议和施工合同中，通过法律效力要求项目建设单位和施工单位在实际施工和运行过程中加以实施。

本案例将具体展示该项目的缓解措施、监测计划、公众咨询计划、机构与职责，以期让读者更深入地理解环境管理计划基本内容。

（1）潜在影响和削减措施汇总。

在环境管理计划中，将项目施工和运行过程中潜在的不利环境影响及所采取的削减措施进行归纳和总结，详见表 7-4。

潜在环境影响和削减措施汇总（部分）　　**表 7-4**

污染因子	潜在影响	削减措施	费用(万元)		实施地点	责任部门	
			蔡甸	罗家路		实施方	监督方
施工期							
污水	施工活动产生的污水和含泥径流	在施工区设立临时围挡，修建临时排水沟和沉砂槽	10	10	所有施工区	施工单位、监理公司	实施机构、项目办
	排水渠修缮过程中水中污染物短期增加	采取分段施工	0	10	排水渠施工区	施工单位、监理公司	实施机构、项目办
	施工人员产生的生活污水	安装临时过滤装置对洗刷烹饪污水进行处理，然后排入下水道	5	5	生活驻地	施工单位、监理公司	实施机构、项目办
		使用现有的或提供临时化粪池收集厕所污水，排入下水道或去除废物后提入污水处理厂	5	5	生活驻地	施工单位、监理公司	实施机构、项目办

续表

污染因子	潜在影响	削减措施	费用(万元)		实施地点	责任部门	
			蔡甸	罗家路		实施方	监督方
施工期							
固体废物	施工区产生的垃圾	及时清理,使用有棚车辆或密封容器运输	2	2	所有施工区	施工单位、监理公司	实施机构、项目办
	施工弃渣	会用于施工、场地平整或农业生产,如果检测显示不适合回收利用,则进行掩埋处理	5	5	所有施工区	施工单位、监理公司	实施机构、项目办
	排水渠道和下水道施工产生的污泥	按预先设计的路线运输到指定的垃圾填埋场	5	10	排水道和下水道施工区	施工单位、监理公司	实施机构、项目办
运行期							
污水	污水处理厂排出的污水	选择符合国家标准的合理位置,对排水进行监测,在污水排放出口放置标示牌	5	—	污水处理厂	实施机构、市城乡建设局	市城乡建设局、市环境保护局
	污水旁溢	在抽水泵站安装备用设备,采用双电源供电系统,实施维护计划,加强运行监测和应急措施	20	—	污水泵站	实施机构、市城乡建设局	市城乡建设局、市生态环境局
	腐蚀性工业废水损坏污水处理厂管道	对工业废水进行适当预处理,选择合适的建筑材料,对污水处理厂进行适当的工艺控制	20	0	工业企业、污水处理厂	工业企业、实施机构	市政府、市城乡建设局、市生态环境局
	污水处理厂未正确运行导致受纳水体污染	对污水处理厂进行适当的工艺控制,对污水处理厂管理人员和操作人员进行培训,加强环境监测	5	0	污水处理厂	实施机构	市城乡建设局、市生态环境局
	工业废水使污水处理厂工艺受到干扰,造成受纳水体污染	对工业废水进行适当预处理,实施有效的监测和执行	—	0	工业企业	工业企业	市政府、市生态环境局
	雨水排水泵故障、雨水管道泄漏引发水患	实施维护计划,加强运行监测,制定应急措施	—	20	雨水泵站	实施机构	市城乡建设局

续表

污染因子	潜在影响	削减措施	费用(万元)		实施地点	责任部门	
			蔡甸	罗家路		实施方	监督方
运行期							
臭气废气	污水处理厂和污水泵站排出的臭气	遮蔽潜在臭气源,对臭气进行处理	0	0	污水处理厂和污水泵站	实施机构	市城乡建设局、市生态环境局
		定期处理污泥,使用遮盖的容器运输污泥和其他沉淀物	10	0	污水处理厂和污水泵站	实施机构	市城乡建设局、市生态环境局
	废水用消毒氯气危险	建立缓冲区域,建立绿化带	10	0	污水处理厂和污水泵站	实施机构	市城乡建设局、市生态环境局
		对氯进行适当储放,安装报警器,采取正确的方式进行运行和维护,制定应急措施	5	0	污水处理厂	实施机构	市城乡建设局、市应急管理局
	有毒气体危险	安装检验控制装置,提供适当间距或人孔,通风、检测大气条件,采取安全的工作系统和应急措施	10	0	污水处理厂	实施机构	市城乡建设局、市应急管理局
固体废物	污水处理厂的污泥污染	如检测结果显示污泥不适合再利用,则对污泥进行掩埋处理(进行沥出物收集和处理)	—	0	污水处理厂	实施机构	市城乡建设局、市生态环境局
	污水泵站和排水系统污泥污染	如检测结果显示污泥不适合再利用,则对污泥进行掩埋处理(进行沥出物收集和处理)	10	10	污水泵站和排水系统	实施机构	市城乡建设局、市城管执法委、市生态环境局
	工人产生的垃圾	提供垃圾桶,及时清理,使用遮盖的容器运输至垃圾掩埋场	2	2	污水处理厂、污水和雨水泵站	实施机构	市城乡建设局、市城管执法委、市生态环境局

注:运行期费用是指一次性设施与技术投入,不含运行维护费用。

(2) 环境监测计划。

在环境管理计划中制定整个项目周期内环境监测活动的安排,并侧重于项目施工和运行阶段，目的在于发现项目实施所引发的关键性的环境质量变化。环境监测的结果将用来评价：和预测的影响相对比，得出当前环境影响的范围和严重性；环境削减措施的效果，以及削减措施是否符合相关的规章制度；影响的趋势；项目环境管理计划的总体效果。

在制定该项目环境监测计划时，考虑以下几个方面的监测要求：

① 外部独立环境监测 。其目的是确认环评结果，检查施工活动满足国家环境法律法规要求，检查削减措施的有效性。为使监测符合要求，监测活动将采用符合国家标准的污染物监测方法，并采用其他相关标准包括国家环境质量标准和污染物排放标准等进行相应的评价。实施机构将负责组织实施该项监测计划，一般委托当地有资质的环境监测机构完成。完成的监测结果具有法律效力，并将提交亚洲开发银行和项目办。在环境管理计划中重点提出项目实施期间应该开展的外部独立环境影响要求。外部独立监测报告将包括项目背景、施工任务、环境条件、测量或取样地点、分析结果、对监测结果的解读、相关规定和标准的落实程度，以及改进意见等内容。本书同样以蔡甸污水处理厂子项目和罗家路泵站子项目为例，说明外部独立监测计划的内容，详见表 7-5。

外部独立监测计划（部分） **表 7-5**

项目	监测细节	费用(万元/年)	
		蔡甸	罗家路
施工期			
噪声监测		2	2
位置	距离工地 150m 以内的敏感区域		
参数	噪声		
频率	每年 4 次,每次持续 2d,每天 2 次		
实施方	有资质的环境监测单位		
监督方	项目办、市生态环境局		
运行期			
噪声监测		1	1
位置	污水处理厂和泵站周围边界区域和敏感区域		
参数	噪声		
频率	每年 4 次,每次持续 2d,每天 2 次		
实施方	有资质的环境监测单位、实施机构		
监督方	市城乡建设局、市生态环境局		
污水监测		10	0
位置	污水处理厂入口和排水口		
参数及频率	温度,pH,COD,SS:每 4h 一次; BODs,NHN,总 P,总 N;每周一次		
实施方	有资质的环境监测单位		
监督方	市生态环境局、市城乡建设局		
污泥监测		5	2
位置	污水处理厂、垃圾填埋场、雨水及污水排放系统、泵站		

续表

项目	监测细节	费用(万元/年)	
		蔡甸	罗家路
运行期			
参数	湿量、重金属		
频率	按照处理要求安排不同次数和期限		
实施方	有资质的监测单位		
监督方	市城管执法委、市城乡建设局、市生态环境局		

② 内部自我监测。除了上述独立监测之外，对于施工期和运行期，还要制定更详尽、频率更高的内部自我环境监测计划。其目的是及时了解环境影响以便采取相应的削减措施。该计划由项目办、实施机构、环境管理咨询专家和施工监理机构等在实施项目的开始阶段制定。表7-6以施工期噪声和社区影响、运行期臭气和污泥为例，说明如何制定内部自我监测计划。

内部独立监测计划（部分）　　　　**表7-6**

项目	监测内容	频率	责任部门	
			实施方	监督方
施工期				
噪声	高噪声设备的运行情况、噪声值及隔声设备情况；最近的敏感点噪声值；施工区场界噪声值；车行居民区限速情况；公众投诉等	每日调查、巡视监测	施工单位、监理公司	实施机构、项目办
社区	材料或车辆占道；与社区联络；道路封闭时提供备用道路；占有其他基础设施情况；对占用或损坏其他基础设施后的修复和赔偿；工地设立工程告示牌情况；公众意见、建议和投诉等	每周调查、巡视监测	施工单位、监理公司	实施机构、项目办
运行期				
臭气	发生源情况；防治设施情况；事故；公众投诉等	每日调查、巡视监测	实施机构	市城乡建设局、市生态环境局
污泥	污水处理厂和污水泵站污泥量、化学性质；运输途径、方式和设施；暂存地点和方式；最终处置去向；事故；公众投诉等	每日调查、巡视监测	实施机构	市城乡建设局、市城管执法委、市生态环境局

内部自我监测除了采取专业手段开展对与外部独立监测相同内容的监测活动以外，一般来说每天或有新的施工活动开展时，都要通过观察、感觉、走访等多种形式，对各种环境影响开展高频率、全方位的巡视与监测。例如施工过程中施工区、社区、施工营地等在污水、环境空气、噪声、固体废物、施工安全、卫生、人员健康等各方面受到的影响、状况和变化，以及运行过程中污水、污泥、臭气、噪声以及对社区的影响等都要加以监测和考虑。

监测活动产生的直接结果是环境周报，其中注明监测日期、地点、气象条件等，内容包括本周内的主要施工或运行活动、产生的主要不利环境影响、针对不利影响采取的削减措施、削减措施的有效性、发生的其他事故（安全、疾病、野生动物、文物等）、受到的公众投诉、对公众投诉的答复及采取的措施等。

（3）项目设计和监测框架。

在项目实施开始阶段，项目办、实施机构和环境管理咨询专家还要制定一个综合的项目设计和监测框架，以系统化地生成项目各部分的输入和输出数据，并建立详细的环境、社会和经济指标，用于测定项目对环境、社会和经济产生的影响。项目设计和监测框架指标包括服务水平、处理后的污水质量、其他运行绩效的测定、污水收集处理的比例、用户对城市环境的满意度以及相关的经济社会指标（例如收入和卫生水平）。在项目设计和监测框架下，基准数据和进度数据能够在很多方面反映项目实施产生的环境影响和效益。

（4）监测管理。

除了外部独立监测报告，在每次监测和编制完成后还有详细的内部自我监测月报，都应由施工单位和实施机构提交给武汉市生态环境局和项目办。监测报告提出的所有问题，都要得到适当的处理；对于出现的重大问题，武汉市生态环境局和项目办会据此要求采取相应的纠正措施。同时在接到公众投诉时，武汉市生态环境局的监测人员还将另外组织直接检验。

① 公众咨询计划。

在贷款实施阶段，环境管理计划也随即投入实施，对环境管理计划的执行情况也要开展监测和监督，因此来自公众的反馈意见非常重要，需要建立有效的处理机制，包括妥善处理相关投诉，对出现的任何不利的环境影响和社会影响都要采取减缓和改善措施，并对环境管理计划进行修正，以使那些无意的或未预见到的不利环境影响和社会影响最小化。因此，施工期和运行期的公众咨询计划是环境管理计划关注的重点之一，详见表 7-7。

公众咨询计划 **表 7-7**

组织单位	方式	次数	主题	参加人员
施工期				
项目办、实施机构	公众咨询、现场参观	至少每年一次	调整削减措施、施工影响、意见和建议	项目区附近居民、社会代表
项目办、实施机构	专家咨询或新闻发布会	至少一次	对削减措施的意见和建议、公众意见	各领域专家、媒体
项目办、实施机构	公众研讨会	至少每年一次	调整削减措施、施工影响、意见和建议	项目区附近居民、社会代表
项目办、实施机构	移民安置调查	根据移民计划要求	对移民安置的意见、生活条件改善、生计和减贫，意见和建议	受影响人群
运行期				
项目办、实施机构	公众咨询、现场查勘	至少两年一次	削减措施的效果、运行带来的影响、意见和建议	项目区受影响居民、受益人群代表、其他社会团体和机构代表
项目办、实施机构	专家咨询或新闻发布会	根据公众咨询要求	对项目运行影响的意见和建议、公众的意见	各领域专家及媒体
项目办、实施机构	公众研讨会	根据公众咨询要求	削减措施的效果、运行带来的影响、相关意见和建议	项目区受影响居民、受益人群代表、其他社会团体和机构代表

② 机构与职责。

A. 相关部门与职责：表7-8显示了项目不同阶段涉及的相关部门及其环境职责。

相关部门的环境职责 表7-8

阶段	负责机构	环境职责
筹备阶段	环境影响评价机构	编制项目环境影响评价文件
	项目办、市生态环境局	审批环境影响评价文件
	项目办、市生态环境局、亚洲开发银行	审批环境影响评价摘要(包括环境管理计划)
设计阶段	工程设计单位	将削减措施纳入到工程设计和合同中
	项目办、实施机构	审查环境影响削减措施
招标投标阶段	施工单位、项目办、实施机构	将环境管理计划条款纳入到投标文件中
	环境管理咨询专家、项目办、实施机构	对削减措施的实施提出建议
施工阶段	施工单位、施工监理公司	实施削减措施和内部监测
	市生态环境局、项目办	实施外部独立环境监测
	市生态环境局、实施机构、环境管理咨询专家	对削减措施和监测的实施进行监督

B. 项目环境管理机构设置与职责要求。在环境管理计划中要提出成立环境管理办公室或其他类似部门的要求。总体来说，在项目实施期间，该办公室将负责：实施环境管理计划和制定实施细节；在施工过程中监督削减措施的实施；实施培训计划；将环境管理、监测和削减措施纳入施工和运行管理计划中；制定和实施内部环境监测计划；向相关部门报告环境管理计划的实施情况和效果。该办公室将由武汉市生态环境局和环境管理咨询专家提供支持并予以监督。

C. 机构加强和培训。成功的环境管理机构应该能够做到：确定完成的工作是否与环境管理计划一致；发现问题；能够调整行动计划来补救错误。

为了加强环境管理办公室的能力建设，可以安排技术支持、设备支持和资金支持等适当的援助，具体包括：

帮助环境管理办公室监督环境管理计划的实施情况；

为环境管理办公室的人员提供在职培训，提高他们在环境和社会领域中有关环境管理方面的专业技能；

指导环境管理办公室的人员掌握有关项目检查、监测、野外监测设备的使用技术以及数据收集等技术；

帮助环境管理办公室与其他政府机构、民间团体、非政府组织及其他利益相关方就项目的环境问题进行联络和协商。

在项目实施期间，项目办要聘用项目实施咨询机构，其中包括环境管理咨询专家，在项目环境管理和监测的所有方面向项目办、实施机构和施工单位提供咨询服务。环境管理咨询专家的职责范围包括：评估项目环境操作及程序；在环境标准建立方面提供指导，协助实施流程；评估污水处理厂的启动运行；根据环境管理计划在施工和运行阶段提供削减措施方面的咨询；调查其他环境问题并提出建议；根据需要提供必要的培训。

为了提高实施机构的能力而开展的培训工作可以从以下几个方面着手：对实施机构现

有的能力进行评价，以确定能力建设工作的原则和策略；编制有针对性的培训教材，召开培训研讨会；开展岗位培训以及选点考察与调研活动；制定监测机制，监测能力建设和培训的成效。

武汉市生态环境局和实施机构的环境管理人员将接受环境管理、监测和监督、削减措施规划、紧急应对、环境政策制定和其他环境管理技术的培训。施工单位也将接受有关培训，使之有能力采取适当的措施，纠正预料之外的不利影响或者无效和不充分的削减措施。培训费用将包括在项目预算及运营阶段的运营和维护预算内。

D. 报告制度。项目相关机构应保持良好有序的环境管理报告制度，以确保及时了解工作进度和削减效果并及时处理遇到的问题。施工单位、监测机构、项目办和实施机构在项目实施过程中应将项目进展情况、环境管理计划的实施情况、环境质量监测的结果等进行记录并及时向有关部门报告。主要包括：实施机构、监测机构及施工单位对环境管理计划的执行情况作详细记录，并及时向执行机构汇报；执行机构准备的项目进度报告中必须包括环境管理计划实施进度及实施效果等内容；环境管理计划实施情况的报告要每半年一次（或按具体要求）提交亚洲开发银行。

E. 反馈和调整机制。在武汉污水和雨水管理项目中，武汉市生态环境局和项目办在反馈调整机制中担任着关键角色，如图 7-1 所示。

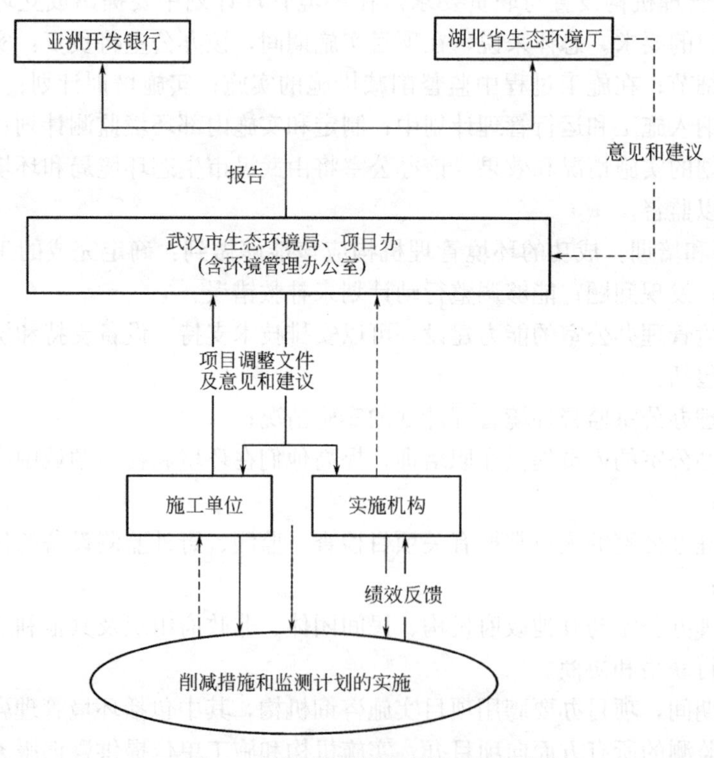

图 7-1　环境管理计划反馈与调整机制

反馈调整可以分为两个层面。一方面，如果环境管理计划调整的要求由施工单位或实施机构提出，武汉市生态环境局将对调整方案进行详细评估，如果原则上通过，则将由施工单位和实施机构提交具体修改方案并由武汉市生态环境局做进一步评估和确认；另一方面，武汉市生态环境局也会考虑湖北省生态环境厅和亚洲开发银行的意见和建议，必要时对环境管理计划提出修改要求，由施工单位和实施机构负责对该计划进行修改。

7.6 环境管理计划的执行

当进入实施期后，借款人要负责实施项目环境评价过程中环境文件要求的措施和贷款协议中要求的环境条款，对于A类和B类项目来说，这些条款都在环境管理计划中体现，因此项目实施期要执行环境管理计划。借款人要确保环境管理计划中的要求都在项目实施过程中予以落实，并同时聘请第三方监测机构监测环境管理计划执行的效果，编写执行情况报告。执行情况报告定期向世界银行汇报，世界银行也会定期对项目进行现场检查。对于项目实施过程中环境管理计划有变化的要取得世界银行的同意。

7.7 环境管理计划实施外部监测

项目实施期借款人要聘请第三方监测机构监测环境管理计划执行的效果，编写执行情况报告。选聘项目实施期的环境外部监测咨询单位，都需要制定明确的工作大纲（TOR），以明确工作任务。工作大纲应至少包括以下内容：

1. 项目背景

简要概述项目背景，包括项目开发目标（PDO）、项目建设内容、项目准备和实施的关键里程碑（包括但不限于项目评估日期、法律文件签署日期、贷款生日、计划的中期调整日期、计划的贷款关账日等）、环境外部监测的背景。项目背景资料视需要根据各个项目具体情况准备。任务目标、工作范围、咨询顾问资历要求和报告要求通用性比较强，总体思路可以适用于同类型的项目，具体要求可以根据具体项目适当调整。

2. 任务目标

环境管理计划外部监测咨询顾问/单位（EMC）将作为外部独立机构监督施工活动是否完全符合环境管理计划的要求。EMC将直接向业主汇报工作成果。

3. 工作范围

EMC的主要工作内容包括：以已经批准的环境影响评价文件（包括环境影响评价报告书、环境社会管理计划和环境影响评价执行摘要）为依据。如有必要，在不违背原有原则的情况下更新EMP，更新的主要内容是使得EMP的实施更紧密地结合项目总体实施方案，尤其是土建合同的实施进度，在项目施工期实施外部环境监测、并按照监测计划指标要求通过采样监测判断环境影响评价文件中提出的减缓措施的有效性，并提出改进建议。

4. 咨询顾问的人员资历要求

咨询顾问单位（为鼓励竞争，可以是联合体的牵头单位或者分包单位）应具有中国计量认证资质CMA认证，咨询顾问专家团队的主要专家（项目经理或者项目副经理）至少应具有多年世界银行贷款类似项目经验，包括项目准备阶段的环境与社会安全保障政策文件编制经验和项目实施期的环境管理经验，具有注册环境影响评价工程资格、环境监理上岗证将有助于量化判断专家的经验和资历，但资格证书不是必要条件。咨询顾问专家团队中的检测员应具有符合国家计量认证资质要求的监测证。

5. 报告要求

(1) 定期报告：每半年向项目办提交环境监测和进度报告、季度报告、半年报告（一般为每年的 6 月和 12 月，这一日期根据项目协定里规定的项目半年进度报告的提交日期而调整）以及年度报告。

(2) 不定期报告：根据项目实施的需要，应业主和管理部门的要求，总人月数范围可完成的额外单项工作的专题报告，在单独任务完成后提交（任务完成后一周内）。

7.8 环境管理计划执行报告

项目实施期环境管理计划执行的效果都要反映在环境管理计划执行报告中。环境管理计划执行报告需要就是否完成环境管理计划中的要求进行说明，主要包括环境管理体系的建设情况、各阶段环境保护措施的落实情况、环境监测情况、下一步工作计划、总结及附件等内容。具体应包括以下内容：

1. 环境管理体系的建设情况

描述是否按照环境管理计划的要求建立环境管理体系，体系内组织机构设置各人员安排及职责履行情况。根据人员能力情况，叙述对人员进行培训的效果及是否满足环境管理计划中的培训要求。

2. 各阶段环境保护措施的落实情况

设计阶段：环境管理计划中提出的设计阶段的环境保护措施是否在项目设计时落实，是否在项目设计中做了充分考虑。招标文件、采购合同中是否纳入环境管理计划中的相关条框。

施工阶段：针对环境管理计划中提出的施工期的环境保护措施，逐条说明项目施工过程中是否得以落实以及采取的措施是否达到预期效果。

运营阶段：针对环境管理计划中提出的运营期的环境保护措施，逐条说明项目运行过程中是否得以落实以及采取的措施是否达到预期效果。

3. 环境监测情况

明确项目环境管理计划中提出的监测计划的完成情况，列出监测结果，说明监测结果反映的问题或效果，对于监测反映出来的问题提出改进建议。

4. 下一步工作计划

提出下一步环境管理计划执行计划，包括培训计划、环境保护措施执行计划、监测计划等。

5. 总结

对目前项目阶段的环境管理计划执行工作做出总结，概括说明环境管理执行的效果及存在的问题等。

6. 附件

附件包括项目执行情况图件、监测报告等。

▶▶▶ 第 8 章　工程项目环境管理前沿 ◀◀◀

8.1　工程项目代谢

近年来，随着城市建筑数量的增多以及规模的增大，城市的生产与活动得到满足，但也对城市周边的生态环境造成不可忽略的负面影响，引发诸多资源、生态和环境等方面的问题。建筑物从建筑材料的生产到最终建筑物拆除整个过程的各个阶段都与周围环境产生大量的物质流动和能量交换，对环境产生直接或间接的影响。随着代谢理论的发展以及人类对环境的关注度越来越高，人们开始基于代谢理论研究工程项目的物质能量变化，在这里，把用于研究工程项目代谢过程的系列方法称为“工程项目代谢理论”。

8.1.1　代谢理论及发展

“代谢”（Metabolism）一词是在 19 世纪提出的，最早源于生物学对生物个体及生态学对生态系统的研究。在过去的 50 年中，它在生物学中得到广泛应用，后来成为生物化学，以表征单个生物（在细胞范围内）以及生物与环境之间的有机分解和重组过程。从此以后，新陈代谢在自然科学中一直处于双重存在状态，既涉及身体变化和繁殖的过程，也涉及生态系统关系的更全面的概念。由于自然生态系统和人工生态系统的结构和功能具有一定的相似性，通过仿生与类比，代谢的概念已逐渐被引入人工生态系统研究中，相继提出社会代谢、城市代谢、产业代谢、家庭代谢等概念，其理论和内涵在不断扩大。上述各类代谢活动存在一定的包含关系：自然生态系统无时不在进行着代谢活动，而社会系统与自然环境系统之间保持着物质交换与能量流动。作为社会系统中的重要组成部分，城市在不同领域也存在着代谢活动，其中工业代谢是城市代谢的生产环节，家庭代谢是城市代谢的消费环节。

1. 生物代谢

代谢一词源于希腊语，具有“变化或者转变”之意。代谢含义的出现可追溯至 19 世纪 50 年代，生物学家贾罗布·莫莱肖特（Jarob Moleshott）在其著作《生命的循环》一书中提出：生命是一种代谢现象，是能量、物质与环境的交换过程。随着对“代谢”理解的不断深入，自然科学在该方面的研究逐渐形成两个方向。一是生物化学方向，学者们对细胞、器官、有机体等单元进行研究，代谢是指生物体内所发生的用于维持生命的一系列有序的化学反应总称；二是生态学方向，代谢表示生态系统的物质循环及能量转化。

2. 社会代谢

由于代谢理论的发展，社会文化领域也逐渐引入“代谢”思想，这让人类对社会与能量关系的理解更加深刻。马克思、施密特等是社会代谢概念的早期提出者，他们认为，社会代谢可以反映人类劳动、生产和商品交换等社会问题。

社会代谢包含狭义和广义两个层面。狭义的社会代谢是指不涉及自然的社会系统内部代谢；而广义的社会代谢还关注人类社会与自然界之间的物质能量交换，是自然系统与社会系统之间的代谢。在大多数研究中，虽然没有对这两种含义划分出明确的界限，但早期的研究更多的是将社会系统的变化和社会系统与自然界之间的关联独立出来。

工业革命后，人类为了促进科学技术的发展，利用和改造自然的力量不断壮大，使得社会代谢的规模快速扩张，导致出现了许多生态环境问题，例如资源稀缺、环境污染和生态系统功能退化等。至此，社会代谢研究逐步从关于人与自然之间相互作用的定性研究转向关于人与自然、社会经济系统和生态环境系统之间物质和能量交换的定量研究，量化社会代谢规模和构成及其与经济增长与环境状况之间的关系。

随着系统的复杂化，有学者提出"社会代谢多尺度综合评估"（Multi-scale integrated assessment of societal metabolism，MSIASM）方法，他们认为社会经济系统中不断进行着物质和能量代谢，应综合考虑社会投入产出因素与人类生产消费指标，以此判断社会的可持续发展。该方法的提出，不断发展和完善了社会代谢理论，目前在能源、农业、可持续发展等方面得到较广泛的应用。

3. 城市代谢

随着现代工业化和城市化进程的加快，城市经济发展与生态环境之间的矛盾日益突出。沃尔曼（Wolman）在1965年正式提出"城市代谢"的概念，认为城市类似于生态系统，并描述了物质和能量如何流入系统，就像生态系统中的生物体消耗阳光和食物等资源一样。由于使用这种资源，系统会产生产品并伴随着废弃物的产生。

城市代谢概念的提出，指明了物质、能量流动的基本方式，揭示了城市对环境的影响，促进了城市系统的描述和分析，从而为研究人员提供一个隐喻的框架，以研究特定区域的自然系统与人类系统的相互作用。作为城市可持续发展的指标，城市代谢促进了人类活动与自然生态系统的和谐发展。随着对气候变化和大气退化的日益关注，使用城市新陈代谢已成为确定和维持城市可持续性水平以及全球或世界范围内资源消耗、环境影响和资产积累的国际或区域比较的关键要素。

由于城市系统的社会-经济-自然的复合属性，包括如工业生产、金融贸易、人居生活等不同的功能组分，因此开始不断将城市代谢研究与产业代谢、家庭代谢等不同尺度的代谢理论相融合，用于研究城市内部某一功能组分的代谢过程及其对城市本身以及外部环境的影响。

4. 产业代谢/工业代谢

产业代谢，也称为工业代谢，该理论最初由美国学者艾尔斯（Ayres）等人提出，它表示进入工业系统的原材料、能源及劳动力转变为最终产品和废物这一过程的物质变化，是一种模拟自然代谢的分析手段，旨在研究人类经济社会产业系统中的物质交换和能量流动对自然生态系统的影响。产业代谢通过系统结构变化分析、功能模拟和产业流分析来研究产业生态系统的代谢机能及控制方法，这一理论目前被广泛用于国家/区域产业部门及特定产业组织（例如工厂、企业/园区）的代谢研究。

产业系统是城市生产功能的主要承担者，是维持城市活力的关键组分，同时也是引发城市生态问题的重要源头，通过物质与能量的联系，产业代谢过程势必同城市代谢过程紧密相连，这也为二者的融合创造了条件。产业代谢理论的引入，拓展了城市代谢研究的内容，除了核算与预测特定生态流代谢的规模外，还能基于物质流分析方法解析城市产业系统的代谢结构与效率、探析系统对城市整体及外环境的影响。通过结合工业代谢理论和城市代谢理论，使用一定的分析手段以获得产业系统的代谢结构、强度与效率、城市对环境的影响，可以为有关部门提出针对性意见提供依据。

5. 家庭代谢

近几十年来，人们越来越关注消费在环境趋势和管理中的作用，将目光重新聚焦在生产过程中，以考虑推动生产的消费。而大多数消费活动至少在某种程度上与家庭有关。作为一种经济系统，家庭与环境相互作用才能生存。在这个过程中，家庭从环境中获取资源，并将排放物回馈给环境。这种自然资源流入和流出家庭的整体模式被称为家庭新陈代谢。由于资源消耗会影响环境负荷，家庭代谢将物质循环和能量流动作为量化不同生活方式的环境压力的衡量标准。

家庭作为社会的基础单元，这一系统的消费结构和代谢模式，在社会子系统和城市整体系统中具有重要的基础指导作用，通过代谢类比的方法将研究范围由家庭扩展到城市，为相关研究提供了新思路，所以家庭代谢已经成为城市代谢的扩展理论之一。影响家庭代谢的速率主要包括家庭收入、当地资源的可获得性、政策、法律和价值观等。

8.1.2　工程项目代谢的概念

Wolman 提出的城市代谢的概念让我们明白城市是一个资源、能源、服务和环境投入而经济、社会和环境产出的复合系统。了解运行过程中资源消耗与产品和废物生产之间的关系是了解城市生态系统如何持续存在的关键。当系统无法获得其内部生存所需的资源时(例如，通过初级生产、自然生态系统中的植物的资源)，它必须从支持该系统的环境中获取那些资源。同样，如果系统无法吸收其代谢活动产生的产品和废物，这些产品和废物必须排出。为了使城市生态系统和自然生态系统同时运转，必须以某种方式重复利用资源消耗所产生的废物，以防止其积累和损害维持该系统的内部和外部环境。

因此，关于城市新陈代谢的研究集中于资源的来源和消耗，以及它们在系统中的循环和废物的排放、处理、回收。在 Wolman 之后，许多学者对城市代谢的概念进行了不同的诠释和拓展，但目前关于城市代谢还没有一个统一明确的定义，较有代表性的是：Girardet 提出了一种循环型城市代谢模型，因为他意识到从城市的环境资源输入到其产品和废物产生的线性序列并不能准确地模拟真实的生物体如何影响地球的生命保障系统。Newman 将城市代谢模型与社会因素（例如居民的健康状况、就业率、教育程度）结合起来，将人为因素纳入城市代谢的范围，并提出代谢是一种考虑了人类居住适宜程度的资源输入和废物输出。Warren-Rhodes 和 Koening 提出，城市代谢是一个城市对其自然环境负荷的定量描述。Huang 等人认为城市不仅是新陈代谢的有机体，也是管理的机器，认为资源与物质转变为废弃物的过程是用来维持人类的生存与居住条件，而管理的主要目标是对强调循环式的新陈代谢。段宁分析了城市新陈代谢的过程，提出了基于现代控制理论的城市代谢理论模型，以模拟参与城市物质代谢的主要因素及其相互关系以及相关的代谢过程，从而为优化和调节城市物质代谢提供科学依据。随后，基于对产品和废物遵循城市系统内不同的流动路径的认识，他提出区分产品和废物代谢的概念：产品是通过资源途径生产的，废物是通过废物处理和再循环途径处理的。Kennedy 等人总结了城市新陈代谢的过程，将其作为能源生产和废物消除技术以及城市内社会经济发展过程的总和。

作为城市代谢的部分，工程项目代谢的研究也逐渐形成，是目前代谢理论研究的新兴领域。工程项目在其生命周期的各个阶段（从原材料的获取、加工、建造、使用直至拆除处置）均对物质和能量有大量的需求。研究表明，世界上每年50%的物质和能源消耗均与建设活动有关，且大规模建设会导致热岛效应、噪声、空气及固体废弃物污染等一系列城市环境问题。建筑位置的固定性及使用的长期性意味着它对环境影响存在巨大性及长效性。在人类社会经济系统中，输入系统的物质和资源的质量和数量、输出系统的资源和废弃物的数量与质量决定了系统对环境的影响程度。因此，降低工程项目建设过程的能耗、较少物质流动量，是维持城市环境正常运行的有力举措。工程项目代谢研究即是对城市工程项目的物质能量流动进行分析，探究其在一定尺度下的流动特征和转化率，阐明城市建筑代谢的过程与机制，进而提出调控方法，促进城市的可持续发展。

由于工程项目代谢是新兴的研究领域，目前还未有学者提出明确的定义，学者们多从其自身的专业背景以及关注问题角度进行相应的研究。结合对城市代谢概念的理解，工程项目代谢包含两层含义：物质性代谢流方面，工程项目代谢是指在工程项目整个生命周期中的物质和能量输入及废弃物输出的过程；非物质性代谢流方面，则是指除去物质性代谢流的无形要素的输入和输出的过程。

8.1.3 工程项目代谢相关理论

1. 热力学理论

能值理论是基于热力学理论形成的，目前在区域、生态、产业体系等领域均有较为广泛的应用，例如生态学生态足迹研究、产业经济学生产效率研究等多个领域。能值理论是以太阳能为基准，衡量各个不同种类、不同单位、不可比较的能量的能值，具有一定的自身优势。

该理论主要基于热力学的两大定律：

（1）热力学第一定律，即能量守恒和能量转换定律。该定律表明能量不会凭空消失也无法凭空产生，它只是从一个物体转移到另一个物体，并且在此过程中能量总量保持不变。

（2）热力学第二定律。根据克劳修斯的表述，该定律是指在不引起其他变化的情况下将热量从温度较低的物体传递到温度较高的物体是不可能的。开尔文（Kelvin）将其描述为：不可能将单一热源的能量完全转换成有用功而不引起其他变化。前者表明，封闭系统内的能量总量保持不变；后者则表明，热量不可能完全转变为有用能量。

针对工程项目系统这一耗散系统，由于能源耗散的不可逆性，建设过程中能源损耗、生态环境破坏等问题逐渐浮出水面。但社会体系的发展往往依靠资源，因而二者也呈现出很强的正相关关系。

同时，物质流代谢为工程项目代谢的相关研究提供了理论基础。基于热力学理论的工程项目物质流分析有利于及时掌握工程项目内部的物质、资源等能量的利用水平，为工程项目与周边生态环境的协调性、工程项目作为耗散系统的自我调节能力的研究提供了理论支撑。

2. 系统动力学理论

麻省理工学院的弗雷斯特于1965年提出系统动力学理论。系统动力学基于控制论、信息论、决策论和其他相关理论，并以计算机仿真技术为手段，定量研究非线性、高阶次、多重反馈复杂系统的学科，是一门认识系统和解决系统问题的综合交叉学科。就系统方法论而言，系统动力学是结构的方法、历史的方法和功能的方法的统一。

系统动力学是系统内动态行为的计算机仿真技术手段。这可以从三个方面解释：

(1) 除了用于分析非生命系统的动态行为，系统动力学还可以生命系统的动态行为，且反馈机制存在于不同的系统中。

(2) 区别于传统的元素分析机制，该理论按照属性的不同将系统分成各类子系统，更强调整体与整体之间的关联和相互反馈。

(3) 利用现有的计算机技术，系统动力学是一种将现有体系进行计算机数学模型建立的分析方法。因此，系统动力学可用于不同系统的动态演变分析。

近年来随着计算机建立模型的能力越来越强，系统动力学也逐渐引入工程项目研究领域。系统动力学既有一般模型分析方法的特点，也有其他模型分析方法没有的特殊优势：

(1) 基于系统动力学的工程项目代谢研究中，系统动力学体系模型的建立将工程项目内部的人口、自然环境、资源利用等各个不同的工程项目子系统进行分类，梳理了各子系统间的关系网络，用量化的手段表征子系统间的联系。因此，只要合理地建立工程项目的整体系统，不了解系统情况的研究人员也同样可以进行相关研究。

(2) 系统动力学体系模型的建立比较耗时，需要深入分析工程项目的发展现状及其各个子系统，因为系统动态变化机制在整个模型动态变化研究中扮演着重要角色。

(3) 目前，关于系统动力学的研究已经比较成熟，作为一款可视化的建模工具，Vensim软件可用于产业经济学、生态学等方面的研究，它能够绘制、模拟、分析和优化系统动力学模型，具有一定的可行性。

3. 产业生态学理论

产业生态学是从美国开始广泛研究的。在20世纪80年代，罗伯特·佛罗斯认为“对于传统的产业来说，很多浪费是在原料资源获取到生产产品和产生废物这一过程中产生的；而产业生态系统能够将能源资源的消耗与利用体系化，各产业相互合作，在生产过程中，各阶段产生的废物有机会为下一阶段提供服务。”美国国家科学院也在几年后对产业生态学进行了定义，即产业生态学是指各个产业的活动和产品与环境之间相互关系的一种跨学科研究。

目前，对产业生态系统的定义主要表述为：在各产业组成的产业整体与它们依赖的环境之间的资源与能量的不断转换而形成的一个有机整体。产业生态系统具有以下四个特点：

(1) 生态性。生态系统的自身循环特性应运用于各个产业组成的产业群组内部，以处理最初进入体系的资源及能量，达到生态链的效果。一方面，上一产业产生的产品可用于下一产业的生产；另一方面，上一产业产生的废物可循环用作下一产业的原材料。这使得系统产生的废物微乎其微。

(2) 产业生态系统可分为微观体系、中观体系、宏观体系三个层次。微观体系是各生产环节与环境之间构成的体系；中观体系是一定区域范围内产业与环境构成的体系；宏观体系则是扩大到全国甚至全世界的产业集合与全球环境形成的大系统。

(3) 开放性。既然存在生态型，则要求该系统更加开放以应对变化的市场。在产业与产业间、产业群与环境间，其协调都离不开相互之间的信息交换与产业链协调。

(4) 动态性。产业生态系统并不是最初就能达到合理循环利用状态下的、始终处于一个动态调节的过程，最终目的是实现各项废物合理利用，整体体系基本不产生废弃物。

对于城市代谢的研究来说，产业生态学的理论可以应用于产业，也可以应用于城市。作为产业的延伸，城市代谢更加复杂，在城市的大系统内，产业与环境都是其重要的组成部分，将城市作为整体研究更能了解城市产业与环境之间的相互关系，为实现产业生态学的高级阶段，研究城市整体的新陈代谢显得更有必要。

4. 可持续发展理论

可持续发展的概念是由国际自然保护联盟（IUCN）、联合国环境规划署（UNEP）和世界野生动物基金会（WWF）于1980年联合发布的《世界保护战略》中提出的。联合国世界环境与发展委员会在1987年发布的《我们的共同未来》中将可持续发展正式定义为“既满足当代人的需要，又对后代人满足其需要的能力不构成危害的发展”。1997年，十五次全国代表大会将可持续发展战略定义为“在现代化过程中必须实施的战略”。中国在2000年编写的《中国21世纪人口、环境与发展》白皮书中第一次将可持续发展纳入中国经济和社会发展的长期规划。在中国，可持续发展的定义是在考虑当前和未来的发展需求下，同时满足当代人的利益而又不使子孙后代付出满足当前利益的代价的发展。

可持续发展理论的内涵是基于社会、经济、环境和资源这四大系统而提出和不断优化的，主要包括五个方面的内涵：

(1) 共同发展。将整个世界看作一个系统，则该系统是由世界上各个国家或地区等无数个子系统组成的整体，这一整体中任何一个子系统的发展变化都会影响其他子系统甚至波及整个系统。因而整体的发展以及各个子系统之间的共同发展是可持续发展的最终目的。人与自然共同发展是共同发展的中心思想。

(2) 协调发展。一方面，要求社会、经济、环境和资源四大系统相互协调；另一方面，要求世界这一整体及系统内各个子系统在空间层面相互协调，人与自然和谐相处是协调发展的中心思想，强调的是人类有限度地对自然进行索取，以达到自然生态圈保持动态平衡。

(3) 公平发展。在国家和地区层面，由于不同区域发展的差异性，可持续发展要求我们既不能以损害子孙后代的发展需求为代价而无限度地消耗自然资源，也不能以损害其他地区的利益来满足自身发展的需求；在世界层面，公平发展的内涵是要求一个国家不能以发展为目的而损害其他国家或地区的利益。

(4) 高效发展。可持续发展理论认为在保护环境的前提下促进人类社会的高效发展，即社会、经济、环境和资源四大系统之间的协调有效发展。

(5) 多维发展。不同国家和地区的发展水平体现了差异性，经济、政治和文化等方面的发展在同一国家和地区也体现了差异性，可持续发展强调各方面全面综合发展。结合自身情况，不同国家和地区可进行多维发展。

作为一种新的发展观，可持续发展观具有三大重要原则：

（1）生态可持续性原则。要在保证自然环境不被破坏和永续发展的前提下发展经济与社会，只有保证自然环境的稳定，才能保证发展所需资源的稳定。

（2）经济可持续性原则。在不断发展经济总量的同时，必须要重视发展经济的质量与能源消耗情况，在当下可行的基础上发展高效、低耗、相互联系的产业链，减少整体系统的消耗与废物的产生。

（3）社会可持续性原则。该原则将生态持续性与经济持续性作为综合目标，其目的是提高人类整体的生活环境及质量。

在可持续发展观中，三大原则相互结合，缺一不可。

8.1.4　工程项目代谢研究的系统边界

以工程项目代谢的主要研究内容为基础，参照工程项目全生命周期系统和城市代谢的拓展模型，可以得出工程项目代谢的系统结构。其中，将全生命周期的工程项目系统作为主体，系统从周围环境中获取土地、水、各种建筑材料和能源等有形物质，以及货币、信息等无形要素；在运行过程中，系统内部向周围环境输出建筑废弃物和可回收的建筑垃圾，同时还实现工程项目的功能、经济收益以及满足人类需求等，见图8-1。界定工程项目代谢的边界主要包括物理边界和时间边界。

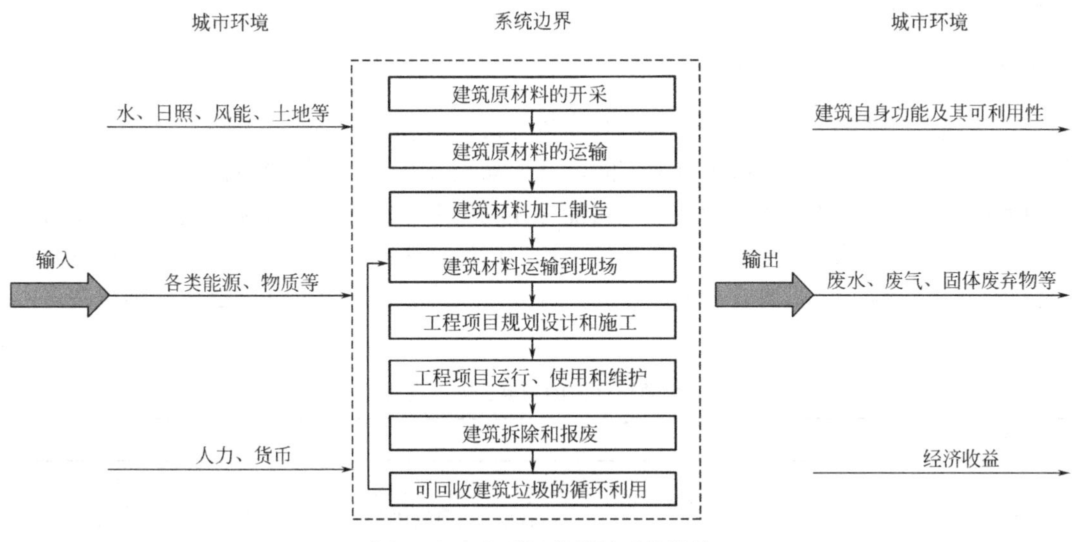

图8-1　工程项目代谢的系统结构

1. 物理边界

（1）输入物质。主要包括黏土、石灰石、生铁、石材等生产建筑材料的原材料，还包括人类所需的粮食、水果、蔬菜等物质。

（2）输入能源。主要包括用于开采和运输原材料、生产和运输建筑材料、运输建筑垃圾所需的燃油，建造、运维、拆除和建筑垃圾再循环过程所需的电力和燃料。

（3）输入人力。主要包括开采原材料、生产建筑材料、运输、设计、建造、运维、拆除和建筑垃圾再循环过程所需的人力。

(4) 输入货币。主要包括购买设备所需费用及措施项目费、其他项目费、规费及税金等。

(5) 输出建筑固体废弃物和生活垃圾。建筑固体废弃物主要包括建设与改造、拆除产生的建筑垃圾。

(6) 输出废水。主要包括原材料开采、建筑材料生产、建造和建筑使用过程的废水排放。

(7) 输出废气。主要包括建筑材料生产、运输(原材料、建筑材料、建筑垃圾)和施工过程的温室气体排放。

(8) 输出经济收益这一无形要素,实现工程项目自身功能及其可利用性。

2. 时间边界

工程项目全生命周期系统的时间边界包括六个过程和四个阶段。

六个过程包括:建筑原材料的开采和运输过程;建筑材料的生产和运输过程;工程项目规划设计和施工过程;工程项目的运行、使用及维护过程;建筑的拆除和报废过程;可回收建筑垃圾的循环利用过程。

其中,建筑原材料的开采和运输过程、建筑材料的生产和运输过程属于建筑材料的生产运输阶段,工程项目规划设计和施工过程属于施工建造阶段,工程项目的运行、使用及维护过程属于运营使用阶段,建筑的拆除和报废过程、可回收建筑垃圾的循环利用过程属于废弃处置阶段。

8.1.5 工程项目代谢的测度方法

工程项目代谢的测度方法主要包括物质流分析、能值分析、能流分析、生命周期评价以及㶲分析。上述五种方法适用范围不同,具体如表 8-1 所示。值得注意的是,在实际研究过程中,各个方法不是孤立存在的,可能存在利用多种方法对工程项目代谢进行全方位的研究分析。一般来说,生命周期评价的应用最广泛,能够同其他方法都适用;经常将能流分析与㶲分析结合进行研究。上述方法会因研究人员的研究角度和问题不同而出现各类方法组合。

工程项目代谢的测度、方法比较 **表 8-1**

研究方法	适用范围	优点	局限
物质流分析(Materials flow analysis, MFA)	整个工程项目系统或者单个建材构件的物质流入特征;进出系统的物质质量与数量及其对生态环境影响	忽略了工程项目系统内部特征,直接以物质流动得到其环境压力,简单有效;采用物理量作为单位,有利于不同时间和地区的比较	只考虑工程项目系统物质的流入和流出量,忽略了不同物质流量的环境影响;忽略了系统内部的物质流动;难以分析系统的隐藏流
能值分析(Emergy analysis, EMA)	工程项目系统能量流动以及内含能方面研究,为建筑的节能潜力和可持续性评估提供依据	能够将系统中不同种类、不可比较的能量转化成同一能量,实现了可比性;能够综合分析建筑系统中的各种生态流;能够定量分析整个系统的结构功能特征和生态环境效益	能值转换率难以确定,特别是针对特定工程项目的研究,可信度低;应用于工程项目领域的能值评价指标体系不完善

续表

研究方法	适用范围	优点	局限
能流分析(Energy analysis)	工程项目使用阶段的能源使用数量及其效率研究	能够考察建筑系统的能量输入流及其相应特征	难以体现不同形式能量在品质及其他多种属性上的差异,尤其是能源的生态环境成本;无法反映能量转换过程中独有的单一方向性特征
生命周期评价(Life cycle assessment, LCA)	整个工程项目系统或者单个建材构件的环境性能的综合量化评价	全过程评价,系统性强,研究详细;可以比较不同地区工程项目同一环境行为影响	在工程项目系统的边界设置、数据收集和指标设定等方面易受主观影响;环境影响评价模型存在局限性;工作量大,耗时长,费用高
㶲分析(Exergy analysis)	工程项目使用阶段能源使用数量和质量研究	能表达“有效”代谢流的概念;反映工程项目系统内部的结构、梯度、等级和组织等特征	准确性不高;计算模型通用性不强;环境㶲值无从计算或计算不准确

8.1.6 工程项目代谢的指标体系

本节以能值分析方法为例，为读者们介绍施工阶段工程项目代谢的研究思路及评价指标体系。

能值分析旨在为研究工程项目代谢中的物质和能量流提供一个共同的价值基础。通常，能值分析法分为五个步骤：

(1) 绘制详细的系统图，其中包含工程项目系统中人与自然组成部分之间的所有相关能量流路径；

(2) 通过将变量转换为汇总图来解决特定的途径；

(3) 将能流路径转换成能值分析表；

(4) 使用能值转换系数，将从权威机构收集的原始数据更改为能值单位；

(5) 将能值数据进行一定的数学计算得到特定指标以评估系统，预测趋势并提出提高能效的替代方案。

工程项目能值系统包括物质、能源和劳动力的输入及产品、服务及废弃物的输出。输入能值主要包括可再生资源能值（R）、不可再生资源能值（N）、进口能值（IM），输出能值主要包括废物能值（W）和出口能值（EX）。本研究使用的能值基准是12.0E+24sej/yr，引用的能值转换系数做了相应修正。具体转化系数如表8-2所示。

工程项目代谢能值项目 **表8-2**

类别	项目	单位	能值转换系数(sej/unit)
可更新资源(R)	太阳能	J	1.00E+00
	风能	J	8.00E+02
	雨水化学能	J	7.00E+03
	雨水势能	J	1.28E+04
本地不可更新资源(N)	表土流失能	J	9.41E+04

续表

类别	项目	单位	能值转换系数(sej/unit)
进口能值(*IM*)	商品混凝土	g	1.37E+09
	水泥	g	2.30E+09
	沙	g	2.14E+09
	石	g	2.14E+09
	水	m^3	3.08E+12
	砂浆	g	1.27E+09
	机制砖	g	2.79E+09
	钢/钢材	g	2.40E+09
	铝/铝材	g	5.88E+08
	塑料	g	2.43E+09
	玻璃	g	1.21E+09
	粮食	g	1.03E+09
	水果	g	1.09E+09
	蔬菜	g	8.26E+08
	肉类	g	2.40E+10
	鱼类	g	1.16E+11
	奶类	g	1.83E+10
	蛋类	g	8.11E+10
	木材	g	6.48E+08
	柴油	g	3.67E+09
	液化石油气	g	4.03E+09
	电力	J	2.03E+05
	人力	J	9.40E+06
	货币	$	*
废弃物(*W*)	废水	J	5.05E+05
	废气	g	6.19E+06
	固体废弃物	g	1.36E+09
出口(*EM*)	商品	$	*

注：1. *是指国家能值货币比，需自行计算，计算公式为：能值/货币比率=国家总能值用量（*U*）/国民生产总值（*GNP*）；各项目的参数来源于各参考文献。

2. 废气的能值转换系数为二氧化碳的能值转换系数，其他类型的温室气体可通过乘以其产生温室效应的指数转换为二氧化碳当量，以便直接使用二氧化碳的能值转换系数。

工程项目代谢的指标可以用来表示工程项目代谢能值系统的结构、环境压力和输出效率，并可以代表工程项目代谢的趋势和可持续发展水平。

在表8-3中，工程项目能值总使用量（*U*）代表代谢系统的总量和结构，包括可再生资源能值、不可再生资源能值和进口能值。能值出口率（Emergy export rate，*EER*）表示出口导向的代谢系统的程度。环境负荷率（Environmental loading ratio，*ELR*）和能值浪费率（Emergy waste rate，*EWR*）代表代谢系统的环境压力。*ELR* 是不可再生资源能值及进口能值与可再生资源能值之比，是转化过程对环境压力的指标，可以看作是由于建设活动引起的生态系统压力的度量。*ELR* 的值越高，在代谢系统中使用能值的强度越强。*EWR* 可被视为代谢系统中废物的可用性以及系统回收的能力。*EWR* 的值越高，资源的利用效率和废物的可再生水平就越低。能值产出率（Emergy yield rate，*EYR*）是工程项目能值总使用量与进口能值之比。该比率是通过外部投资来开发资源的过程能力的度量，还可以用来表示工程项目的经济竞争力。能值可持续指数（Emergy sustainable index，*ESI*）是 *EYR* 与 *ELR* 之比，代表每单位能值的系统输出效率，该指标可以用来衡量工程项目的建设活动与生态环境之间的协调程度。*ESI* 同时考虑了生态和经济的兼容性，*ESI* 越大，系统的可持续性就越高。

基于能值分析法的工程项目代谢指标体系　　表 8-3

指数类型	指数	公式	单位	描述
结构	工程项目能值(*U*)	$R+N+IM$	sej	除去出口和废弃物之外的总能值
	能值出口率(*EER*)	$(IM+EX)/(U+EX+W)$	1	进口和出口能值与 *U* 之比
环境压力	环境负荷率(*ELR*)	$(N+IM)/R$	1	不可再生资源能值和进口能值与可再生资源能值之比
	能值浪费率(*EWR*)	W/R	1	废弃物能值与可再生资源能值的比率
输出效率	能值产出率(*EYR*)	$(R+N+IM)/IM$	1	*U* 与进口能值之比
	能值可持续指数(*ESI*)	EYR/ELR	1	能值产出率与环境负荷率之比

8.2　工程项目职业健康安全管理

2020 年 9 月 11 日，习近平总书记在科学家座谈会上指出："希望广大科学家和科技工作者肩负起历史责任，坚持面向世界科技前沿、面向经济主战场、面向国家重大需求、面向人民生命健康，不断向科学技术广度和深度进军。"相比于四年前习近平总书记在全国科技创新大会、两院院士大会、中国科学技术协会第九次全国代表大会上提出的"三个面向"，此次新增了"面向人民生命健康"。"面向人民生命健康"体现了"人民至上、生命至上"的鲜明理念，也体现了国家对人民生命健康的重视程度。职业健康安全管理（Occupational health and safety management，OHSM）是指利用先进科学技术，组织、管理和协调施工现场的职业健康工作并落实施工现场的安全管理工作，通过采用科学系统地教育和培训等手段，提高项目工程组成员的安全意识和相关管理者的管理水平和积极性。建筑业职业健康危害极高，建筑工人的健康风险也极大。建筑行业中涉及的职业危害因素不仅多种多样且复杂，几乎涵盖所有类型的职业危害因素，例如粉尘（二氧化硅粉尘、水泥粉尘、焊接粉尘、石棉粉尘）、噪声（空气动力噪声、机械噪声）、紫外线、电离辐射和高低压作业、高温、振动、化学毒物等。目前，相当一部分建筑工人在恶劣的施工现场工作，接触各种有毒有害物质，施工现场存在许多影响安全的风险因素，例如塔式起重机倒塌、基坑坍塌等。可以说，建筑行业的职业安全管理越来越重要。

8.2.1 职业健康安全管理概述

1. 职业健康安全现状

随着我国经济和科技的飞速发展，人类为了追求物质文明，建设生产力度、建设规模和建设水平得到快速发展，也随之涌现出一批新技术、新材料和新能源，为我国的产业和生产工艺带来新生。在这样的生产力背后，引发许多社会问题。人们往往因追求低成本和高收益，忽视了改善劳动者的工作条件和环境，甚至以牺牲劳动者的生命健康和破坏自然环境为代价进行大规模生产活动。

近年来，职业事故、疾病和伤害的频繁发生已成为我国的一个重大问题。据可获取的数据显示，2020 年报告的职业病病例为 17064 例，虽然人数较前两年有所减少，但比 2006 年增加了近 50%。表 8-4 列出 2006～2020 年中国职业病病例数和安全生产事故死亡人数。截至 2019 年底，全国建筑业企业共 11.6 万家，从业人员 5366.9 万，存在大量的职业健康关系。其中，建筑业进城务工人员共有 5226.48 万人，约占进城务工人员总数的五分之一，约占建筑工人总数的 90%。

2006～2020 年中国报告的职业病病例数和安全生产事故死亡人数　　表 8-4

年份	职业病报告病例数(例)	各类生产安全事故死亡人数(人)
2020	17064	27412
2019	19428	29519
2018	23497	34046
2017	26756	37852
2016	29420	43062
2015	29180	66182
2014	29972	68061
2013	26393	69434
2012	27420	71983
2011	29897	75572
2010	27240	79552
2009	18128	83196
2008	13744	91172
2007	14296	101480
2006	11519	112822

放眼世界，据国际劳工组织（ILO）的统计，每天全球有 6000 多人死于职业事故或职业疾病，平均每年死亡达到 200 万人。每年有 3 亿多起职业事故，许多人因此无法正常工作。这种日常灾难不仅耗费巨大的劳动力成本，而且造成的职业安全与卫生的财务负担占全球年均国内生产总值的比例高达 4%。

目前，包括我国在内的多数国家和地区已经制定了相关政策或措施以降低职业病发病率或安全生产事故发生率，但受生产力总体发展水平和区域、行业发展不平衡等因素的制约，影响安全生产和职业安全与健康的突出矛盾依然存在。我国目前事故起数仍然较大，职业危害还比较严重，安全生产形势依然严峻。

2. 职业健康安全管理的目的和任务

职业健康安全管理旨在保护产品生产商和用户的健康与安全。企业以职业健康和安全为目的，通过对生产工作开展一系列组织、指挥和控制活动，对职业健康安全环境进行制定、实施、实现、评审和保持，并对影响各类人员健康与安全的因素采取可行有效的措施进行控制，包括工作场所内工作人员、访问者和其他有关部门人员、合同方人员。

职业健康安全问题主要有人的不安全行为、物的不安全状态以及组织管理不力。人的不安全行为问题可以通过研究人的心理学和行为学，培训提高人的安全意识和能力解决；物的不安全状态问题可以通过研究安全技术，利用各种有效的安全技术系统解决；组织管理不力问题可以通过研究工业生产组织结构，建立系统化、标准化的职业健康安全管理体系解决。

8.2.2 职业健康安全管理体系

1. 职业健康安全管理体系的作用及意义

在系统论思想的基础上，职业健康安全管理体系通过采取有效的组织管理，解决依靠人的可靠性和安全技术可靠性所不能解决的生产事故和劳动疾病问题。自20世纪80年代以来，就有一些发达国家率先实施了这个体系。1996年，美国工业健康协会制定了《职业安全健康管理体系指导文件》，英国颁布了《职业安全健康管理体系指南国家标准》。1997年，日本工业安全与健康协会提出了《职业安全与健康指南》，新西兰和澳大利亚提出了《职业安全与健康管理体系原则、体系和支持技术通用指南》，挪威船级社制定了《职业安全与健康管理体系认证标准》等。

进入21世纪，我国一些大型建筑企业开始引入职业健康安全评估系列标准和健康安全环境管理体系。目前我国建筑行业的职业健康管理才刚开始进入真正的起步阶段，并且大多数学者的研究视角主要集中在职业安全管理上，职业健康研究仅处于从属地位。2001年，基于国际上制定的职业健康安全管理体系规范（OSHMS 18001），国家质量监督检验检疫总局发布了《职业健康安全管理体系规范》GB/T 28001—2001，并先后在2011年和2020年做了修订，该标准与ISO 9000质量管理体系和ISO 14000环境管理体系是管理体系标准的三大重点，对现代企业管理具有指导性作用。实施职业健康安全管理体系的重要作用及意义有以下几个方面：

（1）促进职业健康保护的法治化。

严格遵守国家法律、法规等要求，建立合法的职业健康安全管理政策和目标，并合法运行管理是企业实施建设职业健康安全管理体系的要求。此外，职业健康安全管理体系还对企业的最高管理者应该承担的职业健康安全的最终责任进行规定。它有助于促进企业健康安全的工作和管理运营的合法化，这也是我国逐步走向法治社会的具体体现。

（2）为完善企业绩效提供科学、有效的管理手段。

职业健康安全管理体系建立在现代系统管理的科学理论和系统安全思想的基础上，从整体角度着眼于事故预防的整体效应，进行全员、全过程和全方位的安全管理。这有助于公司提高其职业健康安全绩效，并促使他们达到最佳的安全状态。

（3）为企业建立一个规范有效的风险防范机制。

职业健康安全管理体系通过有效地控制风险源来避免职业风险，并使用系统的管理方法来全面认识和评估公司风险。在识别和评价结果的基础上，对重大危险源制定职业健康安全管理方针、目标和方案，对与危险源有关的各种运行活动和潜在危险采取一定的手段进行控制，以使此类活动在规定条件下进行，并实施检测评级系统以及时解决运行过程中存在的问题。此时，已经建立了防范风险的道道防线。职业健康安全管理体系还通过对内部员工、临时员工和相关者进行培训，防止技术层面的职业风险。利用控制手段对相关方（承包方、供货方等）进行安全管理，使他们的职业健康安全行为符合本企业要求，进而与企业形成盈亏共同体，有效分担企业的职业风险。

（4）有利于增强企业凝聚力。

环境健康安全管理体系中“以人为本”思想的部分在职业健康安全管理体系中最能体现。通过加强对员工的劳动保护，改善员工的工作环境和工作条件，将员工与企业两个主体平等对待，这使得员工感受到尊重，可以稳定人心，员工为企业服务时也必将发挥更大的工作热忱，从而极大地加强企业的凝聚力。

（5）有利于提高企业的市场竞争力，消除贸易壁垒。

随着我国加入 WTO、全球经济一体化发展，我国将有越来越多的企业参与国际市场竞争。如果企业不与环境管理和职业健康安全管理的国际标准接轨，发达国家将会以产品不符合安全健康标准或未在安全健康方面下功夫为由设置贸易壁垒，从而使企业在国际市场上的竞争降低。只有实施职业健康安全管理体系，企业才能打破国际贸易壁垒，提升我国在职业健康安全领域的国际地位。

（6）实现经济效益与社会效益相结合。

虽然构建职业健康安全管理体系可能会在一定程度上增加生产成本，但从长远角度考虑，却能够对企业发展有极大的促进作用。实施职业健康安全管理体系，一方面，企业可以对外表明其改善员工职业健康安全条件的积极态度和强烈的社会责任心；另一方面，可以对外表明其预防事故发生、确保安全生产的能力，展示企业较高的管理水平，以避免人员伤亡和额外的财产损失，让社会和客户对企业安全保证方面的信心增加，从而提高企业在市场竞争（投标）中的优势。

2. 职业健康安全管理体系标准

由于对职业健康安全的关注度越来越高，世界各国政府都出台了相关法律，各国企业根据职业健康安全管理标准相继建立了符合自身的职业健康安全管理体系，以便更有效地控制生产事故的发生率和职业病发病率。目前，在职业健康安全管理方面，现行有效的相关标准为《职业健康安全管理体系 要求及使用指南》GB/T 45001—2020/ISO 45001：2018，本小节主要对《职业健康安全管理体系 要求及使用指南》GB/T 45001—2020/ISO 45001：2018 进行概述。

中国标准化研究院、华夏认证中心有限公司、中国质量认证中心、北京中大华远认证中心等 25 家单位共同起草《职业健康安全管理体系 要求及使用指南》GB/T 45001—2020/ISO 45001：2018，并由国家市场监督管理总局和国家标准化管理委员会共同颁布。该标准对于任何具有以下愿望的组织均适用：通过建立、实施和保持职业健康安全管理体系，以改进健康安全、消除风险源并尽可能降低职业健康安全风险（包括体系缺陷）、利用职业健康安全机遇，以及应对与其活动相关的职业健康安全管理体系不符合。

职业健康安全管理体系的要求和使用指南在《职业健康安全管理体系 要求及使用指南》GB/T 45001—2020/ISO 45001：2018 中有着标准的规定，这使组织可以预防与工作有关的伤害和健康损害以及积极改进职业健康安全绩效来提供健康安全的工作场所。相比《职业健康安全管理体系 要求》GB/T 28001—2011，《职业健康安全管理体系 要求及使用指南》GB/T 45001—2020/ISO 45001：2018 采用了基于风险的思维，更加重视组织环境以及员工和其他有关方的需求、员工的协商参与、强化领导作用等。《职业健康安全管理体系 要求及使用指南》GB/T 45001—2020/ISO 45001：2018 的内容见图 8-2。

职业健康安全管理体系 要求及使用指南

前言
引言
1　范围
2　规范性引用文件
3　术语和定义
4　组织所处的环境
　4.1　理解组织及其所处的环境
　4.2　理解工作人员和其他相关方的需求和期望
　4.3　确定职业健康安全管理体系
　4.4　职业健康安全管理体系
5　领导作用和工作人员参与
　5.1　领导作用和承诺
　5.2　职业健康安全方针
　5.3　组织的角色、职责和权限
　5.4　工作人员的协商和参与
6　策划
　6.1　应对风险和机遇的措施
　6.2　职业健康安全目标及其实现的策划
7　支持
　7.1　资源
　7.2　能力
　7.3　意识
　7.4　沟通
　7.5　文件化信息
8　运行
　8.1　运行策划和控制
　8.2　应急准备和响应
9　绩效评价
　9.1　监视、测量、分析和评价绩效
　9.2　内部审核
　9.3　管理评审
10　改进
　10.1　总则
　10.2　事件、不符合和纠正措施
　10.3　持续改进
附录 A(资料性附录)本标准使用指南
附录 B(资料性附录)本标准与 GB/T 28001—2011 之间的对应情况
参考文献
按英文字母顺序的术语索引
按汉语拼音字母顺序排列的属于索引
图 1　PDCA 与本标准框架之间的关系
表 NA.1　本标准与 GB/T 28001—2011 之间的对应情况
表 NA.1　GB/T 28001—2011 与本标准之间的对应情况

图 8-2 《职业健康安全管理体系 要求及使用指南》内容

8.2.3 职业健康安全事故管理

1. 职业健康安全事故分类

职业健康安全管理事故包括职业伤害事故与职业病。

（1）职业伤害事故。

职业伤害事故是指由于生产过程及工作原因或与其相关的原因而造成的伤亡事故。

① 按安全事故伤害程度分类：职业伤害事故可依据我国《企业职工伤亡事故分类》GB 6441—1986 分为轻伤、重伤、死亡三类。

A. 轻伤，指损失工作日低于 105 个工作日的失能伤害；

B. 重伤，指损失工作日等于和超过 105 个工作日的失能伤害，重伤的损失工作日最多不超过 6000 个工日。

C. 死亡，指损失工作日超过 600 个工日，这是根据我国职工的平均退休年龄和平均寿命计算出来的。

② 按安全事故类别分类：职业伤害事故可依据我国《企业职工伤亡事故分类》GB 6441—1986 分为 20 类，如表 8-5 所示。

职业伤害事故类型（按安全事故类别分类）　　表 8-5

序号	事故类别名称
1	物体打击
2	车辆伤害
3	机械伤害
4	起重伤害
5	触电
6	淹溺
7	灼烫
8	火灾
9	高处坠落
10	坍塌
11	冒顶片帮
12	透水
13	放炮
14	火药爆炸
15	瓦斯爆炸
16	锅炉爆炸
17	容器爆炸
18	其他爆炸
19	中毒和窒息
20	其他伤害

③ 按安全事故受伤程度性质分类：受伤性质是指人体受伤的类型，即从医学角度对创伤的命名，常见的有：扭伤、撕脱伤、擦伤、电伤、倒塌压埋伤、挫伤、刺伤、冲击伤等。

④ 按安全事故造成的人员伤亡或直接经济损失分类：根据 2007 年 4 月 9 日国务院颁

布的《生产安全事故报告和调查处理条例》（国务院令第 493 号）第三条规定：生产安全事故（以下简称事故）造成的人员伤亡或者直接经济损失事故一般分为以下等级制：

A. 特别重大事故，是指造成 30 人以上死亡，或者 100 人以上重伤（包括急性工业中毒，下同），或者 1 亿元以上直接经济损失的事故；

B. 重大事故，是指造成 10 人以上 30 人以下死亡，或者 50 人以上 100 人以下重伤，或者 5000 万元以上 1 亿元以下直接经济损失的事故；

C. 较大事故，是指造成 3 人以上 10 人以下死亡，或者 10 人以上 50 人以下重伤，或者 1000 万元以上 5000 万元以下直接经济损失的事故；

D. 一般事故，是指造成 3 人以下死亡，或者 10 人以下重伤，或者 1000 万元以下 100 万元以上直接经济损失的事故。

（2）职业病。

职业病是指企业、事业单位和个体经济组织等用人单位的劳动者在职业活动中，因接触粉尘、放射性物质和其他有毒、有害因素而引起的疾病。根据《中华人民共和国职业病防治法》有关规定，国家卫生健康委员会、应急管理部、人力资源和社会保障部以及中华全国总工会联合对职业病的分类见表 8-6。

职业病类型　　**表 8-6**

序号	类别	病种目录
第一类	尘肺病及其他呼吸系统疾病	尘肺病
		矽肺
		煤工尘肺
		石墨尘肺
		炭黑尘肺
		石棉肺
		滑石尘肺
		水泥尘肺
		云母尘肺
		陶工尘肺
		铝尘肺
		电焊工尘肺
		铸工尘肺
		根据《尘肺病诊断标准》和《尘肺病理诊断标准》可以诊断的其他尘肺病
		其他呼吸系统疾病
		过敏性肺炎
		棉尘病
		哮喘
		金属及其化合物粉尘肺沉着病（锡、铁、锑、钡及其化合物等）
		刺激性化学物所致慢性阻塞性肺疾病
		硬金属肺病

续表

序号	类别	病种目录
第二类	职业性皮肤病	接触性皮炎
		光接触性皮炎
		电光性皮炎
		黑变病
		痤疮
		溃疡
		化学性皮肤灼伤
		白斑
		根据《职业性皮肤病的诊断总则》可以诊断的其他职业性皮肤病
第三类	职业性眼病	化学性眼部灼伤
		电光性眼炎
		白内障(含放射性白内障、三硝基甲苯白内障)
第四类	职业性耳鼻喉口腔疾病	噪声聋
		铬鼻病
		牙酸蚀症
		爆震聋
第五类	职业性化学中毒	铅及其化合物中毒(不包括四乙基铅)
		汞及其化合物中毒
		锰及其化合物中毒
		镉及其化合物中毒
		铍病
		铊及其化合物中毒
		钡及其化合物中毒
		钒及其化合物中毒
		磷及其化合物中毒
		砷及其化合物中毒
		铀及其化合物中毒
		砷化氢中毒
		氯气中毒
		二氧化硫中毒
		光气中毒
		氨中毒
		偏二甲基肼中毒
		氮氧化物中毒
		一氧化碳中毒
		二硫化碳中毒

续表

序号	类别	病种目录
第五类	职业性化学中毒	硫化氢中毒
		磷化氢、磷化锌、磷化铝中毒
		氟及其无机化合物中毒
		氰及腈类化合物中毒
		四乙基铅中毒
		有机锡中毒
		羰基镍中毒
		苯中毒
		甲苯中毒
		二甲苯中毒
		正己烷中毒
		汽油中毒
		一甲胺中毒
		有机氟聚合物单体及其热裂解物中毒
		二氯乙烷中毒
		四氯化碳中毒
		氯乙烯中毒
		三氯乙烯中毒
		氯丙烯中毒
		氯丁二烯中毒
		苯的氨基及硝基化合物(不包括三硝基甲苯)中毒
		三硝基甲苯中毒
		甲醇中毒
		酚中毒
		五氯酚(钠)中毒
		甲醛中毒
		硫酸二甲酯中毒
		丙烯酰胺中毒
		二甲基甲酰胺中毒
		有机磷中毒
		氨基甲酸酯类中毒
		杀虫脒中毒
		溴甲烷中毒
		拟除虫菊酯类中毒
		铟及其化合物中毒
		溴丙烷中毒

续表

序号	类别	病种目录
第五类	职业性化学中毒	碘甲烷中毒
		氯乙酸中毒
		环氧乙烷中毒
		上述条目未提及的与职业有害因素接触之间存在直接因果联系的其他化学中毒
第六类	物理因素所致职业病	中暑
		减压病
		高原病
		航空病
		手臂振动病
		激光所致眼(角膜、晶状体、视网膜)损伤
		冻伤
第七类	职业性放射性疾病	外照射急性放射病
		外照射亚急性放射病
		外照射慢性放射病
		内照射放射病
		放射性皮肤疾病
		放射性肿瘤(含矿工高氡暴露所致肺癌)
		放射性骨损伤
		放射性甲状腺疾病
		放射性性腺疾病
		放射复合伤
		根据《职业性放射性疾病诊断标准(总则)》可以诊断的其他放射性损伤
第八类	职业性传染病	炭疽
		森林脑炎
		布鲁氏菌病
		艾滋病(限于医疗卫生人员及人民警察)
		莱姆病
第九类	职业性肿瘤	石棉所致肺癌、间皮瘤
		联苯胺所致膀胱癌
		苯所致白血病
		氯甲醚、双氯甲醚所致肺癌
		砷及其化合物所致肺癌、皮肤癌
		氯乙烯所致肝血管肉瘤
		焦炉逸散物所致肺癌
		六价铬化合物所致肺癌

续表

序号	类别	病种目录
第九类	职业性肿瘤	毛沸石所致肺癌、胸膜间皮瘤
		煤焦油、煤焦油沥青石油沥青所致皮肤癌
		β-萘胺所致膀胱癌
第十类	其他职业病	金属烟热
		滑囊炎(限于井下工人)
		股静脉血栓综合征、股动脉闭塞症或淋巴管闭塞症(限于刮研作业人员)

2. 职业病的预防措施

职业病的发生不仅与生产环境中有害因素的浓度和强度有关，而且与劳动者的健康状况有关。职业病预防是保护劳动者健康、遏制和减少职业病发生的前提，是职业卫生工作的一项重要内容。职业病防治包括下列内容：

(1) 对生产工艺、材料和技术进行革新。例如，将有毒或剧毒物质替换为无毒或低毒物质，高噪声设备替换为低噪声或静音设备。对于无法实现无害物质替代的物质，应尽可能密闭生产设备。另外，通过将生产过程机械化、自动化，实现工人与有害因素无接触。

(2) 加强通风，加强隔、吸声，使用必要的防护用品、屏蔽辐射源，采取通风除法、排毒、降噪、隔离等一系列手段降低甚至排除生产过程中可能存在的有害因素。

(3) 加强对生产设备的管理，对有毒物质的跑、冒、滴、漏严加防治。

(4) 严格执行“三同时”制度，确保已完工的新建、改建、扩建或技术改造等项目有害因素的浓度达到国家标准。

(5) 充分发挥企业自主性，通过制定安全操作规程，防止劳动者操作失误而发生意外事故。

(6) 合理安排劳动时间，对加班加点给予严格控制。

(7) 增进劳动者预防意识，对劳动者个人防护意识加以培训，加强个人卫生保健，使其养成良好的卫生习惯，防止有害物质进入体内。

(8) 对特殊性质工作、可能接触有害物质的劳动者，应在从事该工作前进行体质检查，并在工作后定期进行体检，以便及早发现禁忌症和职业病患者。

(9) 加强政府监督和管理力度，要建立统一协作、用人单位负责、规范职业管理和人员监督的职业病防治体系。要以现有资源为基础，建立职业病防治工作并加以完善。

3. 职业噪声的危害与控制

噪声是声体在随机振动时产生的人们不想听到的声音。它会对人的情绪和健康产生影响，会干扰人们日常的工作、学习和生活。一般的职业噪声来自工业生产噪声（例如织机、机床、空气压缩机、送风机、粉磨机等）、工程噪声、交通噪声（例如汽车、轮船、飞机等），还有社会噪声（例如商场、体育设施、娱乐场所等）。

长期工作在高噪声环境下而又不采取任何有效的防护措施，会对人体的听力功能、心血管系统、神经系统、内分泌系统以及消化系统产生有害影响，具体危害如表 8-7 所示。

噪声的危害 表 8-7

影响对象	危害
听力功能	是噪声最直接、最严重的影响。尤其是长期处在高噪声环境中的工作而没有防护措施，由于耳朵受体的持续刺激会发生器质性病变，严重时就会导致职业性耳聋，甚至永久性丧失听觉
心血管系统	加快心跳和呼吸，增加血压波动，引起心律失常、传导阻滞、外周血流量变化等；增加心脏负担，加速心脏衰老，增加心肌梗死的发生率；突然的噪声会增加心脏病患者心血管事件的风险
神经系统	引起大脑皮层的兴奋性并抑制神经紊乱。典型的神经衰弱症状，例如头晕、失眠、心悸、烦躁、记忆力减退、疲劳和注意力不集中；引起脑电图慢波增加、自主神经紊乱，甚至引起精神错乱
内分泌系统	刺激人体肾上腺激素的快速分泌，引起内分泌紊乱，导致甲状腺功能亢进、基础代谢率高、性功能障碍；女性也可能导致月经失调和流产
消化系统	抑制唾液、胃液和胃酸的分泌，减弱胃肠蠕动，引起胃肠功能紊乱；影响消化功能，并增加胃炎和胃溃疡等消化系统疾病的发病率

对职业噪声的控制一般采取工程控制和个人保护两种手段，将噪声控制在人们实际接受的范畴，即 85dB（A）以下（按接噪时间每工作日 8h 计），对听觉能力、心血管系统、神经系统等方面的影响将减少。控制职业噪声通常与保护听觉相关联。近年来，工业发达国家通过不断完善法律、执行听觉保护计划、加大监察、研究开发低噪声甚至静音产品，不断实现对职业噪声的有效控制。如今在噪声控制技术和高性能护耳器开发方面已经取得相当大的进步。

在噪声标准法规方面，目前有些国家规定职业噪声暴露标准为 8h 等效连续 A 声级 90dB，但多数国家规定为 85dB（A），整体趋势是要过渡到 85dB（A）。无论规定水平的高低，噪声超过 85dB 的生产场所都要求定期对工人进行听力检查，发放防护用具，并进行培训教育，防止噪声对工人造成伤害。此外，对于职业性耳聋也有相关赔偿规定。通过严格执行，职业噪声的危害问题已经得到基本控制。

8.2.4 工程项目的职业健康安全管理

1. 工程项目职业健康影响因素分析

（1）企业日常管理。包括职业卫生工作的宣传教育、防护设备和防护设施、职工职业卫生权益的保护、职业卫生管理组织的建立等。

（2）企业决策。包括企业职业健康管理导则、管理层对职业健康管理相关法律法规的关注、施工现场危险源辨识等。例如高温、振动、灰尘、噪声、化学。

（3）企业监督体系。包括应急预案制定、工人日常体检、施工现场检查、施工日志管理。

（4）工人行为和习惯。包括遵守施工作业规章制度、积极配合管理工作完成、以主人身份参与健康管理工作。例如，进入施工现场前，工人是否主动佩戴安全帽、安全绳等个人防护用品。

（5）工人意识。包括工人对职业健康相关知识的了解、对施工现场各种危险因素的判断、个人对职业健康促进的积极意识。

（6）安全技术管理。主要是对从事特殊工种的工人进行岗前培训，包括塔式起重机、吊车、物料提升机、施工动力、脚手架、外电梯、基坑支护、模板工程等。只有经过考试，特殊工种的工人才能正式上岗。

2. 施工现场职业健康安全管理措施

（1）建立与实施职业健康安全管理目标。

考虑到工程施工项目的具体情况，面对重大风险，在施工机构设计施工计划书、工程项目技术资料、工作指导书等文件中应明确规定职业健康安全管理目标。目标要具体且可衡量。一般来说，项目部职业健康安全管理目标包括以下几个方面：

① 拥有一定数量的、适合职业健康安全且通过安全培训考核并取得合格证的人员；

② 由专人来负责职业健康安全防治措施经费；

③ 安全防护设施应齐全且是合格的；

④ 配备必要的安全检测工具；

⑤ 将轻伤率和重伤率控制在3‰之内；

⑥ 开展职业健康安全教育和培训。

（2）注重劳动保护，落实健康监护。

① 为员工提供充分的劳动保护，坚持“应配尽配”的原则，并根据法律法规和其他标准的要求，为员工提供劳动安全保护用品。一些员工在特别恶劣的环境中工作，可能带来的职业风险更加严重，因此需要格外重视并加强保护。

② 严格遵照执行国家的法律、法规和各项要求，定期组织员工进行体检，建立职工职业卫生健康档案，将一些职业禁忌人员及时调离岗位。如果出现疑似职业病，安排患者再次复查，妥善处理确诊病患。

（3）完善相关安全管理和保护机制。

① 将各种职业病危害制度、职业病防治流程、防害防毒设备管理和维护系统、职业病分析、统计、职业危害项目报告体系、工作环境安全卫生检查系统进行完善，并对职业危害规划防治措施定期进行检查以确保落实到位。

② 对员工进行教育培训，提醒员工遵守劳动法规，按规定操作设备，及时维修和保养设备，对防噪和防尘的相关设备设施进行完善，保证各项流程标准化管理和标准化操作，严禁带病员工工作，预防职业危害，保证工人的安全与健康，建立长期可靠的防护机制。

（4）加强施工现场噪声控制措施。

在开展项目时，加工或生产成品会不可避免地产生一些强噪声，为了降低加工噪声，加工地点应尽可能位于厂房和车间内。在某些成品的加工和生产过程中，建筑公司需要与时俱进地不断升级和更新一些机械施工设备，以最大限度地减少噪声污染。如果无法降低噪声，可以安装一些降噪和消声的机械设备。通常，在施工现场的电刨、电锯、搅拌机及砂轮机的噪声很大。这些设备可以在封闭的机械棚里操作。另外，还可以安装一些降噪设备以防止噪声对周围环境产生影响。

8.2.5 施工单位劳动安全健康职责

1. 管理人员的安全教育

（1）企业高层管理人员的安全教育。

企业高层管理人员，即企业法定代表人、厂长和经理，必须进行不少于40学时的安全教育且通过考核后方可任职。

① 具体职责：

A. 对本企业的安全工作负责，对接安全专职人员和机构并开展日常监督工作；

B. 贯彻执行国家和上级针对安全生产提出的相关方针、政策、指示和各项规章制度；

C. 规划、安排、检查和总结安全生产工作；

D. 组织领导成员制定劳动保护措施计划，合理安排实施资金，确保其顺利实施。

② 安全教育内容：

A. 国家针对劳动安全生产提出的方针、政策、法规和各项规章制度，基本安全技术知识和基本安全管理知识；

B. 工伤保险法律、法规；

C. 进行安全生产管理时应尽的职责，企业在劳动安全生产方面规定的管理知识和文化；

D. 了解劳动安全生产方面的相关事故案例及安全事故的应对措施等。

对企业高层管理人员进行安全教育的目的是提高其安全生产责任感和自觉性，以及对劳动安全生产方针的认识，使高层管理人员在以身作则、遵章守纪及积极配合和支持安全部门工作等方面的意识有所提升，最终达到生产能够安全平稳进行的目的。

(2) 企业技术干部的安全教育。

企业技术干部需进行不少于 24 学时的安全教育。

① 具体职责：

A. 贯彻上级针对安全生产和劳动保护提出的方针、政策、指示和各项规章制度，并针对本企业特点制定和执行安全生产规章制度；

B. 定期（每季度）主持召开部门和领导会议，根据本企业的安全生产形势制订相应措施；

C. 通过组织全员性“查思想、查制度、查纪律、查事故隐患”的安全大检查，发现问题并制定和实施措施和计划；

② 安全教育内容：

A. 国家针对劳动安全生产提出的相关方针、政策和法律法规；

B. 包括旅行安全技术措施在内的与本职相关的安全生产责任制；

C. 典型的事故案例剖析；

D. 系统安全生产工程知识和基本安全技术知识等方面。

(3) 企业行政管理人员的安全教育。

企业行政管理人员需进行不少于 24 学时的安全教育。主要内容包括：

A. 国家针对劳动安全生产提出的相关方针、政策和法律法规；

B. 安全技术知识及与本职相关的安全生产责任制等。

对企业行政管理人员进行安全教育的目的是提高其责任感和自觉性，以及配合和支持安全生产工作的意识。

(4) 企业安全生产管理人员的安全教育。

企业安全生产管理人员的安全教育需不少于 120 学时。主要内容包括：

A. 国家针对劳动安全生产提出的方针、政策、法律法规和标准；

B. 企业在安全生产方面的管理知识和安全技术；

C. 劳动卫生知识、安全文化；

D. 工伤保险、职工伤亡事故和职业病统计报告及调查处理程序；

E. 了解劳动安全生产方面的相关事故案例及安全事故的应对措施等内容。

（5）班组长和安全员的安全教育。

班组长和安全员的安全教育需不少于24学时，由本企业的安全卫生管理部门组织开展，内容主要包括：

A. 国家相关劳动安全卫生法律、法规；

B. 安全技术、劳动卫生和安全文化的知识、技能；

C. 本企业、本班组和一些岗位涉及的危险因素及安全注意事项；

D. 与本职相关的安全生产职责；

E. 了解劳动安全生产方面的相关事故案例及安全事故的应对措施等内容。

2. 特殊作业环境的管理

（1）振动的危害与预防。

机械运动，简称振动，是指物体在外力作用下沿直线或弧线以中心位置（平衡位置）为基准的往复运动。振幅和频率是机械运动常见的两个参数，前者是指物体离中心位置的最大距离，后者是指单位时间内振动的次数。频率常作为基本参数评价人体健康受振动的影响程度。

人体受振动的影响包括全身振动和局部振动。全身振动是借助身体的支持部位（足部和臀部），振动源（振动机械、车辆或活动的工作平台）将振动沿下肢或躯干传布全身引起的接触振动；局部振动是振动源（振动工具、振动机械或振动工件）将振动传向操作者的手部和臂部的振动。

① 常见的振动作业：频率在1～20Hz区间的振动属于全身振动，而局部振动的范围在20～1000Hz。此频率范围划分较为相对，一定范围内（例如100Hz以下）可能出现两种振动同时存在的情况。

A. 局部振动作业：砂铆工、锻工、钻孔工、捣固工、研磨工及电锯、电刨的使用者等使用各类振动工具的工种进行的作业。

B. 全身振动作业：主要是指振动机械的操作工。例如震源车的震源工、车载钻机的操作工；钻井发电机房内的发电工及地震作业、钻前作业的拖拉机手等野外活动设备上的振动作业工人（例如锻工等）。

② 振动对人体的不良影响及危害：由于人体的复杂性，振动对人体的作用除了引起机械效应外，还会引起生理和心理效应。受振后，振动波在人体的组织内传播，传导程度因各组织结构的不同而不同，其大小顺序依次为骨、结缔组织、软骨、肌肉、腺组织和脑组织，组织能够吸收40Hz以上的振动波，因而该范围的振动波不易传向远处，相反，40Hz以下的振动波在人体内传播较远。

全身振动和局部振动在对人体的危害及其临床表现方面呈现出明显差异。二者对人体造成的不良影响如表8-8所示。

③ 振动病：我国已将振动病列为法定职业病。振动病一般为局部病，也称为职业性雷诺现象、振动性血管神经病、气锤病和振动性白指病等。

振动对人体的危害及其临床表现　　表 8-8

全身振动	局部振动
振动产生的能量，能通过支承面作用于坐位或立位操作的人身上，引起一系列病变。 人体是一个弹性体，各器官都有其固有频率，当外来振动的频率与人体某器官的固有频率一致时，会引起共振，因而对该器官的影响也最大。全身受振的共振频率为 3～14Hz，在该条件下全身受振作用最强。 接触强烈的全身振动可能导致内脏器官的损伤或位移、周围神经和血管功能的改变，可造成各种类型的、组织的、生物化学的改变，导致组织营养不良，例如足部疼痛、下肢疲劳、足背脉搏动减弱、皮肤温度降低；女工可发生子宫下垂、自然流产及异常分娩率增加。一般人可能发生性机能下降、气体代谢增加。振动加速度还可使人出现前庭功能障碍，导致内耳调节平衡功能失调，出现脸色苍白、恶心、呕吐、出冷汗、头疼头晕、呼吸浅表、心率和血压降低等症状。晕车晕船即属于全身振动性疾病。全身振动还可能造成腰椎损伤等运动系统影响	局部接触强烈振动主要是以手接触振动工具的方式为主，由于工作状态不同，振动可传给一侧或双侧手臂，有时可传到肩部。长期持续使用振动工具能引起末梢循环、末梢神经和骨关节肌肉运动系统的障碍，严重时可患局部振动病。 (1)神经系统：以上肢末梢神经的感觉和运动功能障碍为主，皮肤感觉、痛觉、触觉、温度功能下降，血压及心率不稳，脑电图有改变； (2)心血管系统：可引起周围毛细血管形态及张力改变，上肢大血管紧张度升高，心率过缓，心电图有改变； (3)肌肉系统：握力下降，肌肉萎缩、疼痛等； (4)骨组织：引起骨和关节改变，出现骨质增生、骨质疏松等； (5)听觉器官：低频率段听力下降，如与噪声结合，则可加重对听觉器官的损害； (6)其他：可引起食欲不振、胃痛、性机能低下、孕妇流产等

局部肢体（主要是手部）长期受强烈振动可使人体患振动病。由于振动加速度的作用，长期受低频、大振幅振动的人体会出现自主神经功能紊乱的现象，改变皮肤分析器与外周血管循环机能，长此以往可能导致一系列病理改变：早期可出现肢端感觉异常、振动感觉减退。主诉手部症状为手麻、手疼、手胀、手凉、手掌多汗、手疼多在夜间发生；其次为手僵、手颤、手无力（多在工作后发生），手指遇冷即出现缺血发白，严重时血管痉挛明显。X 光片可见骨及关节改变。若下肢接触振动，以上症状出现在下肢。

振动作用于人体的主要因素包括：振动的频率、振幅和加速度（加速度增大，可使白指病增多），另外，气温（寒冷是促使振动致病的重要外界条件之一）、噪声、接触时间、体位和姿势、个体差异、被加工部件的硬度、冲击力及紧张等因素也应当被重视。

④ 劳动保护措施：

A. 革新工艺，例如改善和优化工作设备和方法，以实现减振，从根本上控制振动是从生产工艺上控制或消除振动源；

B. 使用自动或半自动化的控制装置，以达到减少接振的目的；

C. 更新振动设备和工具，降低振动强度，或通过减少手持振动工具的重量来减轻人工负荷及精力紧张；

D. 对风动工具进行革新，择优选择排风口方向，固定工具；

E. 对工作制度进行革新，专人专机，及时保养和维修；

F. 在特定区域（地板及设备地基）采用橡胶减振动层、软木减振动垫层、玻璃纤维毡减振垫层、复合式隔振装置等隔振措施；

G. 发放包括防振保暖手套在内的个人防护用具；

H. 对于车间及作业地点的温度，应严格控制在 16℃以上；

I. 制定合理的劳动制度，始终秉持工间休息及定期轮换的工作制度，有利于恢复各器官系统的功能；

J. 重视工人技术训练，以此减少静力作业成分；

保健措施主要包括：坚持就业前体检，若患有就业禁忌症不得上岗；对作业工人应定期进行体检，以尽早发现并及时治疗因工受伤或患病人员。

（2）高温作业的危害。

高温作业是指在高温或同时存在高湿度或热辐射等不良气象条件下进行的生产劳动。根据气象条件的特点，高温作业可分为三种基本类型，如表 8-9 所示。

高温会使作业工人产生热、头晕、烦躁、口渴、乏力疲倦、心慌等不适感，并且生理机能会出现一系列的改变，主要表现在以下六个方面：

① 体温调节障碍，因为体内蓄热而导致体温上升；

② 大量水和盐的流失会使得水盐代谢平衡紊乱，导致体内酸碱平衡和渗透压失调；

③ 心律脉搏加快，皮肤血管扩张，增加血管紧张度，心脏负荷增加，血压降低；但重体力劳动可能会使血压上升；

④ 消化道贫血，唾液和胃液减少分泌使得胃液酸度下降，胃肠蠕动减慢，淀粉活性降低，消化系统疾病和其他胃肠道疾病增加；

⑤ 如果在高温下没有补充足够的水和盐，尿液会浓缩，高温条件下若水盐供应不足可使尿浓缩，肾脏负荷会增加，有时可见肾功能不全，尿液中可能会出现蛋白质、红细胞等；

⑥ 在神经系统里，中枢神经系统被抑制，从而影响注意力、肌肉的工作能力、动作的协调性和准确性以及反应速度。

高温作业的特点与危害　　**表 8-9**

类型	特点	危害
高温强辐射作业	这类生产场所具有各种不同的热源，例如冶金工业的炼焦、炼铁、炼钢、轧钢等车间；机械制造工业的铸造、锻造、热处理等车间；陶瓷、玻璃、搪瓷、砖瓦等工业的炉窑车间；火力发电厂和轮船上的锅炉、冶炼炉、加热炉、窑炉、锅炉、被加热的物体（铁水、钢水、钢锭）等，能通过传导、对流、辐射散热，使周围物体和空气温度升高；周围物体被加热后，又可成为二次热辐射源，且由于热辐射面扩大，使气温更高	在这类作业环境中，同时存在两种不同性质的热，即对流热（被加热了的空气）和辐射热（热源及二次热源）。对流热只作用于人的体表，但通过血液循环使全身加热。辐射热除作用于人的体表外，还作用于深部组织，因而加热作用更快更强。这类作业的气象特点是气温高、热辐射强度大，而相对湿度较低，形成干热环境。人在此环境中劳动时会大量出汗，如果通风不良则汗液难以蒸发，就可能因蒸发散热困难而发生蓄热和过热
高温高湿作业	温度、湿度均高，而辐射强度不大。高湿度的形成，主要是由于生产过程中产生大量水蒸气或生产中要求车间内保持较高的相对湿度所致。例如印染、缫丝、造纸等工业中液体加热或蒸煮时，车间气温可达35℃以上，相对湿度经常高达90%以上；潮湿的深矿井内气温可达30℃以上，相对湿度可达95%以上，如果通风不良就形成高温、高湿和低气流的不良气象条件，即湿热环境	人在此环境中劳动，即使气温不是很高，但由于蒸发散热更加困难，故虽大量出汗也不能发挥有效的散热作用，易导致体内热蓄积或水、电解质平衡失调，从而发生中暑
夏季露天作业	例如农业、建筑、搬运等劳动的高温和热辐射主要来源是太阳辐射。夏季露天劳动时还受地表和周围物体二次辐射源的附加热作用	露天作业中的热辐射强度虽比高温车间低，但其作用的持续时间较长，且头颅经常受到阳光直接照射，加上中午前后气温升高，此时如果劳动强度过大，则人体极易因过度蓄热而中暑。此外，夏天在田间劳动时，因高大密植的农作物遮挡了气流，经常因无风而感到闷热不适，如果不采取防暑措施，也易发生中暑

（3）职业噪声。

主要有三种技术途径控制职业噪声危害：一是控制噪声源；二是在传播过程中降低噪声；三是个人采取防护措施，例如佩戴护耳器。

我国从20世纪50年代后期开始进行噪声控制方面的研究工作，至今已有60年的历史。控制噪声的传统工程方法，例如隔振、吸声、消声、隔声、阻尼降噪等已经为许多人所熟悉，并已用于解决现实生活中的许多实际噪声问题。同时，气流噪声和机械冲击噪声的控制技术也达到很高的水平。控制各种噪声问题的手段现已大体具备，从总体上看，我国的噪声控制技术与国外没有太大区别。在护耳器的研究开发方面，特别是对慢回弹耳塞的研究开发，我国如今已有相应的产品问世，其主要性能也与国际水平相接近。

对于具体的某一噪声问题，解决方法取决于实际情况。一般而言，应优先考虑在经济条件以及在技术上可行的情况下采取工程措施，从声源或传播路径上减少生产区域的噪声。但是仍然存在很多场所由于经济或技术原因，当前还不可能采取声源降噪或声传播路径降噪的措施。这些场所必须及时采取个人防护措施，以控制噪声的危害。例如，一些工作场所存在很多且很复杂的机械设备或管道，但受噪声影响的工人却较少，在这种情况下，暂时考虑采取个人防护的方法解决噪声问题要划算得多。另外，在某些地方虽然已经采取了一些措施来减少声源或声传播路径中的噪声，但是噪声水平并未降到85dB（A）或90dB（A）以下，这时可借助护耳器补充解决其遗留的问题。

在控制职业噪声危害方面，目前护耳器在世界范围内依旧扮演着重要角色，并得到广泛应用。即便是在业余活动的场合，如果存在强噪声，护耳器也有很大用处。使用护耳器是一种简单而经济的方法。国外相关噪声法规和标准通常规定，当噪声水平达到或超过90dB（A）时，操作人员必须佩戴护耳器；任何人（包括工厂的领导、来厂参观的贵宾）一旦进入该场所都必须佩戴护耳器。若工人对噪声比较敏感，即便是在85～90dB（A）的工作环境中，也必须使用护耳器。

护耳器主要包括耳塞和耳罩。目前，一种慢回弹泡沫塑料耳塞在国外越来越受欢迎。这类耳塞具有隔声值高、舒适和方便佩戴等优点。

在我国护耳器的使用并没有引起应有的重视。在许多地方本应该使用护耳器但却仍未使用过。因此，应该提高人们对护耳器重要性的认识。

3. 建筑施工特种作业管理

特种作业是指造成人员伤亡事故概率较大，可能会严重危害操作员、他人及周围设施安全的作业。根据国内外相关资料的统计，生产经营单位事故总量中约80%是由于特种作业工人违规违章操作造成的。因此，对特种作业人员加强安全技术培训和评估，以确保生产安全，具有十分重要的意义。建筑施工特种作业包括：建筑架子工、建筑电工、建筑起重机械驾驶员、建筑起重信号司索工、建筑起重机安装和拆卸工人、高处作业吊篮安装和拆卸工人以及经省级以上人民政府建设主管部门认定的其他特种作业。

《建筑施工特种作业人员管理规定》对建筑施工特种作业人员的考核、从业、延期复核、监督和管理等各方面均做了严格的规定。

建筑施工特种作业人员必须通过建设主管部门的考核评估，并且要获得建筑施工特种作业人员操作资格证书（以下简称资格证书），方可上岗参加相关工作。考核内容主要是安全技术理论和实际操作，由国务院建设主管部门制定考核大纲。考核发证机关在公布考核结果的10个工作日内为考核合格的人员颁发资格证书。建筑施工特种作业人员在作业时必须严格按照安全技术标准和规程执行，正确佩戴和使用安全防护用品，并对作业工具和设备按规定进行维护保养。建筑施工特种作业人员每年应当参加不少于24学时的年度安全教育培训或者继续教育。资格证书有效期为2年。对于需要延长有效期的建筑施工特种作业人员，应向原考核发证机关在期满前三个月内申请办理延期复核手续。若延期复核合格，则资格证书有效期将延期2年。建筑施工特种作业人员考核发证管理制度应当由考核发证机关制定，本地区建筑施工特种作业人员档案也由其建立。县级以上地方人民政府建设主管部门要对建筑施工特种作业人员从业活动进行监督检查，查处违章作业行为并记录在档。考核发证机关可对违反有关规定的人员撤销其资格证书。

▶▶▶ 第 9 章　环境管理政策与经济手段 ◀◀◀

9.1　环境管理政策概述

9.1.1　环境管理政策的基本概念

环境管理是现代管理学的一个重要分支，它的概念在 20 世纪 70 年代提出，经过 50 年左右的发展，环境管理的概念和内容都得到不断完善。环境管理的核心问题就是如何建立系统有效的环境社会行为的调控体制，即制定一整套具体的环境管理政策并在管理实践中不断完善，促使环境管理走上科学、民主的制度化轨道。

环境管理政策则是为了加强环境管理工作，根据不同的管理对象、管理事务和所要达到的目标而确定实施的政策，是各项具体管理活动的行为准则。环境管理政策包括强化环境监督管理能力、提高环境管理效率、降低环境管理成本和调解污染者与污染受害者权益关系的政策，以及与国际环境管理政策和标准接轨等方面的政策，例如环境影响评价制度与“三同时”制度的政策、总量控制政策、清洁生产及产品生命周期管理政策等，对重要污染源实行实时监控和环境监理的政策，参照 ISO 14000 环境管理系列标准对产业活动和重要产品实行全过程控制政策等。

9.1.2　环境管理的政治经济学含义

制定环境管理政策的难点在于政府如何能够使污染者的行为符合社会期望。这之所以成为难点，主要是因为社会所期望的事物往往与污染者私人利益最大化的愿望相矛盾。这使得污染者接受监管的积极性大打折扣，政府也因此难以做到完全掌控污染者的动向。而在对污染者实施管理之前，政府首先要明确的是，最佳社会污染水平到底是多少。很显然，这是一项比管理污染者更加艰巨的任务。事实上，政府在环境管理上面临双重压力，既来自公众也来自污染者。

即便是在高度简化的条件下，政府—污染者—公众的关系也显得十分的复杂而微妙。例如，虽然政府依法对污染者实施管理，但控制污染可能并不是政府有关部门的唯一目标，可能还会牵扯到该部门自身的一些利益。虽然政府部门应当代表公众的利益实施污染管理，其目的在于使公众利益最大化，但企业也可能对政府行为产生较大影响。再例如，虽然公众希望企业积极配合政府部门的监管，控制污染排放，但如果企业的盈利水平因此而下降的话则会引起股东的不满。又例如，公众虽然是企业污染排放的受害者，但同时也是企业提供商品和服务的消费者。虽然公众不满于企业的污染排放，但如果政府实施污染控制的结果是减少商品与服务的供给或提高价格，这也可能引起公众的不满。因此，如何理顺诸多错综复杂的关系，协调各方利益，同时又与政府进行环境管理的最终目标保持一致并非易事。通过对政府—污染者—公众三者关系的研究，不仅有助于了解环境管理政策应当是怎样的，而且有助于理解正在施行的某项环境管理政策为什么会是这样，而不是其他的形式。

9.2　环境管理政策的基本模式

随着人类对环境问题认识的不断深入，以及社会经济的发展变化，越来越多的环境政策被制定并应用于环境保护领域，环境政策在不断地丰富和完善。

国内外相关机构和学者从不同的角度对环境政策进行了分类，例如经济合作与发展组织（OECD）将环境政策分为直接管制类（例如市场准入、环境标准等）、经济刺激类（例如税收等）和相互沟通类（例如信息披露等）三大类型。

世界银行将环境政策划分为利用市场、创建市场、环境管制和公众参与四种类型。根据使用的主要手段和方法，环境政策可分为环境行政管理政策、环境经济政策、环境社会政策、环境技术政策、环境信息政策、国际环境政策等。

遵循全面性和简单化的原则，按照政府管制的程度对政策手段进行分类，且按照政府直接管制程度的从高到低，可以将环境政策划分为命令控制型、经济刺激型和劝说激励型三类，这种分类目前被普遍应用于环境政策及其效应的研究方面。环境政策的分类是为了满足在不同社会政治、经济条件下，对各种环境政策进行选择或组合，以达到减少环境污染、促进环境资源合理利用和有效配置的目的。我国现有环境政策分类见表9-1。

我国现有环境政策分类　　表9-1

政策手段	内容
命令控制型	标准、禁令、行政许可证制度、区划、配额、使用限制等，例如污染物排放标准、污染物排放总量控制、环境影响评价制度、“三同时”制度、限期治理制度、排污许可证制度、污染物集中控制制度、环境规划制度等
经济刺激型	可交易的许可证、补偿制度、排污收费（例如排污费、使用费、资源环境补偿费）、税收制度（例如二氧化硫产品税、燃煤税、气候变化税）、削减市场壁垒、罚款、信贷政策、环境基金、赠款和补贴、降低政府补贴、加速折旧环境责任保险、押金返还环境行为证券和股票等
劝说激励型	道德教育（采用教育、宣传、培训等方法）、信息公开、公众参与、激励、协商等

9.3　命令控制手段分析

9.3.1　命令控制手段的概念

命令控制手段是指国家行政部门通过相关的法律、法规和标准等，对生产者的生产工艺或使用产品进行管制，禁止或限制某些污染物的排放，把某些活动限制在一定的时间或空间范围，最终影响排污者的行为。命令控制是最常见的解决环境问题的方法，在我国环境政策中的运用也最广泛。

命令控制手段一般都是直接规定或命令来限制污染物排放，不管是直接规定污染物排放量还是间接规定生产投入或消费前端过程中可能产生的污染物数量，最终都是为了达到保护环境的目的。命令控制常与标准联系在一起，常见的标准包括污染物排放标准、环境质量标准等。

标准是命令控制手段的基础。首先，标准看起来简单而直接，设定了明确具体的目标。其次，标准也迎合了人们的某种道德观，即环境污染是有害的，政府应视其为非法行为。除此以外，现有的司法系统可以界定并阻止非法行为，这极大地促进了标准的实施。所以，命令控制手段的作用机理是先确定一个政策目标，强行要求或禁止政策对象采取一些特定的行为来达到政策目标。

9.3.2 命令控制手段的特点

命令控制手段具有对活动者行为进行直接控制，并且在环境效果方面存在较大确定性的突出优点，但也存在信息量巨大、运行成本高、缺乏激励性、缺乏公平性和缺乏灵活性等缺点。

1. 命令控制手段的优点

命令控制模式的突出优点在于能够更加灵活地应对复杂的环境问题，同时更易于确定污染排放总量。例如，分布于城市各处的各类工厂共同造成城市环境污染，但各工厂排放污染物的类别、数量是不相同的，这就难以通过制定切实有效的税率或其他经济刺激措施来控制企业的污染排放。此外，由于政府部门不可能充分获取相关信息，因此也不能确定污染者对于政府制定税率的反应。换言之，经济刺激措施的效果具有相当的不确定性。相比之下，命令控制模式对于污染控制的结果则显然更具确定性，直接规定污染物排放数量、直接控制污染者的行为。除此之外，命令控制模式的另一个优点在于简化了污染控制监控。例如，如果政府要求企业使用某种污染控制设备，那么相应的监管措施便可简化为检查企业是否按要求安装了该设备，至多检查该设备是否处于工作状态。这显然比定时定点地监测污染者的排污量要省时、省力。

2. 命令控制手段的缺点

除了优点外，命令控制手段的缺点同样很突出：

(1) 由于获取信息代价不菲，切实有效的命令控制类环境管理政策往往成本高昂。这在客观上使得命令控制类措施的有效性大打折扣。由于每个企业、每个行业都有其特殊性，所以为其量身定制的污染控制手段和减排量就需要非常仔细而全面的调查。这显然需要耗费大量的人力、物力和财力。即便如此，信息不充分的问题依然不能得以圆满解决。例如，政府部门不可避免地需要污染者的协助，以便更充分有效地获得有关污染排放量和污染控制成本的信息。对于污染者而言，这意味着拖延时间、歪曲事实，至少在某些时候对自己是有利的。

(2) 命令控制手段削弱了社会经济系统追求以更有效的方式实施污染控制的动力。换言之，命令控制模式的革新动力不足。某种污染控制手段一旦被确定，往往在很长时间内不会再改变。由于污染控制规章的变更是一个相当复杂而昂贵的过程，因此，即使社会上已经出现更富有效率的污染控制技术或设备，政府部门往往很难在较短时间内采纳。对于污染者而言，由于是否认真落实政府的减排要求具体表现为是否安装政府指定的污染控制设备，因此污染者成为被动的“算盘珠”，而不愿意对有关污染控制的研发进行投资。这是命令控制手段一个明显的不足之处。

(3) 命令控制手段的缺点还在于，污染者只需为污染控制付费而不必对污染排放造成的损害负责。这实质上是为企业污染排放发奖金。例如，在命令控制模式下，以再生材料为原料的环境保护企业往往举步维艰。在很大程度上是由于那些直接以自然资源为原料进行生产的企业不必支付相应的环境损害费用，而只要付费进行污染控制造成的。相比之下，如果企业选择以再生材料为原料，则意味着其生产成本中已经包含为减少或消除环境损害而发生的费用，所生产的产品在价格上显然是不具有竞争优势的。但由此产生的结果却是我们所不愿意看到的：企业过量攫取自然资源使环境遭受重大污染。

(4) 命令控制手段难以满足边际均等原则。只有对各污染者的污染控制成本做出完全正确的评估，政府部门才有可能据此制定相应的污染控制手段和减排量，各污染者的边际污染控制成本也才有可能相等。这显然使污染控制的代价变得极其高昂，甚至是任何一个社会都难以承受的，因而不具有可行性。这也是命令控制手段存在的最大问题。命令控制类措施的科学性因此受到极大的质疑。以牺牲效率换取排污的公平性是经济学家对命令控制手段的主要批评意见。

为了更好地发挥命令控制类管理措施在实践中的作用，许多国家越来越注重与工作对象——企业、行业协会等的事前沟通或谈判，这在一定程度上克服了命令控制手段缺乏灵活性的弱点，比较有效地解决了“事前由政府说了算，事后又执法不严或有法不依”的问题。但是，这种沟通的不利之处在于为污染者对管理者施加更大的影响提供了机会。在极端情况下，污染者甚至能够预先阻止政府采取某种管制措施。

9.3.3 命令控制手段的分类

对我国而言，命令控制型工具是环境治理的支柱性工具。我国现有的命令控制型政策工具重点包括环境规划、环境影响评价、“三同时”制度、排污许可证制度、达标排放、关停并转、污染限期治理制度等。其中，环境规划、环境影响评价和“三同时”制度属于事前的环境污染控制手段，而排污许可证制度、达标排放则属于事中的环境污染控制手段，关停并转和污染限期治理等手段则属于事后的环境污染控制手段，详见表 9-2。

我国命令控制型政策分类　　**表 9-2**

命令控制手段	事前控制	环境规划、环境影响评价、“三同时”制度等
	事中控制	排污许可证制度、达标排放、污染总量控制制度等
	事后控制	关停并转、污染限期治理制度等

1. 事前控制：环境影响评价与“三同时”制度

环境影响评价与“三同时”制度是典型的命令控制型环境政策工具。前者处于环境管理的项目决策阶段，而后者处于环境管理的项目实施阶段。而两者均以新建项目为控制对象，均是防止项目建成后对环境形成新破坏的基本制度。前者为后者制定防治环境污染、破坏的对应措施，后者是前者的继承和行动。基于此，环境影响评价和“三同时”制度在政策体系上具备连贯性和一致性。关于两种制度的介绍，详见本书第 6 章。

2. 事中控制：污染总量控制制度与排污许可证制度

排污许可证（污染物排放许可证）是排污者申请的排污行为得到环境保护部门依法许

可的书面凭证。基于此，环境保护部门允许向环境排放任意污染物的书面文件都从属于排污许可证。而排污许可证制度则是指有关排污许可证的申请、审核、颁发、中止、吊销、监督管理和罚款等方面所做的规定的总称。由于目前我国最具普遍意义的排污许可证制度是总量排污许可证制度，也就是建立在总量控制基础上的水污染物排放许可证和大气污染物排放许可证。

(1) 污染总量控制。

一般来说，污染总量控制制度、排污许可证制度和污染限期治理制度需要结合实施。从总体来看，我国的污染总量控制制度还处于起步阶段。2014 年，《北京市大气污染防治条例》规定了实施削减存量与控制增量相结合的“双控制度”，在治理大气污染的措施上发生了由单纯的浓度控制朝浓度与总量控制并重改变，明确了对机动车数量和燃煤总量实施限制。例如，福建省首个海洋环境保护规划《福建省福清市海洋环境保护规划》针对海洋环境污染整治提出：到 2015 年，企业生活污水接入率与城镇污水处理率都不低于九成。沿海地区构建相对完善的污水垃圾处理系统，实现重点工业污染企业环境保护在线监控。

(2) 排污许可证制度。

排污许可证制度的政策目标很明确，是为了促进“达标排放”和污染源排放总量控制，增加排污削减的确定性。

排污许可证制度是一个“打包”的制度体系，将排污申报、环境标准管理、环境影响评价、环境监测、排污口管理、环境保护设施监管、排污收费、限期治理等制度以及违法处罚等方面的规定集合在一起，体现在一份“许可证”上面。通过排污许可证将排污者应执行的有关国家环境保护的法律法规、标准和环境保护技术标准性管理文件等条件要求具体化。根据排污许可证对各排污者的排污行为提出具体要求，是实现污染源稳定达标排放的相对可行的命令控制手段。

我国的排污许可证制度目前还在起步阶段。首先，我国排污许可证制度的相关法律还不成体系，从法律规定的角度来看，只是污染物的排放规定了申报登记要求，具体执行细则还需要更加明确。其次，惩罚力度相对较小，对没有使用排污许可证的企业，尚未形成足够的惩罚威慑。最后，适用范围有限，执行能力尚有待加强。

3. 末端控制：污染限期治理制度与关停并转

(1) 污染限期治理制度。

限期治理制度是指对污染严重的项目、行业和区域，由国家有关机关依法限定在一定期限内完成治理任务并达到治理目标的规定的总称。限期治理包括污染严重的排放源（设施、单位）的限期治理、行业性污染的限期治理和污染严重的区域的限期治理。

(2) 关停并转。

关停并转是企业“关闭、停办、合并、转产”的简称，是我国优化工业结构、整顿企业的措施之一。实行关停并转的对象一般是产品长期无销路的、原材料能源无来源的、工艺技术落后、产品质量差、经营不善而长期亏损的、严重污染环境、无法治理或拒不治理等的企业。

9.4 经济刺激手段分析

经济刺激手段是指环境管理行为直接与成本-效益相连，利用市场作用，让主体有选择行为的能力，争取用最低的成本达到最好的环境效益，从而实现资源的最优配置，实现市场均衡。其主要是从影响成本效益入手，引导经济当事人进行选择，最终有利于环境的一种工具，一般包括环境税、排污收费制度、排污权交易、生态补偿等手段。

9.4.1　经济刺激手段的原理

经济刺激手段的理论依据是庇古理论与科斯定理。庇古理论与科斯定理均为以环境问题外部不经济性和市场失灵为基础。

1. 庇古理论

英国福利经济学家马歇尔（Marshall）在其《经济学原理》中最早提出"外部经济"和"内部经济"的概念，较早对外部性和市场失灵进行分析。庇古（Pigou）接受了这些概念，也首先把污染当作外部性进行系统梳理。

庇古在他的《福利经济学》著作中表明，在存在外部性的情况下，通过对产生外部性的企业征收外部性税收的办法来使企业的生产成本等于社会成本，可以在一定程度上避免外部性问题，这也就是通常所说的庇古税（Pigou Taxes）思路。

按照庇古税思路，经济学者们通过引入社会福利函数进行污染的动态分析，可以计算出使用环境资源所导致的损害内部化的社会最优税率和清除污染的边际成本与边际效益相等时的污染预防支出，这一计算结果在经济学中被视为污染控制的最优值。接着，从事经济学研究的经济学者们通常是从微观经济学的角度研究在资源和环境约束条件下的最优污染水平，以致达到最优污染控制（或称为环境外部性）水平和最优税率。

与政府解决外部性问题而采用的硬性设置的环境标准或者生产技术等直接控制手段，或者说命令控制手段而言，庇古税有了新发展。它开始注意到环境规定的激励问题，让人们为外部性付出代价。具体来说，一方面庇古税通过排污收税使企业自行将每单位的污染控制成本降到排污税的水平，高效率（污染成本低）的企业相对来说有更多的激励削减污染。另一方面，庇古税还能激励企业主动采取更先进的污染控制技术来降低需缴纳的费用。

庇古理论在现实经济生活中得到广泛应用。以庇古理论为指导，各国广泛征收庇古税，即当存在外部经济效应时，给企业以补贴；当存在外部不经济时，向企业征税。这种手段被称为庇古手段。当然，庇古手段还可以进一步细分，主要包括税收手段、补贴手段和押金-退款手段。

2. 科斯定理

庇古税思路在19世纪20年代就引发争议。奈特（Knight）将外部性归因于私有资源产权的缺乏。他以深海捕鱼为例，指出产权未能界定是海洋资源过渡捕捞的根本原因。埃利斯（Ellis）和费尔勒（Feller）从外部性角度考察污染问题，认为诸如污染这样的不经济源于稀缺资源与有效率产权的分离。

科斯对于环境问题的外部性研究更加深刻和进步。在科斯看来，外部性存在的主要原因是产权界定不清楚，而当产权不清楚时，人们无法确定谁应该为外部性承担后果或者得到报酬。在《社会成本问题》一文中，科斯从环境污染问题入手，对庇古及其追随者的外部性税收理论提出质疑，他认为衡量污染的货币化损失非常困难，对于生产者控制污染的成本进行观测和估计也是不易的。在确定排污税的收费标准时，信息是非常关键的。科斯提出了解决外部性问题的另一种办法，即在产权明确界定的前提下进行市场交易，使得污染者和污染的受损者通过自愿的谈判和交易实现外部性的内部化。科斯的上述思想被概括为科斯定理，即在交易费用为零和对产权充分界定并加以实施的条件下，外部性因素不会引起资源的不当配置。当事人（外部性因素的生产者和消费者）将受到一种市场动力的驱使就互惠互利进行谈判，使外部性内部化。

科斯提出的替代方案主要是基于产权界定基础上的协商定价。科斯认为，外部损害与制造外部损害是相互的，必须考虑外部性的相互性，避免较严重的损害。因此，将产权抚育外部损害的制造者是可行的一种选择方案，只要产权明确，当事人之间可以通过自由协商达到资源的有效配置。由于环境污染涉及的当事人众多而且分散，一般由政府作为受污染损害者的代理人设定排污水平，该排污水平也可以视为给予厂商的污染权利。厂商之间可以通过排污权的交易实现有效的资源配置。

根据科斯原理，解决外部性可以用市场交易形式替代庇古税手段、法律手段和其他政府管制手段，这些手段被称为科斯手段。科斯手段一般是指自愿协商制度、排污权交易制度等。

3. 庇古理论与科斯定理的区别

庇古理论侧重于通过“看得见的手”，即政府的干预来解决环境问题。对引起外部性的生产要素进行征税，对降低外部性的行为给予补贴，或者通过交付保证金的形式使外部不经济性内部化，从而起到纠正市场机制、降低社会费用的作用。

而科斯定理侧重于通过“看不见的手”，即通过市场机制本身来解决问题。通过界定产权或人为制造交易市场，在污染当事人之间进行充分协商或讨价还价，最终达到削减污染的目的。排污权交易制度即是基于科斯定理设计的。庇古理论与科斯定理的特征比较见表 9-3。

庇古理论与科斯定理的特征比较 **表 9-3**

比较项目	庇古理论	科斯定理
政府干预作用	较大	较小，产权界定后不需要
市场机制作用	较大	较小
政府管理成本	较大	较小
市场交易成本	较大	参与经济主体少时不高，多时很高
面临危险	政府失灵	市场失灵
经济效率潜力	帕累托最优	帕累托最优
参与经济主体	污染者	污染者与受害者
适用时期	代内外部性	代内外部性
技术水平要求	较高	较低
偏好情况	政府更加偏好	公众更加偏好
收入效应	不受影响	受影响
产权	关系较小	产权界定是前提

资料来源：沈满洪．资源与环境经济学［M］．北京：中国环境科学出版社，2007.

9.4.2 环境税

环境税又称为绿色税收，是指对环境保护有积极影响的税种。广义的环境税是指税收体系中与环境资源利用和保护有关的各种税种和税目的总称，包括专项环境税（独立型环境税）与环境相关的资源能源税和税收优惠（融入型环境税），以及消除不利于环境保护的补贴政策和收费政策。狭义的环境税主要是指对开发、保护和使用环境资源的单位和个人，按其对环境资源的开发利用、污染、破坏程度进行征收的一种税收，即独立环境税。

1. 我国环境税的发展

近年来环境问题愈演愈烈，随着环境保护投资需求的增加及公众环境保护意识的增强，中央和地方政府越来越重视利用环境税来进行环境行为的调控。财政部世界银行贷款研究项目（中国税制改革研究）专门对我国开征环境税进行研究。原国家环境保护总局计划利用环境税的刺激作用来控制环境污染，增加环境保护投入。为了解决严重的大气污染问题，北京市财政局专门就利用环境税筹集资金的可行性进行立项，对开征环境税进行全面系统的研究。

1999年10月，中国环境科学研究院向财政部、国家税务总局和北京市财政局分别提交了有关建立环境税的政策研究报告，提出了环境税的两个实施方案。一个方案是建立广义的环境税，依据“受益者付费”原则，对公民征收广义的环境税。例如，在现行的城市建设与维护税的基础上加征环境税，或者在商品最终销售环节加征环境税。另一个方案是对污染产品进行征税。目前我国对排污者征收排污费，但对污染产品却没有相应的收费或课税，所以建议对污染产品开征产品税。正在考虑的污染产品税有含磷洗涤剂差别税、包装产品税、散装水泥特别税和高硫煤污染税等。

2010年3月，我国环境税开征方案已经上报国务院，同时环境保护部、财政部和国家税务总局等相关部门也在研究具体实施细则。同时，环境税的立法工作也在不断推进。由于环境税的复杂性，环境的整体定义和税的完整性研究还存在偏差，环境保护部希望把环境资源税、环境能源税、环境关税、污染物税等税种都包含进来。每个税目还可再分子税，例如污染物税可分为硫税、碳税、垃圾税、噪声税、有毒化学品税等。但环境税具体实施起来并不容易，所以还需要一个过程。

2010年8月4日，国家环境保护部环境规划院表示，环境税研究已取得阶段性成果，财政部、国家税务总局和环境保护部将向国务院提交环境税开征及试点的请示。

至于环境税实行的具体时间表，中国环境与发展国际合作委员会曾提出分三个阶段推进的中国建立相关环境税制路线图和具体时间表。第一阶段，用3～5年时间，完善资源税、消费税、车船税等其他与环境相关的税种。尽快开征独立环境税，二氧化硫、氮氧化物和废水排放都将是环境税税目的可能选择。第二阶段，用2～4年时间，进一步完善其他与环境相关的税种和税收政策，扩大环境税的征收范围。如果环境税没有在第一阶段开征，需要在此阶段开征。第三阶段，用3～4年时间，继续扩大环境税的征收范围。结合环境税税制改革情况，进行整体优化，从而构建成熟和完善的环境税制。

2011年12月，财政部同意适时开征环境税。

2013年12月2日，环境税方案已上报至国务院，正在按程序审核中。

2014年5月15日发布的《中国低碳经济发展报告（2014）》指出，中国要根治雾霾问题至少需要 15～20 年，建议适时开征环境税，用经济手段治理雾霾。

2015 年 6 月，受内外因素的影响，国务院法制办首次公布了《中华人民共和国环境保护税法》（征求意见稿），对将要启动的环境保护税的基本内容进行了阐述。

《中华人民共和国环境保护税法》（征求意见稿）征求意见历时一年半，在此期间国务院法制办向社会公众以及特定部门、群体、人员征求修改意见，并虚心听取各方建议。最终在 2016 年 12 月 25 日，第十二届全国人大常委会第二十五次会议中通过了《中华人民共和国环境保护税法》。

《中华人民共和国环境保护税法》作为我国第一部专门以环境保护为目标的独立型环境税税种，有利于改善排污费制度存在执法刚性不足、地方政府和部门干预等问题。而且此次的“费改税”绝不是简单的名称变化，而是从制度设计到具体执行的全方位转变。从执法刚性来说，税收的执法刚性比收费要强。税收以法律的形式确定了“污染者付费”的原则，税务部门依据法律条款严格执法，多排放多缴纳成为企业生产刚性的制约因素。此外，收费与收税虽然都是政府的一种财政行为，但对于具有税收性质的收费转变为税收的形式征收，有助于规范政府收入体系优化财政收入结构。

根据《中华人民共和国环境保护税法》第五章第二十八条：“本法自 2018 年 1 月 1 日起施行。”换句话说，自 2018 年 1 月 1 日起，我国环境保护税正式开征，而施行了近 40 年的排污收费制度正式退出历史舞台。

2018 年作为环境保护税开征首年，实施过程比较顺利。根据财务部统计，2018 年环境保护税收入规模达 209 亿元，与 2015 年 178.5 亿元的排污费收入相比增加了 30.5 亿元，增长 14.6%，其中重点污染企业贡献了大部分税收。从上述数据可知，税收规模扩大，以税治污成效初显。这一态势有利于发挥环境保护税的正向引导作用，从而增加企业治污的主动性，逐步引导更多企业加大环境保护资金的投入，改进生产方式，促进绿色创新，走可持续发展道路。

环境保护税实实在在地改善了排污费的遗留问题。例如，在征收范围方面，环境保护税的征收范围更广；在税额标准方面，环境保护税法在排污费税额标准下限的基础上，规定其上限；在税收优惠方面，环境保护税多增一档税收减免规定；在征管制度方面，征收管理部门发生变化，环境保护税改由税务机关进行征收管理，进而增加了执法的规范性与刚性；在资金留存管理中，环境保护税的税收收入全部归入地方，这一改变有利于提高地方政府治理环境的积极性。

迄今为止，《中华人民共和国环境保护税法》已施行 4 年。一方面，中国环境保护税从无到有，逐渐发展演化，时至今日已经形成较为完善的税收体制；另一方面，排污费向环境保护费的转变标志着我国环境经济政策跨上一个新台阶。环境保护税的开征在我国环境保护税演进中意义重大。但在认识到环境保护税先进性的同时，也要认识到其在征收范围、税收优惠、征收技术水平、相关配套设施等方面仍然有改进的空间。所以在环境税改革方面，我们依然任重道远。

2. 我国环境税的实践

目前，我国与环境有关的税种包括资源税、消费税、车船使用税和车辆购置税、城市维护建设税以及城镇土地使用税和耕地占用税等。近年来，我国增加了对部分造成环境污染的产品实行提高税率的税收惩罚措施，而对环境保护产品实行税收优惠。此外，主要还开展了资源税的征收工作。我国与环境有关的税收手段见表9-4。

我国与环境有关的税收手段 **表9-4**

税种	内容	环境效果
资源税	原油、天然气、煤炭、其他非金属矿原矿、黑金属矿原矿和有色金属矿原矿	对资源的合理开发利用有一定的促进效果
消费税	烟、酒、汽油、柴油、汽车轮胎、摩托车、高档手表、游艇、木制一次性筷子、实木地板等	环境效果不明显
车船使用税	机动船、乘人汽车、载货汽车、摩托车	环境效果不明显
城市建设维护税	按市区、县城、城镇分别征收	增加了环境保护投入
城镇土地使用税和耕地占用税	对大城市、中等城市、小城市、县城等按占用面积分别征收	有利于城镇土地、耕地的合理利用
差别税收	利用"三废"为主要原料进行生产,减免企业所得税对煤矸石、粉煤灰等废渣生产建材产品,免征增值税; 对油母岩炼油、垃圾发电实行增值税即征即退; 煤矸石和煤系伴生油母页岩发电、风力发电增值税减半; 废旧物资回收经营免征增值税低污染排放小轿车、越野车和小客车减征30%的消费税; 对自来水厂收取的污水处理费,免征增值税	环境效果良好

9.4.3 排污权交易

排污权交易也被称为"买卖许可证制度",是一项重要的环境保护经济手段。排污权交易通过为排污者确立排污权(这种权利通常以排污许可证的形式表现),建立排污权市场,利用价格机制引导排污者的决策,实现污染治理责任以及相应的环境容量的高效率配置。

排污权交易是利用市场力量实现环境保护目标和优化环境容量资源配置的一种环境经济政策。排污权交易最大的好处就是既能降低污染控制的总成本,又能调动污染者治污的积极性。

1. 排污权交易的理论基础

根据总量控制的要求,环境保护部门给排污单位颁发排污许可证,排污单位必须按照排污许可证的要求排放污染物。随着经济的不断发展,排污单位及其排污情况会发生变化,会对排污许可证的需求发生变化。排污权交易正是为了满足排污单位的这一需求而产生。

排污权交易的主要思想是建立合法的污染物排放权利(这种权利通常以排污许可证的形式表现),以此对污染物的排放进行控制。排污权交易的一般做法为:首先,政府部门事先确定一定区域的环境质量目标,并据此评估该区域的环境容量;其次,推算出该区污染物的最大允许排放量,并将其分割成若干规定的排放量,即若干排污权;然后,政府对排污权进行分配(采取竞价拍卖、定价出售或无偿分配等方式),建立供其合法买卖的排污权交易市场。实际上,排污权交易是通过模拟市场来建立排污权交易市场,在这个市场体系中,污染者是市场主体,客体是"减排信用"(或称为剩余的排放许可)。

排污权交易的理论基础可以用图 9-1 说明。

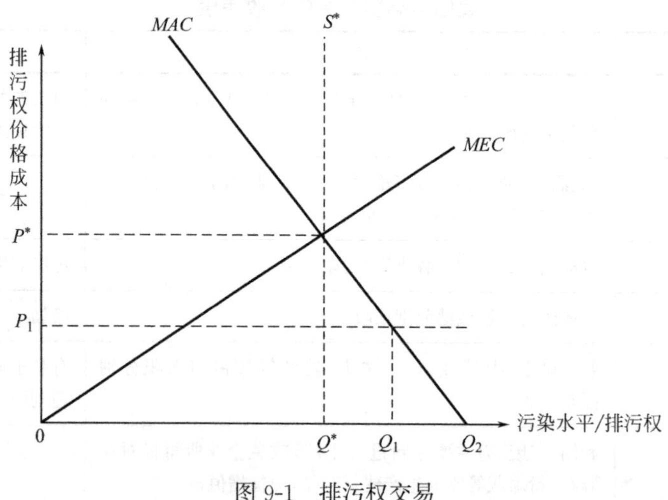

图 9-1　排污权交易

图 9-1 中，横轴表示污染水平和排污权。MAC 表示每一污染量对应的控制成本，即排污的边际控制成本，排污量越多（控制量越少），边际控制成本越低。而控制污染的唯一方法是减少产量，因此边际控制成本 MAC 实际为排污权的需求曲线。MEC 表示边际外部成本。Q^* 为最优排污权数量，P^* 为排污权的最优价格。对管制当局而言，发放 Q^* 数量的排污权就可以实现帕累托最优。S^* 代表排污权的供给曲线，排污权的发放由政府管制，所以不受价格变动的影响。当排污权的价格为 P_1 时，企业选择购买 Q_1 排污权，因为如果企业的排污量小于 Q_1（Q_1 的左侧），购买排污权比控制污染更便宜（MAC 高于 P_1）；如果企业的排污量大于 Q_1（在 Q_1 右侧），控制排污的成本就比购买排污权的成本低（MAC 在 P_1 线的下方），企业会选择控制排污量，将排污量从 Q_2 减少到 Q_1。

既然存在排污权的供给与需求，排污权的供给者和需求者就可能进行交易，这就形成排污权交易市场。

排污权交易是一种基于市场的环境政策，排污权交易必须在环境管理部门监督管理下才能完成交易，下面对排污权交易进行说明：

（1）排污权交易是环境容量资源商品化的体现，排污权是排污企业向环境排放污染物的一种许可资格。环境容量是一种资源，这里所指的环境容量是环境的纳污能力，它是有价值的。排污企业向环境排放污染物，实质上就是利用了环境容量资源。因此，排污权交易的对象是环境容量资源。我国明确规定环境容量所有权归国家所有，企业拥有排污许可的使用权。环境有一定容量说明环境有一定的自净能力。国家通过建立总量排放制度，将排污指标分配到企业，赋予企业一定的向自然界排放污染的权利，作为企业为社会创造财富、作出贡献的回馈。

（2）排污权交易实际上是排污许可制度的市场化形式。

（3）排污权交易是环境总量控制的一种措施，排污权交易的实质就是采用市场机制达到保护环境的目标。

2. 排污权交易的特点

排污权交易是运用市场机制控制污染的有效手段，与环境标准和排污收费相比，排污权交易具有以下特点：

（1）有利于污染治理的成本最小化。排污权交易充分发挥市场机制这只“看不见的手”的调节作用，使价格信号在生态建设和环境保护中发挥基础性作用，以实现对环境容量资源的合理利用。在政府没有增加排污权的供给、总的环境状况没有恶化的前提下，企业比较各自的边际治理成本和排污权的市场价格的大小来决定卖出排污权还是买进排污权。

同时对于企业来讲，也可以通过排污权价格的变动对自己产品的价格及生产成本做出及时的反应。排污权交易的结果是使全社会总的污染治理成本最小化，同时也使各经济主体的利益达到最大化。

（2）有利于政府的宏观调控。通过实施排污权交易，有利于政府进行宏观调控。主要体现在三个方面：一是有利于政府调控污染物的排放总量，政府可以通过买入或卖出排污权来控制一定区域内污染物排放总量；二是必要时可以通过增发或回购排污权来调节排污权的价格；三是可以减少政府在制定调整环境标准方面的投入。

如图9-2所示，当新的排污者进入交易市场，将会使排污权的需求曲线从 D_0 移到 D_1。

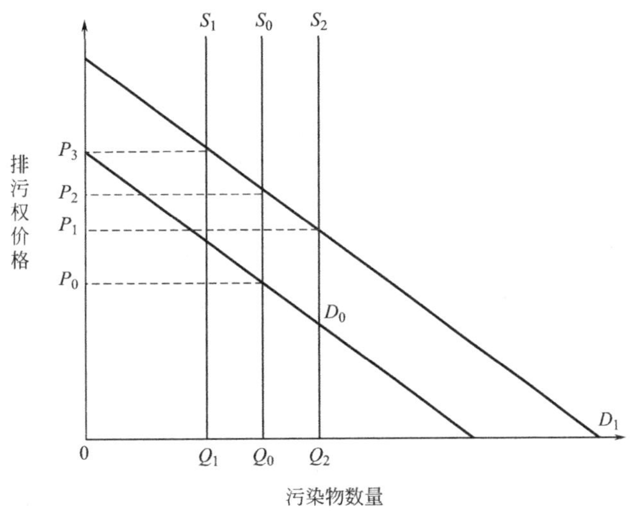

图9-2　排污权的供求变化与其价格关系

为了保证环境质量，政府不会增加排污权总量，排污权供给曲线仍为 S_0，此时，排污权供小于求，它的价格从 P_0 上升到 P_2。新的排污者或购买排污权，或安装使用污染处理设备控制污染，成本最小化仍能够得以实现。如果政府认为由于新排污者的进入，有必要增加排污权总量，就可以发放更多的排污权，排污权供给曲线右移至 S_2。此时排污权供大于求，价格下降到 P_1。如果政府认为需要严格控制排污总量，那么他们也可以进入市场买进若干排污权，使市场中可供交易的排污权总量减少，供给曲线左移至 S_1，排污权价格上升到 P_3。这样一来，政府就可以通过市场操作来调节排污权的价格，从而影响各经济主体的行为。

（3）具有更好的有效性、公平性和灵活性。排污权交易面临的任务是在一定区域最大污染负荷已确定的情况下，如何在现在或将来的污染者之间合理有效地进行排污总量的分配，即要考虑该分配系统的有效性和公平性。排污权交易的实施使得在分配允许排放量时不能有效去除污染的企业可以获得更大的环境容量，而能够较经济地去除污染的企业可以将其拥有的剩余排污权出售给污染处理费用高的企业，以卖方多处理来补偿买方少处理，从而使区域的污染治理更加经济有效。此外，排污权交易直接控制的是污染物的排放总量而非价格，当经济增长或污染治理技术提高时，排污权的价格会按市场机制自动调节到所需水平，具有很大的灵活性。

（4）有利于促进企业的技术进步，有利于优化资源配置。排污权交易提供给排污企业多种机会，即通过技术改革、工艺创新来减少污染物的排放量，将剩余的排污权拿到市场上交易，或储存起来以备今后企业发展使用。而那些经济效益差、技术水平低、边际成本高的排污企业自然会被市场淘汰。所以，排污权交易是一种有效的激励机制，能够促使排污企业积极地进行技术改革，采用先进工艺来减少污染物的排放量。

（5）有利于非排污者的参与。绝大多数环境管理经济手段的运作过程通常是政府与排污企业发生某种关系，而其他经济主体难以介入。排污权交易则允许环境保护组织和公众参与到排污权交易市场中，从他们的利益出发，买入排污权，但不排污也不卖出，从而表明他们希望提高环境标准的意愿。

3. 我国排污权交易的实施

（1）我国排污权交易的产生及发展。

① 排污权交易。

我国于 1987 年开始试行水污染物总量控制，1990 年试行大气污染物总量控制。根据总量控制的要求，环境保护部门给排污单位颁发排污许可证，排污单位必须按排污许可证的要求排放。随着经济的不断发展，排污单位及其排污情况会发生变化，从而对排污许可证的需求发生变化。在这种情况下，我国逐步开始试行排污权交易。

我国污染物排放许可证制度的试点工作开始于 1988 年。首先考虑控制的是水污染物。1988 年，国家环境保护局发布的《水污染物排放许可证管理暂行办法》规定："水污染排放总量控制指标，可以在本地区的排污单位间互相调剂"；1988 年 6 月，国家环境保护局确定在上海等 18 个市县进行水污染物排放许可证的试点工作。

1991 年，国家环境保护总局在 16 个城市进行了排放大气污染物许可证制度的试点。1994 年开始在所有城市推行排污许可证制度。1996 年，全国地级以上城市普遍实行水污染物排放许可证制度。在实施总量控制和排污许可证制度的过程中，排污许可证交易成为一项有效的总量控制计划达标的环境管理经济手段。2001 年，亚洲开发银行和山西省政府启动了"二氧化碳排污权交易机制"项目，以太原市为例，在国内首次制定了比较完整的二氧化硫排污许可交易方案。2002 年，国家环境保护总局下发了《关于开展"推动中国二氧化硫排放总量控制及排污交易政策实施的研究项目"示范工作的通知》，在山西省等 7 个省市开展二氧化硫排放总量控制及排污权交易试点工作。

2007 年，财政部和国家环境保护总局选择电力行业和太湖流域开展排污权交易试点。2007 年 3 月，湖北省审批通过《湖北省主要污染物排污权交易办法（试行）》。武汉光谷产权交易所建立排污权交易平台，首次尝试把排污权交易引入产权交易市场。2007 年 9 月，嘉兴市排污权储备交易中心成立。2008 年 8 月，北京市建立北京环境交易所。2008 年 8 月，上海市建立上海环境能源交易所。2008 年 9 月，天津市建立天津排放权交易所。2008 年，长沙市拍卖行进行了化学需氧量的拍卖活动，长沙矿冶研究院通过拍卖行以每吨 2240 元、总价 11.6480 万元的价格从长沙造纸厂购买了 52t 化学需氧量的排污权。

2014年，国家出台《排污权有偿使用与交易试点指导意见》，明确排污权有偿使用与交易政策改革方向，规定试点地区应于2015年年底前全面完成现有排污单位排污权的初次核定，以后原则上每5年核定一次；排污权有偿取得，试点地区实行排污权有偿使用制度，排污单位在缴纳使用费后获得排污权，或通过交易获得排污权；规范排污权出让方式，试点地区可以采取定额出让、公开拍卖方式出让排污权，并对排污权出让收入管理、交易行为、交易范围、交易市场和交易管理做出规定。2015年，财政部、国家发展改革委、环境保护部联合发布了《排污权出让收入管理暂行办法》。

2017年，全国已有30个省（自治区、直辖市）开展排污权有偿使用和交易试点。各地区一般采用排污权有偿使用这一政府出让方式（一级市场）或排污权交易（二级市场）这一市场方式开展排污权有偿使用和交易。截至2017年8月，国家批复试点地区共征收有偿使用费总金额约73.1亿元，相比2015年增加近50%。在排污权交易方面，国家批复的试点地区总交易金额约61.7亿元，自行开展交易试点的地区总交易金额约5亿元。

② 碳排放权交易。

碳排放权交易成为我国排污权交易机制中的一个重要内容。碳排放权交易是指运用市场机制，把二氧化碳排放权作为一种商品，允许企业在碳排放交易规定的排放总量不突破的前提下，进行二氧化碳排放权的交易，以促进环境保护的一种重要环境经济手段。

2011年，国家发展改革委批准北京市等7个省市开展碳排放权交易试点。试点地区出台有关政策文件，启动各自的碳市场，成立碳排放权交易所，全面启动碳排放权交易。

2015年7个省市碳交易量大幅增加，7个试点省市总计成交量3263.9万吨，成交额8.36亿元。

2016年，国家发展改革委办公厅印发了《关于切实做好全国碳排放权交易市场启动重点工作的通知》，部署全国协同推进碳市场建设工作。

2017年，以发电行业为突破口，国家发展改革委印发了《全国碳排放权交易市场建设方案（发电行业）》，启动了全国碳排放权交易工作，参与主体是发电行业年度排放达到2.6万吨二氧化碳当量及以上的企业或者其他经济组织包括其他行业自备电厂。首批纳入碳交易的企业1700余家，排放总量超过30亿吨二氧化碳当量。

③ 水权交易。

《中华人民共和国宪法》规定了国家也即全民是自然资源的所有者，2002年《中华人民共和国水法》也规定了国家是水资源的所有者，国务院代表国家行使所有权。2005年1月水利部颁布并实施了《水利部关于水权转让的若干意见》，标志着我国水权交易在实践中发展的时候到了。而2007年3月《中华人民共和国物权法》中，视取水权作为一种可以由民事主体依法享有的用益物权第一次通过民事财产得以确立。2011年开始，中央推行"最严格水资源管理"，水的重要性被进一步提升。我国水权交易相关制度，主要还是在《水利部关于水权转让的若干意见》中有具体的规定。

2016年7月2日《中华人民共和国水法》根据十二届全国人大常委会第二十一次会议《关于修改〈中华人民共和国节约能源法〉等六部法律的决定》进行第二次修正。

2017年11月，宁夏回族自治区率先成为通过验收的全国水权试点，全国7个水权试点地区初步探索并形成了流域间、流域上下游、区域间、行业间和用水户间等多种水权交易模式。同时，各地也积极推进水权确权工作，例如《陕西省水权确权登记办法》《陕西省水权改革试点方案》和《陕西省水权交易管理办法》等，分别明确了水权确权登记的形式、可分配水量的类型、区域水权交易取水权交易、农业用水权交易、对违规行为的管理要求等。

（2）排污权交易方式。

从经济学角度来看，排污许可证的交易方式有无偿交易和有偿交易两种类型。无偿交易是指排污许可证指标在排污单位之间无偿转让；有偿交易是指排污许可证指标在排污单位之间有偿转让。在市场经济体制下，无偿交易显然难以实施，排污许可证的有偿交易应作为排污权交易的一项基本原则。

① 点源与点源间的排污权交易：是指排污指标富余的排污单位将其一部分排污指标转让给需要排污指标的排污单位，接收排污指标的排污单位向对方支付相应的货币。点源之间的排污权交易是排污权交易的主要方式。

② 点源与面源间的排污权交易：是指某一排污单位（点源）与面源之间的排污权交易。这种交易方式是排污权交易的一种新形式。

③ 点源与政府间的排污权交易：点源与政府（环境保护部门）间的排污权交易是排污权交易的一种特殊形式，即排污单位向环境保护部门购买所需的排污许可证指标。

9.4.4 生态补偿手段

1. 生态补偿的含义

生态补偿（Eco-compensation）是以保护和可持续利用生态系统服务为目的，以经济手段为主调节相关者利益关系，促进补偿活动、调动生态保护积极性的各种规则和制度安排。

生态补偿有狭义和广义之分。广义的生态补偿既包括对生态系统和自然资源保护获得效益的奖励或破坏生态系统和自然资源造成损失的赔偿，也包括对造成环境污染者的收费。狭义的生态补偿则主要是指对生态系统和自然资源保护获得效益的奖励或破坏生态系统和自然资源造成损失的赔偿。

2. 生态补偿的理论基础

环境经济学、生态经济学与资源经济学理论，特别是生态环境价值论、外部性理论和公共物品理论等为生态补偿机制研究提供了理论基础。

（1）生态环境价值论。

长期以来，资源无限、环境无价的观念根深蒂固地存在于人们的思维之中，也渗透在社会和经济活动的体制和政策中。随着生态环境破坏的加剧和生态系统服务功能的研究，使人们更加深入地认识到生态环境的价值，并成为反映生态系统市场价值、建立生态补偿机制的重要基础。生态系统服务功能是指人类从生态系统获得的效益，生态系统除了为人类提供直接的产品以外，提供的其他各种效益，包括调节功能、供给功能、文化功能及支持功能等可能更加巨大。因此，人类在利用生态环境时应当支付一定的费用。

（2）外部性理论。

外部性理论是生态经济学和环境经济学的基础理论之一，也是环境经济政策的重要理论依据。环境资源在生产和消费过程中产生的外部性，主要反映在两个方面：一方面是资源开发造成生态环境破坏所形成的外部成本；另一方面是生态环境保护所产生的外部效益。由于这些成本或效益没有在生产或经营活动中得到很好的体现，从而导致破坏生态环境没有得到应有的惩罚，保护生态环境产生的生态效益被他人无偿享用，使得环境保护领域难以达到帕累托最优。

制定生态补偿政策的核心目标，是实现经济活动外部性的内部化。具体来说，就是产生外部不经济性的行为人应当支付相应的补偿，产生外部效益的行为人应当从受益者那里得到相应的补偿。

(3) 公共物品理论。

自然生态系统及其提供的生态服务具有公共物品属性。纯粹的公共物品具有非排他性（Non-excludability）和消费上的非竞争性（Non-frivolousness）两个本质特征。这两个特性意味着公共物品如果由市场提供，每个消费者都不会自愿掏钱购买，而是等着他人购买而自己顺便享用它所带来的利益，这就是“搭便车”的问题，而这一问题会导致公共物品的供给严重不足。

生态环境由于其整体性、区域性和外部性等特征，很难改变公共物品的基本属性，因此，需要从公共服务的角度进行有效管理，强调主体责任、公平管理原则和公共支出的支持。从生态环境保护方面，基于公平性原则，人与人之间、区域之间应该享有平等的公共服务，享有平等的生态环境福利，这是制定区域生态补偿政策必须考虑的问题。

3. 生态补偿的主要内容

生态补偿既包括对生态系统和自然资源保护获得效益的奖励或破坏生态系统和自然资源造成损失的赔偿，也包括对造成环境污染的主体进行收费，是以改善或恢复生态功能为主要目的，以调整保护或破坏环境的相关利益者的利益分配关系为对象，具有经济刺激作用的一种制度。这项政策不仅是环境与经济的需要，更是政治与战略的需要。

在我国现行的几类政策中，以下四类政策均含有生态补偿的作用：

第一类在政策设计上明确含有生态补偿的性质，例如生态公益林补偿金政策和退耕还林还草工程、退牧还草工程天然林保护工程、水土保持收费政策、“三江源”生态保护工程等。

第二类可以作为建立生态补偿机制的平台，但未被充分利用好，例如矿产资源补偿费政策。

第三类看似属于资源补偿性质，实际上会产生生态补偿效果，例如耕地占用补偿政策。

第四类是政策设计上没有生态补偿性质，但实际上发挥了一定的作用，今后将发挥更大的作用，例如扶贫政策、财政转移支付政策、西部大开发政策、生态建设工程政策。

4. 生态补偿的基本原则

(1) 破坏者付费，保护者受益原则。破坏生态环境，会产生外部不经济性，破坏者就应该支付相应的费用；保护生态环境，会产生外部经济性（外部效益），保护者应该得到相应的补偿。

(2) 受益者补偿原则。生态环境资源的公共物品性，决定了在生态建设与环境保护中将会使更多的人受益。如果对保护者不给予必要的补偿，就会产生公共物品供给严重不足的情况。因此，生态环境质量改善的受益者必须支付相应的费用，作为环境生态建设和环境保护者的补偿，使他们的环境保护效益转变为经济效益，以激励人们更好地保护环境。

(3) 公平性原则。环境资源是大自然赐予人类的共有财富，所有人都有平等利用环境资源的机会。公平性不仅包括代内公平，也包括代际公平。

(4) 政府主导、市场推进原则。生态补偿涉及面很广，需要发挥政府和市场两方面的作用。政府在生态补偿中要发挥主导作用，例如制定生态补偿政策、提供补偿资金、加强对生态补偿政策的监督管理等。在市场经济体制下，实施生态补偿还需要发挥市场力量，通过市场力量推进生态补偿制度。

除此，由于生态补偿涉及面很广，生态补偿政策应该坚持先易后难、分步推进的原则。先进行单要素补偿和区域内部补偿，在此基础上逐步推广到多要素补偿和全国补偿，并注意在补偿机制的实施过程中，重视补偿地区的发展问题，重点放在提高补偿地区的人口素质、加强城市化建设、提升产业结构等方面，提高补偿资金的使用效率。

5. 我国的生态补偿政策

(1) 我国生态补偿政策的发展。

20 世纪 80 年代以来，本着"谁开发，谁保护；谁破坏、谁付费；谁收益、谁补偿"的原则，我国在生态环境的保护、恢复与建设工作中，针对生态补偿的理论与实践进行了许多前沿性的探索和试点工作。但从目前我国生态补偿的具体实践来看，还未建立一套相对完善的生态补偿政策体系和生态补偿机制，这不仅影响到我国生态保护的实际效果，也影响到整个社会环境经济利益的公平分配。

1998 年《中华人民共和国森林法》第一次修正中规定："国家建立森林生态效益补偿基金，用于提供生态效益的防护林和特种用途林的森林资源、林木的营造、抚育、保护和管理"。2001 年财政部、国家林业局决定开展森林生态效益补助资金试点工作。2005 年中国环境与发展国际合作委员会组建了我国生态补偿机制与政策课题组，旨在就建立生态补偿的国家战略和重要领域的补偿政策等问题进行研究。

2007 年，国家环境保护总局公布了《关于开展生态补偿试点工作的指导意见》，在自然保护区重要生态功能区、矿产资源开发和流域水环境保护四个领域开展生态补偿试点。

2007 年 12 月江苏省实施《江苏省太湖流域环境资源区域补偿试点方案》，建立环境资源污染损害补偿机制，在江苏省太湖流域部分主要入湖河流及其上游支流开展试点。2009 年财政部印发《国家重点生态功能区转移支付（试点）办法》。

2013 年十八届三中全会对深化生态文明体制改革做出明确部署：加快构建系统完整的生态文明制度体系，健全自然资源资产产权制度和用途管制制度，划定生态保护红线，实行资源有偿使用制度和生态补偿制度，改革生态环境保护管理体制。

2014 年，中央财政将河北省环京津生态屏障、西藏珠穆朗玛峰等区域内的 20 个县纳入国家重点生态功能区转移支付范围，享受转移支付的县市已达 512 个。

2008～2014 年，中央财政累计下拨国家重点生态功能区转移支付 2004 亿元。2014 年，财政部会同农业部制定了《中央财政农业资源及生态保护补助资金管理办法》，该办法明确草原禁牧补助的中央财政测算标准，中央财政拨付奖励资金 20 亿元作为草原生态保护绩效奖励资金。

2016 年，国务院办公厅出台《关于健全生态保护补偿机制的意见》，要求不断完善转移支付制度，探索建立多元化生态保护补偿机制，逐步扩大补偿范围，合理提高补偿标准，有效调动全社会参与生态环境保护的积极性。提出到 2020 年，基本建立符合我国国情的生态保护补偿制度体系，促进形成绿色生产方式和生活方式。

2016年12月，财政部、环境保护部、国家发展改革委等出台了《关于加快建立流域上下游横向生态保护补偿机制的指导意见》，明确了流域上下游横向生态补偿的指导思想、基本原则和工作目标。

2017年10月，十九大报告提出要严格保护耕地，扩大轮作休耕试点，健全耕地草原森林河流湖泊休养生息制度，建立市场化、多元化生态补偿机制。

2018年12月，国家发展改革委、财政部、自然资源部等9部门联合印发《建立市场化、多元化生态保护补偿机制行动计划》，明确提出市场化、多元化生态保护补偿机制建设要牢固树立和践行"绿水青山就是金山银山"的理念，按照高质量发展的要求，坚持"谁受益谁补偿、稳中求进"的原则，加强顶层设计，创新体制机制，实现生态保护者和受益者良性互动，让生态保护者得到实实在在的利益。

（2）我国实施生态补偿政策的方式。

1）国家实施生态补偿的政府手段：政府补偿是以国家或上级政府为实施补偿的主体，以区域、下级政府或农牧民为补偿对象，以国家生态安全、区域协调发展、社会稳定等为目标，以财政转移支付、项目实施、政策倾斜、人才技术投入和税费改革等为手段的补偿方式。政府补偿是目前我国生态补偿最主要的形式，也是比较容易启动的补偿方式。

① 我国生态补偿的财政政策：财政政策主要通过经济利益的诱导改变区域和社会的发展方式。在我国目前的财政体制中，财政转移支付制度、专项基金和生态移民政策对建立生态补偿机制具有重要作用。

A. 财政转移支付制度：财政转移支付是以实现各地公共服务的均等化为主旨，以各级政府之间存在的财政能力差异为基础，实行的一种财政资金或财政平衡制度。尽管生态补偿不属于当前中国财政转移支付的重点，但仍是我国最主要的生态补偿途径，巨额的财政转移支付资金为生态补偿提供了很好的资金基础。在政策上，在我国财政部《2003年政府预算收支科目》中与生态环境保护相关的支出项目约30项，其中具有显著生态补偿特色的支出项目包括沙漠化防治、退耕还林、治沙贷款贴息，占支出项目的三分之一；就支持力度而言，到2007年底，中央财政对西部地区的财政转移支付达到6000亿元，天然林保护、三北防护林、退耕还林、京津风沙源治理、退耕还草等重点工程完成中央投资1207.23亿元。

B. 专项基金：专项基金是部门开展生态补偿的重要形式，资金主要来源于政府财政预算，同时也接受国际和国内组织、单位、个人的捐款或援助。我国水利部、农业农村部、自然资源部、国家林业和草原局、生态环境部等部门均建立了专项基金，对有利于生态保护和建设的行为进行资金补贴和技术扶助，例如国家林业和草原局建立了森林生态效益补偿基金；1999年农业部制定了《农村沼气建设国债项目管理办法（试行）》，规定对农村沼气建设项目进行补贴；水利部联合财政部将"小型农田水利和水土保持补助费"的专项资金纳入国家预算，用于补贴扶持农村发展小型农田水利、建设小水电站、防治水土流失和抗旱等。

C. 生态移民政策：生态移民是为保护一个地区特殊的生态或者让一个地区的生态得到修复而进行的移民，包括生态脆弱区移民和重要生态区移民两种。我国真正意义的生态移民是从2000年开始的，对符合生态移民条件的迁移户，国家给予专项补偿。据不完全统计，近年来各级政府从当地实际情况出发，通过多种方式和途径迁移安置260万生态移民，其中已稳定在迁入地居住的达 241 万，占 92.9%。

② 政府主导的生态建设重点工程：政府通过直接实施重大生态建设工程，不仅可以直接改变项目区的生态环境状况，而且为项目区的政府和民众提供了资金、物资和技术上的补偿。中国生态重建的重点工程包括天然林保护、退耕还林（草）、退田还草、“三北”和长江中下游地区等重点防护林建设、环北京地区防沙治沙、野生动物保护、自然保护区建设等重点工程。

2）国家实施生态补偿的市场手段：市场补偿将生态服务功能或环境保护效益推入市场，通过市场交易的方式降低生态保护的成本，实现生态保护的价值。基于市场的补偿手段多种多样，我国主要包括生态税费制度、市场交易模式和生态认证活动。

① 生态税费。从理论上而言，生态税费是对生态环境进行定价，利用税费形式征收开发活动造成生态环境破坏的外部成本。其根本目的是刺激保护生态环境、减少生态破坏和环境污染的行为，而不是创造收入。生态税费体制和财政政策结合在一起，可以从根本上改变市场信号，因而是生态补偿的最有效的手段。我国生态税费制度已经具备一定的基础，目前正在征收的生态税费包括生态补偿费、排污费、资源费、生态环境税等，这些税费的征收为调节生产者行为、筹集生态环境保护资金发挥了重要作用。

A. 生态补偿费的实践。我国的生态补偿费是以防止生态环境破坏为目的，以生态环境整治及恢复为主要内容，以从事对生态环境产生或可能产生不良影响的生产、经营、开发者为征收对象，以经济调节为手段，以法律为保障条件的环境管理制度。我国征收生态补偿费的直接效果是为生态环境建设和恢复开拓了比较稳定的资金来源，长远意义则是将企业资源开发和项目建设的外部成本纳入其会计成本之中，从而体现生态环境的价值，这反映了政府对发展思路的引导，对于实现生态经济、完善市场机制具有重要意义。

B. 排污收费制度的实践。我国 1978 年开始提出实施排污收费制度，1979 年颁布的《中华人民共和国环境保护法（试行）》以法律的形式肯定了这项制度，此后的《中华人民共和国水污染防治法》《中华人民共和国固体废弃物污染环境防治法》《中华人民共和国环境噪声污染防治法》和《中华人民共和国大气污染防治法》都对排污收费制度做了法律上的规定。经过 40 多年的发展，排污收费制度已在我国得到全面实施，成为一项比较成熟且行之有效的环境管理制度，在刺激企业削减污染、加快环境保护设施建设和提高环境保护监管能力、增强人们的环境保护意识等方面发挥了重要作用。

C. 资源费的实践。征收资源费是因为自然资源具有稀缺性，其超额价值属于外部边际收益的一部分，应该为国家和公众所有。通过开征资源费，一方面为资源保护提供一定的资金支持，实现资源的稀缺价值；另一方面则通过资源价格的变化，引导经济发展模式。在我国所有资源类法律中都强调资源有偿使用原则，体现这一原则的主要方式就是由各管理部门代表国家征收资源费，包括水资源费、矿产资源费、耕地占用费等，主要用于资源的勘探与调查、资源的保护、资源的管理等。

D. 生态环境税的实践。生态环境税是对开发、利用和保护生态环境与资源的单位和个人，按其对生态环境与资源的开发、利用、污染、破坏和保护程度进行征收和减免的一种税收。我国现行生态补偿税费制度包括两种：一是生态补偿的税收优惠政策，包括涉及环境保护的增值税政策、营业税政策、消费税政策、所得税政策、城市维护建设税；二是相关的具有生态补偿性质的资源税费制度，包括土地使用税、耕地占用税、资源税和土地增值税。

② 市场贸易模式。市场贸易模式的主要特点是，环境服务功能的提供者和购买者都不唯一，环境服务功能可以被标准化计量并具有可比较的价格，且其量化标准体系已经有相应的监控体系等做支撑，有规范的得到信任的环境服务认证机制。通过市场贸易可以提高生态（环境）服务功能保护的经济效益，拓展生态保护与建设的融资渠道，减轻财政压力，扩大生态补偿的范围。

A. 配额交易：配额交易由政府或国际公约确定一定区域生态保护的配额责任，通过市场交易实现区域生态保护的价值，它是利用市场机制开展生态环境保护的重要举措。配额交易最著名的应用是《京都议定书》中关于在国际上销售森林碳固定抵消温室效应这一生态环境服务。

B. 水资源交易模式：水资源的质和量与区域的生态环境保护状况有直接的关系。从流域生态保护成本的分担出发，通过水权交易不仅可以促进水资源的优化配置，提高水资源的利用效率，而且有助于实现保护流域生态环境的价值，因而可以作为实施生态补偿的市场手段之一。

综上所述，我国实施生态补偿的手段见图 9-3。

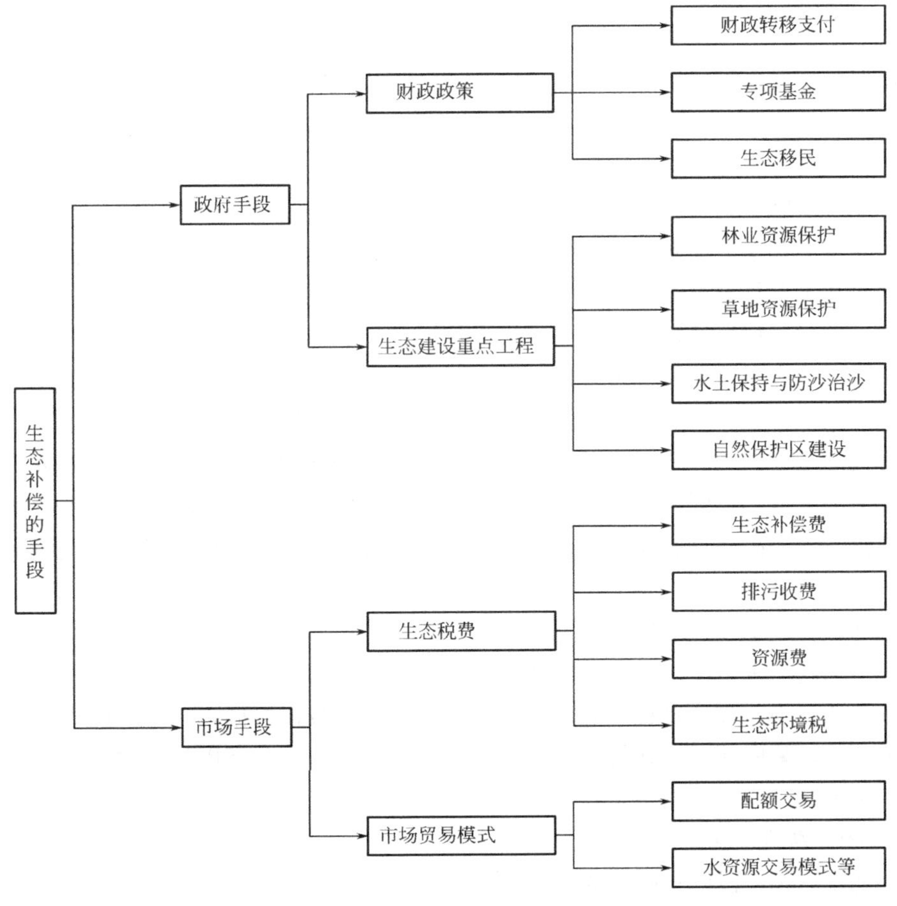

图 9-3　我国实施生态补偿的手段

9.5 劝说激励手段分析

9.5.1 劝说激励的概念

狭义的劝说激励手段是一种基于意识转变和道德规劝影响人们环境保护行为的环境政策手段。在运用此手段时，管理者首先依据一定的价值取向，倡导某种特定的行为准则或者标准，对被管理者提出某种希望，或者与其达成某种协议。广义的劝说激励手段是指除了命令控制和经济刺激以外的所有环境政策手段，例如环境信息公开、环境宣传教育、考核与表彰等。

管理者利用劝说激励手段的最终目的是强化被管理者的环境意识，并促使其自觉地以管理者希望的方式保护环境。同时，该手段也代表了当事人在决策框架中的观念和优先性的改变，或者说"全部"内化到当事人的偏好结构中，在决策时主动选择劝说激励手段。这种参与更多地是基于外在的引导，通过改变内在的价值观念，达到政策对象主动参与环境保护的目的。

9.5.2 劝说激励的特点

劝说激励手段具有制定成本和执行成本较低、长期效果好以及预防性强的优势，但也存在强制性弱等缺点。

1. 劝说激励的优点

(1) 劝说激励手段的政策制定成本和执行成本都较低。

由于劝说激励手段通常不需要大量的信息，政策制定者只需根据一定的试点效果制定政策，同时政策执行者只需根据自身情况来决定是否接受这种劝说，通常政府部门不需要进行监督，而只是根据执行者提交的结果进行评判。

(2) 劝说激励手段的长期效果好。

劝说激励手段是一种颇具弹性的环境政策手段，例如环境教育、绿色学校等能以较为柔和的方式影响人们的环境观念，而公众参与、非政府组织（NGO）和自愿协议则能以相对缓和的方式化解不同利益相关方的直接冲突。一旦产生效果，将会长期发挥作用。例如环境教育，若提高公众的环境保护意识，将不仅对其行为产生代内影响，也将产生代际影响。

(3) 劝说激励手段预防性强。

在环境问题尚未产生时，通过提高政府、企业、公众等干系人的环境保护意识，以此影响干系人的行为。在从事有可能产生环境问题的活动时，根据自己掌握的环境知识、内化的环境意识，采取环境友好的行动实施方式，从源头上避免环境问题的产生，充分体现了环境保护的预防为主原则。

2. 劝说激励的缺点

(1) 劝说激励手段的强制性弱。

强制性弱是劝说激励手段的突出特点。管理部门通过劝说激励对被管理者进行激励，以期被管理者出于道德考虑改变自身行为，因此政策效果的实现取决于被管理者是否自愿改变其自身行为。但是在与其他政策结合后，譬如将环境保护目标责任制与监管人员绩效考核联系在一起时，这些政策也具备了一定程度的强制性。劝说激励手段是强制性最弱的手段，但并不是政府不作为。

（2）不能脱离法规和公众监督。

如果没有法律法规制衡和公众参与的条件，劝说激励环境管理难以起到其应有的效果。由于章程是自愿的，所以他们在包括消费者、竞争、健康和安全、劳工、环境方面的法律法规以及合同和民事法的法律环境下运作。有时章程是对法规的补充，不遵守自愿章程有时会产生法律后果，包括刑事和民事的责任。在某些案例中个人或组织可以依据自愿章程来帮助证明和反驳诉讼中合理的尽力而为，或在民事诉讼中建立合理的注意或疏忽。

需要注意的是，由于劝说激励手段具有预防性和成本低等优点，其使用范围非常广泛，对大量发生的、较为分散的各类环境问题基本都适用。劝说激励手段的经济效率和持续改进性非常好，只要对象范围够广泛，皆适宜施行。但由于其强制性弱，对紧急的环境问题例如突发公害事件的解决，不适于用劝说激励手段。需要注意的是，劝说手段也不能滥用，以防公众产生逆反心理。

9.5.3　劝说激励的手段

根据相关主体（各级政府、企业和公众）认识环境问题的过程，即获取信息、教育学习、参与活动、监督管理等顺序，通常采用的劝说激励手段可分为环境信息公开、环境宣传教育、公众参与、考核与表彰及自愿协议等。

1. 环境信息公开

信息公开是指管理者依据一定的规则，经常或者不定期公布环境信息，例如污染事故的通报、国家或地区环境状况报告，以及污染可能对人体健康造成的影响的报告。我国第一部有关环境信息公开的综合性部门规章《环境信息公开办法（试行）》中指出“环境信息包括政府环境信息和企业环境信息；政府环境信息，是指环保部门在履行环境保护职责中制作或者获取的，以一定形式记录、保存的信息；企业环境信息，是指企业以一定形式记录、保存的，与企业经营活动产生的环境影响和企业环境行为有关的信息。”

环境信息的公开可以引起公众对环境保护的关注，监督政府和企业的环境行为，营造较强的环境保护氛围，促使社会公众积极主动地保护环境。另外，环境信息公开还可能得到公众对环境执法的理解和支持，甚至会引起大规模的环境保护活动，对污染企业的排污行为形成强大的压力。

2. 环境宣传教育

环境宣传教育的目的是促进人们关注环境问题并且提高环境保护意识，使公民个人或群体具有解决当前问题、预防新问题的知识、技能、态度，积极推动和投入到这项工作中去。管理者通过各种途径对公民进行说明、讲解、教导、启发等，使人们了解和掌握环境资源方面的知识、技能，促使人们改变观念和行为，促进绿色文明的价值观、道德观、经济观和发展观在社会落地生根，在全社会形成良好的环境道德氛围。因此，需要从意识、知识、态度、技能和参与五个层次开展环境宣传教育工作。不断提高公众的环境意识是环境宣传的基本任务。

目前我国已初步建立起一支拥有相当人数的环境宣传队伍，基本形成了从中央到地方的宣传网络。但由于对环境宣传在环境保护和可持续发展中的地位和作用的认知水平参差不齐，各地环境宣传工作的发展很不平衡，不同地区之间公众的环境意识差异甚大。

3. 公众参与

公众参与是环境保护运动兴起的推动力量。"地球日"的诞生就源于公众对拯救地球的呼声。在环境保护的公众参与中，NGO 发挥着重要作用。一些环境 NGO 通过直接与公众联系，能有效地传播环境现状及其受到的威胁和环境防治的进展等信息。

公众参与至少有两方面的作用，第一，公众和 NGO 是环境问题重要的利益相关者，他们可以通过各种形式与排污者进行协商、谈判和辩论，从而给排污者带来一定的压力；第二，公众和 NGO 的环境保护活动通过示范和学习效应，促使更多的人参与到环境保护事业中。在一些发达国家，公众参与已经发展得比较完善，公众和 NGO 对环境事务的影响越来越大。

近年来，我国公众参与环境保护的广度和深度不断提高，NGO 与政府携手合作推进环境保护，成为我国环境保护领域的一个重要特点和新趋势。

4. 考核与表彰

考核与表彰作为政府环境管理的方式之一，在环境政策手段的选择中可归入广义的劝说激励手段。目前，我国考核与表彰制度的具体形式主要有国家环境保护模范城市（指经济快速增长、环境质量良好、资源合理利用、生态良性循环、城市优美整洁的绿色城市）、全国生态示范区（以生态学和生态经济学原理为指导，以协调社会、经济发展和环境保护为主要目标，统一规划，综合建设，生态良性循环，社会经济全面、健康持续发展的示范行政区域）、ISO 14000 国家示范区（以经济技术开发区、高新技术产业开发区、风景名胜旅游区为对象，依据国家环境保护法律、法规和环境质量要求，建立了环境管理体系，并符合示范区条件的区域等）。

5. 自愿协议

自愿协议是政府与经济部门之间达成的协议，在政府的支持与激励下，按照预期的目标而进行的自愿行动。20 世纪 70 年代，欧洲一些国家为提高能源利用效率，减轻环境污染，率先采用了自愿协议的管理方式。随后，更多的发达国家和发展中国家在不同领域相继采用了这一管理方式，例如节能、温室气体减排、废弃物的回收与管理等方面，并且取得了一定的成效。自愿协议具有导向性、基础性、约束性、责任性及公开性等特点。

9.6 环境管理模式的主要问题

环境管理是一个复杂的系统工程，其中不仅有环境问题，还有经济、社会、政府、体制等方面的博弈与抉择问题，主要有以下突出问题：

9.6.1 管理模式的选择问题

有关命令控制管理模式与经济刺激管理模式的激烈争论一如既往。不论是在发达国家还是发展中国家，命令控制模式在环境管理中均占据着主导地位，但各国政府都在尝试运用更多地经济刺激机制，有些遵循经济刺激模式设计的管理措施也初显成效。然而，究竟应当如何评价经济刺激措施依然是一个悬而未决的问题。环境问题的复杂性决定了不可能用一揽子的经济刺激措施有效地加以解决。

例如在我国（其他许多国家也是如此），垃圾清运与处理、污水处理、道路保洁等是由当地政府或准政府机构经营。对于这样的运作模式，缺乏严格的预算约束是其共同特点。因此，很难想象在这些机构中，经济刺激机制能发挥作用，也许命令控制模式能更有效地发挥作用。总之，尽管从理论上讲，命令控制管理模式存在种种弊端，但简便易行、效果立竿见影应是其在环境管理实践中依然活跃的主要原因。在任何国家或地区，环境管理政策都是一系列经济、社会、政治因素综合作用的结果，其总的发展趋势是由过去单一的命令控制措施向命令控制措施与经济刺激措施相结合的综合性措施转变。

9.6.2　信息不对称

如何获得所需要的信息是环境管理中的重要问题之一。在环境管理实践中，政策的好坏及其在实践中能否被贯彻执行，在很大程度上都有赖于管理者能否全面准确地了解污染者的情况，包括其对环境管理政策的可能的反应，如何避免污染者“钻政策的空子”等。因此，如何确保污染者提供的相关信息全面、准确就成为环境管理必须面对的问题。

9.6.3　环境保护与经济发展的矛盾

环境保护与促进区域经济发展是环境管理中时常出现的一对矛盾。也就是说，对于某个地区，何种程度的环境管理是适度的呢？过于严厉的环境保护政策会将投资者拒之门外，而过于宽松的政策显然又不利于当地环境资源的可持续利用。更让决策者举棋不定的是，本地相对严格的环境管理极有可能将潜在的投资者引向附近其他地区，长此以往区域经济发展就成了问题。此外，如果周边地区的污染殃及本地的话，那么当地政府又该如何行事呢？如果类似的问题发生在国与国之间，那么一国政府可采用经济的、外交的甚至是其他更加激烈的手段遏止污染者的排污行为，但如果是在国内的不同地区之间呢？由此引发的另一个问题是，应当实行怎样的环境管理？是针对各个地区制定不同的环境管理政策（例如各省市分别制定各自的环境政策），还是实行“一刀切”，执行全国统一的环境政策？

9.6.4　政府环境管理职能界定不明

多年前，我国对环境保护不太重视、环境行政机关位阶低或不独立、环境管理体制不畅等诸多问题都与当时整个政府的职能定位和行政体制有关。职能范围是环境管理体制的逻辑起点和核心问题，准确定位环境行政机关的职能是顺利推进改革的前提。职能界定不清或界定过于宽松，既可能导致监管的政治化，也可能使监督更难操作。

从政府环境管理权的产生原因角度来看，环境管理机构的基本职能定位主要是环境监管，也就是基于环境法律法规、环境标准，对市场主体的经济活动所产生的环境问题进行干预和控制，以预防和矫正其产生的负外部性问题。同时，环境管理机构应秉持独立性与可问责性，确保其独立性和权威性，这对于加强政府环境治理能力尤其关键。但是，环境管理体制的历史和现状分析都没有关于环境管理职能界定的明确标准，环境管理机构一直地位不高、权威不足、难以对市场主体的经济活动进行环境保护干预和控制与此不无关系。

由此，2008年7月国务院办公厅关于《环境保护部主要职责内设机构和人员编制规定》的通知中，首次明确环境保护部的职责调整为“加强环境政策、规划和重大问题的统筹协调职责。加强环境治理和对生态保护的指导、协调、监督的职责。加强落实国家减排目标、环境监管的职责”。这表示，政府环境管理机构的地位逐渐加强，国家开始重视环境管理机构的监管权限。

9.6.5 监管机制缺失

1. 地方政府环境监管责任不明确

《中华人民共和国环境保护法》第十六条规定了地方各级人民政府应当对本辖区的环境质量负责的原则。而实际上，有些地方政府作为企业实施环境违法行为的“保护伞”，以及决策失误导致环境污染破坏、对环境法律法规执行不力、无视环境保护责任的现象俯拾皆是，以至于地方政府不履行环境保护责任或履行不到位，当前已经严重制约环境保护法律的实施。上述现象，一是因为立法上对地方政府环境责任的缺陷，没有对监管环境监管者的法律约束，导致地方政府环境监管权责不明；二是不科学的环境管理职权配置和唯经济增长的政府绩效考核机制，导致地方保护主义的行为猖獗。

2. 地方环境管理部门虚有其实

各级地方人民政府的环境保护行政主管部门是贯彻执行国家环境政策的主要责任人，需要执行来自生态环境部和上级生态环境局的政策指令。但是地方环境管理机构则负责于地方政府，完全依靠地方政府提供资金和人力资源。地方环境保护部门受制于当地政府，环境监管权力有限，表现为权力小，只有限期治理、停产治理的建议权，没有决定权。如果地方政府的地方保护主义严重，而不采纳建议，环境保护部门也束手无策。再有就是手段软，环境处罚的主要手段只有罚款，没有查封、冻结、扣押、没收、强制划拨等行政强制执行权。所以，就算是罚款，可以处罚的数额也受限于法律规定的上限金额，导致守法成本高、违法成本低，企业更愿意缴纳罚款继续超标排污而不治理。

3. 权力参与不足

《中华人民共和国环境影响评价法》《环境影响评价公众参与办法》对公众参与做了突破性规定，规定了环境影响评价听证制度。总的来说，法律制度的设计主要是围绕着行政权力的配置展开，缺乏公众参与的法律制度保障和法律责任认定，所以公众参与在实践中基本上只停留在政策层面。政府和企业不想将自身的环境保护行为处于公众的监督之下。在信息不公开、政府环境保护责任不明确的情况下，我们更需要加强社会监督，例如，通过权力参与机制、公众参与、舆论监督和环境保护团体监督，可以在某种程度上克服政府环境保护的缺点。

4. 监督机制的缺失

对环境管理进行监督，是有效制约政府不履行环境保护责任和履行不到位，防止政府权力滥用或过度膨胀、寻租的必要措施。目前，对政府环境保护职权的监督通常是党内监督，而行政监督、司法监督、社会监督的相关机制建立尚未全面，没有形成有效的监督机制。

9.7　环境政策手段的选择与组合

9.7.1　环境政策手段的优化选择

1. 命令控制型环境政策工具的优化选择机制

（1）环境政策目标的合理确定。

政府在进行政策工具的优化选择时，必须始终围绕最初所确定的环境政策目标进行，任何偏离目标的工具选择都是难以取得成功的。此外，环境政策目标还必须明确合理，在环境政策目标合理确定的条件下，政府从环境政策工具箱选择出命令控制工具才能有效实施。

由于我国改革开放以来对经济增长的过分强调，导致一切为经济建设让路的现象，虽然我国政府目前不断提倡打破唯 GDP 论，呼吁环境保护与和谐发展，但在政策实施过程中，惯性思维依然存在，经济增长仍是政府人员政绩考核的主要指标，那些能够带来直接经济效益的部门在一定程度上优先获得和占有资源。因此，环境保护与经济发展相比，在一定程度上仍然处于被动和从属的不平等地位。如果我国的地方政府依然遵循过去那种事实上存在的以经济发展优先的政府治理目标的话，那么命令控制工具就无法实现其保护和改善环境质量的最终目标。

（2）健全的环境管理体制。

如前文所述，当前我国的环境管理体制是影响命令控制工具有效实施的重要因素，因此，健全的环境管理体制是政府环境政策工具选择考虑的一个条件变量。针对目前我国现行条件分割的环境管理体制存在实际缺陷，我们应该积极及时地对我国目前的环境管理体制进行改革。

（3）基本的法律保障。

命令控制工具的有效实施必须要有相关的环境保护法规作为保障。如前文所分析的，我国命令控制工具各个具体手段在实际实施过程中都或多或少地缺乏法律依据。因此，目前我国应该积极地修订《中华人民共和国水污染防治法》《中华人民共和国大气污染防治法》和《中华人民共和国环境影响评价法》等相关法律法规，制定污染源限期治理管理条例、规划环境影响评价条例、环境监测条例等，为实施“区域限批”、总量控制、限期治理停产整治、淘汰落后的生产技术设备及工艺、关停环境违法企业等监管制度和强制措施提供法律依据。命令控制只有在充分的法律保障的基础上，才能构成理想的命令控制，否则政府也就谈不上命令控制的优化选择，换句话说，没有法律保障的基础，命令控制的选择会变成一种没有参照的盲目随机的决策行为。

（4）较强的政府环境管理能力。

我国环境政策遇到的实际困难之一，是缺少足够的力量对环境损害行为进行有效的监督和制约。由于各级环境保护部门的规模和经费十分有限，特别是直接从事环境管理的人员有限，所以面对大量违反环境保护法律规定的企业或其他对象，环境保护部门的力量是薄弱的，从而使环境政策不能得到充分的落实。这种局面随着市场经济的发展和各种市场主体大量增加而变得更加突出。因此，要加强地方政府尤其是环境保护行政部门的能力建设，给地方政府必要的经费、人员和其他物质保障。在这样的条件下，政府选择的命令控制工具才能具有有效实施的物质基础。

总而言之，当前我国政府对命令控制型环境政策工具进行优化选择时，必须同时考虑上述四个具体变量要素及其四个变量要素的组合和互动的情形。只有上述四个要素都满足的条件下，政府选择的命令控制型政策工具才有可能有效实施。当然，如果四个要素不能同时满足，政府也要尽量考虑在满足更多的要素条件的情形下实施命令控制工具。

2. 经济刺激型环境政策工具的优化选择机制

（1）成熟的市场机制。

目前我国市场机制还不完全成熟，这直接影响了我国环境经济刺激工具的有效实施。因此，地方政府在选择经济刺激工具用来治理环境时，首要考虑的变量因素就是市场机制是否成熟，否则选择出来的经济刺激工具无法达到预期的政策目标。

目前我国市场机制完善的方向或者任务主要有：

① 尽快建立一套市场规则，包括市场进入规则、市场竞争规则和市场交易规则。同时经济结构的调整要求环境经济政策也必须做出适当调整，使其更适合调整后的新目标群体或作用对象。

② 营造公平的竞争环境，完善竞争机制。由于中国实行的是中国特色社会主义市场经济，它是在以公有制为主，包括私人经济在内的多种经济成分共同发展的条件下运行的。为了使企业获得公平的竞争条件，基于收费的环境经济刺激工具对象应该包括所有类型的企业，而不是像现行的排污收费制度那样，其主要对象是一些国有大中型企业。只有存在大量的购买者和销售者的情况下，经济刺激工具才最有可能发挥作用。

③ 宽松的经济环境。目前我国在向市场经济过渡期间，许多企业都将面临严重的经济困难和生产不足，同时还伴随着严重的通货膨胀。在这种条件下，如果引入基于收费的激励手段，则起不到应有的效果。因此，为了使经济手段更加有效，创造一个稳定和宽松的经济环境是完善我国市场机制的重要内容，而宽松的经济环境亦是实施环境经济刺激工具的充分条件。

（2）相关的法律保障。

法治环境制约环境经济刺激工具的实施。市场经济本质上就是一种法治经济，参与指导市场运行的环境经济政策，只有在相应的法律保护之下，才具有合法性和权威性。自1979年以来，我国已经设立了多部环境保护法律，只有十几部法律包括环境保护的内容。但是有些环境经济刺激工具却没有相应的法律保障。例如我国一些环境保护投资政策就没有立法，于是导致环境保护存在很大的随意性，而且在实施时也难以得到保障。另外，一些城市正在试行的排污权交易政策也没有获得法律的认可，这类环境经济刺激工具的前途堪忧。对于这些没有法律保障的环境经济刺激工具，其有效性和经济效率无从谈起。因此，环境经济刺激工具只有在相应的法律保障下，才具有合法性和权威性。如果一项政策不能通过现行法规的调整得到法律保障，那么该政策往往是不可行的。所以，法律基础是环境经济刺激工具的生命线。政府在选择经济刺激工具治理环境时，必须要考虑到经济刺激工具需要的相关法律保障。

（3）较高的管理能力。

政府在选择经济刺激工具并使其有效实施时，还必须要考虑的要素条件为管理能力。在较高的管理能力下，可以确保经济刺激工具的有效实施。这是因为经济刺激工具的实施效果在很大程度上取决于管理者的管理能力。管理能力主要包括环境经济刺激工具的具体实施规章、实施机构、人力资源和财力支持。OECD认为，环境经济刺激工具的实施，必然需要人力和资金监控污染团体的行为改变及其对环境的影响。而在环境污染的案例中，这类监控需要对污染物的复杂转移系统（例如通过地表水和地下水，或通过短程或远程大气传播）、环境有害物质的最终命运，以及有关暴露、剂量响应关系有所了解。成功的监控方案所需的努力水平将取决于与刺激有关内容的尺度和地理分布。通常，与监控相关联的还有昂贵的技术费用，这些技术包括检查、证据设备、环境审计、监察员培训和环境状况的区域监控，包括遥感或定点地调查。由此可见，管理能力不足将会导致经济刺激工具无法有效实施。因此，较高管理能力这一条件的满足，是选择经济刺激工具时政府必须考虑的要素之一。

总之，我国地方政府在优化选择经济刺激型环境政策工具时，必须考虑到上述三个条件变量。只有在上述三个条件都满足的情况下，经济刺激型环境政策工具才能够有效地实施。当然，在这三个条件不能同时满足的情况下，也要在满足更多条件的情形下选择和应用经济刺激型工具。

3. 劝说激励型环境政策工具的优化选择机制

（1）劝说激励型政策趋势凸显。

环境管理从无意识到有较高意识，从强制管理到自愿参与，从以政府为主体到以企业为主体遵循着一定的规律。但随着社会环境意识的提高，越来越多的企业走向以人为本的自愿性环境管理是必然的。可以预见，随着我国居民可支配收入的较快增长，环境资源稀缺性将会迅速凸现，社会环境支付意愿将像西方国家一样水涨船高，环境意识持续提高作为非正式规则的主导作用将会逐渐发生作用，并体现为消费者和市场对企业的压力上，体现在政府的法规逐渐收紧上。这个链条的传动机制一旦成立，企业在市场竞争中，从被迫到主动参与自愿章程的激励机制也就形成了。在政府管理手段上，更多地推动采用由市场驱动型的自愿性环境管理，由企业分担环境保护更多的职责，将成为下一阶段环境管理发展的方向。

（2）成本优势明显。

促使向更良好的政府和企业关系转化的另一个重要原因，是强制手段的成本太高。因为强制手段只看末端，鼓励的是末端治理，如果政府定期提高排放标准，企业在末端治理上的边际治理成本随着MAC线的变化将持续递增，最后难以为继。政府监控力度更要加大，从立法执法到机构人员和监控的交易费用大幅上升，使得自愿性环境管理以及企业与政府的社会协商的管理成为交易成本更低的选择。

（3）相较于传统管理，激励机制有优势。

传统环境管理中，法规的强制是被动接受型，在经济手段中，激励机制遵循污染方的经济利益最大化原则。这时，企业是有选择余地的，可以选择不同的方式符合法规要求。在自愿参与环境管理的模式下，激励机制仍然遵循经济利益最大化原则，只是加上自身环境支付意愿，即良心效应的激励。这说明企业在环境管理中的地位从客体转换为主体后，受自身利益的驱使，会根据自身情况进行规划，避免机会主义行为与信息不对称的问题。这会使得社会总体污染治理边际成本下降，而社会总收益相应地得到增加。

自愿性环境管理作为一种创新，在其出现初期是不被当时占主流的思想或实践所接纳的。但是如果从国际上其他国家的发展轨迹、从在实践中遇到问题的反思，以及管理理论从早期的强调管制到更加强调人性化管理的指引可以预见，自愿性环境管理将在未来环境管理中扮演更重要的角色、发挥更重要的作用。

9.7.2 环境政策手段的组合分析

从前面几章的论述可以知道，任何环境政策工具都有其优越性和局限性，任何一项环境政策工具的有效使用都受到一定条件的约束，任何一项环境工具要想在现实中同时满足有效实施的各项条件皆很难实现。

不同的环境政策工具没有绝对的优劣之分，并且不同的环境政策工具相互之间也没有排斥性。基于环境政策工具的这种表现特征，对政府而言，在选择环境政策工具时，没有必要局限于某一项或某一个环境政策工具，也不必期待通过发展或完善某一项万能的环境政策工具解决所有的环境问题，而应当充分重视环境政策工具的多样性及其各自的特点，通过环境政策工具的科学组合，力图实现在约束条件下环境政策工具实施效果的最大化，从而最终实现解决人类环境问题、促进环境保护的政策目标。

当然，政府在对各类环境政策工具进行优化组合时，还必须注意以下基本原则：

1. 兼顾经济发展和环境保护的原则

环境政策工具的科学组合必须以环境保护为依据，其最终目标是保证环境与经济的协调发展，脱离环境保护目标的环境政策工具没有任何意义。因此，环境政策工具的组合应从全局的利益考量，各方面的利益要统筹兼顾，不能顾此失彼。目前我们既要反对针对环境污染问题的地方保护主义，也不能不顾实际情况，完全的走向环境保护优先主义。

2. 互补性原则

每一种环境政策工具都有其各自的优势和劣势，如果各类政策工具组合不合适的话，还会出现“制度挤出”的情况，例如命令控制工具可能会和经济刺激工具中某些具体手段之间出现相互排斥的情况，这就是所谓的“制度挤出”。因此政府在选择环境政策工具治理环境时，必须考虑互补性的原则，避免不同环境政策工具之间的排斥性，从而发挥环境政策组合 $1+1>2$ 的效应，即整体大于部分之和的效应。

3. 兼顾公平和效率的原则

不同的环境政策工具会导致环境资源的不同分配结果，而环境政策工具的使用又会产生费用如何分摊的问题，前者涉及公平要义，后者则涉及效率要义。一般来说，公平性是环境政策工具可接受的重要考虑因素，因为公平性原则的考虑可能会影响效率原则，但这是为了考虑公平而不得不承担的机会成本。如果不考虑公平性原则，同样也会导致社会的不稳定，从而使效率原则无从谈起。从这个意义上讲，环境政策工具的组合过程中要兼顾公平和效率的原则。

4. 充分考虑时机选择原则

由于环境经济活动常处于不断变化之中，因此，环境政策工具的组合运用也必须准确把握时机，根据不同时期的环境经济发展状况和客观规律的要求选择。事实上，环境政策工具从第一代到第二代，再到第三代的演变过程，也表明了环境政策工具在应用过程中的时机原则。因此，政府在进行环境政策工具的选择时，在掌握环境经济发展动态的基础上选择不同环境政策工具所运用的时间。如果时间过早，客观条件尚未成熟，选择的环境政策工具在实施后容易出现徒劳无益、事半功倍的情况；如果时间过晚，选择的环境政策工具在实施过程中则可能出现丧失机遇、造成被动的情形。

参考文献

[1] 董小林．环境经济学［M］．北京：人民交通出版社股份有限公司，2019.

[2] 李永峰．环境经济学［M］．北京：机械工业出版社，2015.

[3] 铁燕．中国环境管理体制改革研究［D］．武汉：武汉大学，2010.

[4] 杨洪刚．中国环境政策工具的实施效果及其选择研究［D］．上海：复旦大学，2009.

[5] 钱翌．环境经济学［M］．北京：化学工业出版社，2015.

[6] 王玉庆．环境经济学［M］．北京：中国环境科学出版社，2002

[7] 刘丽．我国国家生态补偿机制研究［D］．青岛：青岛大学，2010.

[8] 郑亚南．自愿性环境管理理论与实践研究［D］．武汉：武汉理工大学，2004.

[9] 沈满洪．资源与环境经济学［M］．北京：中国环境科学出版社，2007：89.

[10] 董小林，等．基于全寿命周期理论的公路项目环境成本分析［J］．中国公路学报，2014.27（10）：109-114.

[11] 高晓蔚，范贻昌．建设项目环境效益评价体系的总体思路与方法［J］．中国软科学，1999（8）：102-104.

[12] 李国柱，李从欣．中国环境污染经济损失研究述评［J］．统计与决策，2009（12）：74-75.

[13] 国务院法制办公室．建设项目环境保护管理条例释义［M］．北京：中国法制出版社，2017.

[14] 环境保护部．国家质量监督检验检疫总局．建筑施工场界环境噪声排放标准（GB 12523—2011）［S］．北京：中国环境科学出版社，2011.

[15] 住房和城乡建设部．建筑工程绿色施工评价标准（GB/T 50640—2010）［S］．北京：中国计划出版社，2011.

[16] 住房和城乡建设部．建筑工程绿色施工评价标准公开意见稿（GB/T 50640—2019）［S］．北京：中国计划出版社，2011.

[17] 肖绪文．建筑工程绿色施工［M］．北京：中国建筑工业出版社，2013.

[18] 彭弘．论我国建设项目环境保护管理法律制度［D］．重庆：重庆大学，2005.

[19] 黄正．我国建设项目健康影响评价的问题与对策［D］．武汉：华中科技大学，2011.

[20] 张存建．塔山煤矿矿井建设项目后评价研究［D］．北京：中国矿业大学，2016.

[21] 徐婉新．论我国环保“三同时”制度存在的问题及完善［D］．杭州：浙江工商大学，2019.

[22] 周利海．对我国环境法“三同时”制度的分析与反思［D］．长春：吉林大学，2014.

[23] 贾兰俊，刘彦奇，张云杰．浅谈军工建设项目环境保护的管理［J］．船舶物资与市场，2020，178（12）：93-96.

[24] 中华人民共和国国务院．规划环境影响评价条例［S］．北京：中国法制出版社，2009.

[25] Odum，H. T.，M. T. Brown and S. L. Brandt-williams，Introduction and global budget［M］．Florida：Handbook of Emergy Evaluation. Center for Environmental Policy，2000.

[26] Odum，H. T. Environmental accounting：emergy and environmental decision making［J］．Child Dev.，1996：1187-1201.

[27] Suh，S. Reply：Downstream cut-offs in integrated hybrid life-cycle assessment［J］．Ecological Economics，2006.59（1）：7-12.

[28] Suh，S.，Lenzen，et al. System boundary selection in life-cycle inventories using hybrid approaches［J］．Environmental Science & Technology，2004.38（3）：657-664.

[29] Pulselli，R. M.，et al. Specific emergy of cement and concrete：An energy-based appraisal of building materials and theirtransport［J］．Ecological Indicators，2008.8（5）：647-656.

[30] Meillaud，F. Evaluation of the solar experimental LESO building using the emergy method［M］.

Zurich：Swiss Federal Institute of Technology，2003.

[31] Pulselli，R. M.，et al. Emergy analysis of building manufacturing，maintenance and use：Em-building indices to evaluate housingsustainability [J]. Energy and Buildings，2007. 39 (5)：620-628.

[32] Bargigli，S. and S. Ulgiati. Emergy and life-cycle assessment of steel production in Europe [M]. Florida：EU：University of Florida，2003.

[33] Suh，S.，& Huppes，G. Methods for life cycle inventory of a product [J]. Journal of Cleaner Production，2005. 13 (7)：687-697.

[34] Brown，M. T. and S. Ulgiati. Emergy analysis and environmental accounting [J]. Encyclopedia of Energy，2004 (2)：329-354.

[35] Erin，B. and C. J. Lyons，Emergy of Ecosystems. Handbook of Emergy Evaluation [M]. Florida：Center for Environmental Policy，2001.

[36] Odum，H. T.，E. C. Odum and M. Blissett. Ecology and Economy [M]. Texas：Emergy Analysis and Public Policy in Texas，1987.

[37] Bastianoni，S.，et al.. The solar transformity of petroleum fuels [J]. Ecological Modelling，2009. 220 (1)：40-50.

[38] Thomas，V. M.，& Graedel，T. E. Research issues in sustainable consumption：Toward an analytical framework for materials and the environment [J]. Environmental Science & Technology，2003. 37 (23)，5383-5388.

[39] Brandt-Williams，S.，Emergy of Florida Agriculture. Handbook of Emergy Evaluation [M]. Florida：Center for Environmental Policy，2001.

[40] Huang，S. L. and C. W. Chen. Theory of urban energetics and mechanisms of urban development [J]. Ecological Modelling，2005. 189 (1-2)：49-71.

[41] Bjorklund，A. E. Survey of approaches to improve reliability in LCA [J]. International Journal of Life Cycle Assessment，2002. 7 (2)：64-72.

[42] Curran，M. A. Co-product and input allocation approaches for creating life cycle inventory data：A literature review [J]. International Journal of Life Cycle Assessment，2007. 12 (1)：65-78.

[43] Dreyer，L. C.，Hauschild，M. Z.，& Schierbeck，J. A framework for social life cycle impact assessment [J]. International Journal of Life Cycle Assessment，2006. 11 (2)：88-97.

[44] Suh，S. Functions，commodities and environmental impacts in an ecological-economic model [J]. Ecological Economics，2004. 48 (4)：451-467.

[45] Rowley，H. V.，Lundie，S.，& Peters，G. M. A hybrid life cycle assessment model for comparison with conventional methodologies in Australia [J]. International Journal of Life Cycle Assessment，2009. 14 (6)：508-516.

[46] Potting，J.，& Hauschild，M. Z. Spatial differentiation in life cycle impact assessment - A decade of method development to increase the environmental realism of LCIA [J]. International Journal of Life Cycle Assessment，2006. 11 (1)：11-13.

[47] Earles，J. M.，& Halog，A. Consequential life cycle assessment：a review [J]. International Journal of Life Cycle Assessment，2011. 16 (5)：445-453.

[48] Finnveden，G. R. On the limitations of life cycle assessment and environmental systems analysis tools in general [J]. International Journal of Life Cycle Assessment，2000. 5 (4)：229-238.

[49] Finnveden，G.，Hauschild，M. Z.，Ekvall，T.，Guinee，J.，Heijungs，R.，Hellweg，S.，Suh，S. Recent developments in life cycle assessment [J]. Journal of Environmental Management，2009. 91 (1)：1-21.

[50] Finnveden, G., & Nilsson, M. Site-dependent life-cycle impact assessment in sweden [J]. The International Journal of Life Cycle Assessment, 2005. 10 (4): 235-239.

[51] Hanna, Leena, Pesonen, Tomas, Ekvall, Günter, Christina. Framework for scenario development in LCA [J]. The International Journal of Life Cycle Assessment, 2000. 5 (1): 21-30.

[52] Hellweg, S.. Time- and site-dependent life cycle assessment of thermal waste treatment processes [J]. International Journal of Life Cycle Assessment, 2001. 6 (1): 46.

[53] Hertwich, E. G. Life cycle approaches to sustainable consumption: A critical review [J]. Environmental Science & Technology, 2005. 39 (13): 4673-4684.

[54] Joshi, S.. Product environmental life-cycle assessment using input-output techniques [J]. Journal of Industrial Ecology, 1999. 3 (2-3): 95-120.

[55] Kim, S., & Dale, B. E. Ethanol fuels: E10 or E85 - Life cycle perspectives [J]. International Journal of Life Cycle Assessment, 2006. 11 (2): 117-121.

[56] Lloyd, S. M., & Ries, R. Characterizing, propagating, and analyzing uncertainty in life-cycle assessment-A survey of quantitative approaches [J]. Journal of Industrial Ecology, 2007. 11 (1): 161-179.

[57] Mettier, T. M., & Hofstetter, P. Survey insights into weighting environmental damages: Influence of context and group [J]. Journal of Industrial Ecology, 2010. 8 (4): 189-209.

[58] Peters, G. P., & Hertwich, E. G. A comment on "Functions, commodities and environmental impacts in anecological-economic model" [J]. Ecological Economics, 2006. 59 (1): 1-6.